数字电子技术实用教程

主 编 张彩荣
副主编 刘建华 于 雷
参 编 刘丽君 李桂林

北京理工大学出版社
BEIJING INSTITUTE OF TECHNOLOGY PRESS

内 容 简 介

本书是专门为应用型电类本科专业的数字电子技术课程编写的教材。该教材采用案例教学方法，在内容的编排上，按照先引入、后展开，先基础、后综合，先理论、后实践的顺序，本着应用类课程理论基本够用、以实用为主的原则，力求简明扼要、通俗易懂。

全书内容共分八章，分别是数字逻辑基础、门电路与触发器、组合逻辑电路、时序逻辑电路、脉冲波形的产生与变换、半导体存储器、数/模和模/数转换电路、课程综合设计及实习。

本书可作为高等院校电气工程及自动化、自动化、轨道交通信号与控制、测控技术与仪器、信息工程、通信工程、电子科学与技术、计算机应用等电类专业的数字电子技术理论及课程设计实习教材，也可作为其他非电专业及工程技术人员参考用书。

版权专有　侵权必究

图书在版编目（CIP）数据

数字电子技术实用教程 / 张彩荣主编. —北京：北京理工大学出版社，2017.11（2024.2 重印）

ISBN 978-7-5682-5000-9

Ⅰ. ①数… Ⅱ. ①张… Ⅲ. ①数字电路-电子技术-高等学校-教材 Ⅳ. ①TN79

中国版本图书馆 CIP 数据核字（2017）第 284919 号

出版发行 / 北京理工大学出版社有限责任公司	
社　　址 / 北京市海淀区中关村南大街 5 号	
邮　　编 / 100081	
电　　话 /（010）68914775（总编室）	
（010）82562903（教材售后服务热线）	
（010）68944723（其他图书服务热线）	
网　　址 / http://www.bitpress.com.cn	
经　　销 / 全国各地新华书店	
印　　刷 / 廊坊市印艺阁数字科技有限公司	
开　　本 / 787 毫米×1092 毫米　1/16	
印　　张 / 14	责任编辑 / 张鑫星
字　　数 / 329 千字	文案编辑 / 张鑫星
版　　次 / 2017 年 11 月第 1 版　2024 年 2 月第 4 次印刷	责任校对 / 周瑞红
定　　价 / 45.00 元	责任印制 / 施胜娟

图书出现印装质量问题，请拨打售后服务热线，本社负责调换

前　　言

在现代工业、农业、民用、国防等各行各业中，几乎没有一个产品能脱离"数字化"，这使得"数字电子技术基础"课程成为国内外高等院校电气工程及自动化、自动化、轨道交通信号与控制、测控技术与仪器、通信工程、电子科学与技术、电子信息工程、计算机应用等电类专业及机械、建筑等非电类专业的一门重要的专业基础课，同时也是工程技术人员及电子技术爱好者必须学习的一门专业基础课程，有非常广泛的应用范围。

近年来，数字电子技术涉及的理论、实用技术、教学内容、教学方法都发生了深刻的变化。2009 年教育部高等学校电子信息科学与电气信息类基础课程教学指导分委员会修订了《"数字电子技术基础"课程教学基本要求》，2011 年教育部高等学校电子电气基础课程教学指导分委员会修订了《电工学课程教学基本要求》。《"数字电子技术基础"课程教学基本要求》中，课程的内容包括理论教学部分和实验教学部分，建议有条件的学校开设电子技术基础课程设计课。

目前，大部分高等院校电类专业的数字电子技术课程理论部分为单独的两门课程，即将经典的数字电子技术内容称为"数字电子技术基础"，将现代数字电子技术内容（可编程逻辑器件及 EDA 应用）称为"数字系统设计"，实验部分是单独开课，实习及设计部分则设为实践教学环节。本书作者根据数字电子技术及电工课程教学基本要求的变化、实际教学计划的制订情况，编写了这本数字电子技术实用教程。

本书的中心内容是数字电子技术基础中的经典部分及课程设计实习部分内容。

本书内容分为 8 章，第 1 章讲述数字逻辑基础，包括数字量与数字电路、数制及其转换、码制及常用编码、二进制数的运算、逻辑运算公式及定理、逻辑函数的表示方法及其转换、逻辑函数的化简。第 2 章讲解门电路和触发器，包括半导体器件的开关特性、分立元件门电路、TTL 门电路、CMOS 门电路、门电路型号命名及正确使用、触发器的电路结构及动作特点、触发器的逻辑功能及描述、集成触发器。第 3 章讲解组合逻辑电路，包括组合逻辑电路的一般分析方法、组合逻辑电路的设计方法、组合逻辑电路中的竞争–冒险、常用的集成组合逻辑电路。第 4 章讲解时序逻辑电路，包括时序逻辑电路的基本概念、时序逻辑电路的分析、典型时序逻辑电路、时序逻辑电路的设计。第 5 章讲解脉冲波形的产生与变换，包括单稳态触发器、施密特触发器、多谐振荡器、555 定时器及其应用，分别介绍了单稳态触发器、施密特触发器、多谐振荡器的特点、由门电路构成的电路、由 555 定时器构成的电路。第 6 章讲解了半导体存储器，包括半导体存储器结构、分类、容量计算及扩展，只读存储器（ROM）结构及应用，随机存储器（RAM）结构及应用。第 7 章讲解了数/模和模/数转换器，包括数/模转换器的结构、主要性能指标、典型电路、典型集成芯片及应用，模/数转换器的结构、主要性能指标、典型电路、典型集成芯片及应用。第 8 章讲解了课程综合设计及实习，包括课程综合设计实习概述、课程综合设计、课程综合实习。

　　本书是专门为应用型本科电类专业的数字电子技术课程编写的教材,可作为高等院校电气工程及自动化、自动化、轨道交通信号与控制、测控技术与仪器、信息工程、通信工程、电子科学与技术、计算机应用等电类专业的数字电子技术理论及课程设计实习教材,也可作为其他非电专业及工程技术人员参考用书。

　　该教材采用案例教学方法,在内容的编排上,本着先引入、后展开,先基础、后综合,先理论、后实践的顺序,本着应用类课程理论基本够用、以实用为主的原则,力求简明扼要、通俗易懂。

　　本书由江苏师范大学张彩荣任主编并编写了第1章、第2章、第4章的4.3、4.4节、第6章,中国矿业大学徐海学院刘建华任副主编并编写了第3章、第4章的4.1、4.2节、第5章、第7章,江苏师范大学刘丽君编写了第8章的8.1、8.2节,江苏师范大学李桂林编写了第8章的8.3节,闽南理工学院于雷也参与了本书编写。

　　由于时间仓促,作者水平有限,书有错误地方,敬请读者批评指正。在本书的编写过程中,许多同行给予了很多帮助、指导,并提出了宝贵的修改意见,在此一并致以诚挚的谢意!

编　者

目　录

第1章　数字逻辑基础 ··· 1
1.1　数字量与数字电路 ··· 1
1.1.1　数字量 ··· 1
1.1.2　数字信号 ··· 1
1.1.3　逻辑电平 ··· 2
1.1.4　数字电路 ··· 2
1.2　数制及其转换 ·· 3
1.2.1　数制 ·· 3
1.2.2　4种常用的数制 ·· 3
1.2.3　4种常用数制之间的转换 ·· 4
1.3　码制及常用编码 ··· 9
1.3.1　码制 ·· 9
1.3.2　BCD码 ·· 9
1.3.3　可靠性编码 ·· 11
1.3.4　字符编码 ··· 15
1.4　二进制数的运算 ··· 16
1.4.1　算术运算 ··· 16
1.4.2　逻辑运算 ··· 19
1.5　逻辑运算公式及定理 ·· 23
1.5.1　逻辑运算公式 ·· 23
1.5.2　逻辑运算定理 ·· 24
1.6　逻辑函数的表示方法及其转换 ··· 25
1.6.1　逻辑函数的表示方法 ·· 25
1.6.2　逻辑函数表示方法的转换 ··· 28
1.7　逻辑函数的化简 ··· 30
1.7.1　公式化简法 ·· 30
1.7.2　卡诺图化简法 ·· 31
1.7.3　具有无关项的逻辑函数及其化简 ··· 32
本章小结 ·· 33
第2章　门电路与触发器 ·· 35
2.1　半导体器件的开关特性 ··· 35

- 2.1.1 二极管开关特性 ... 35
- 2.1.2 三极管开关特性 ... 36
- 2.1.3 MOS 管开关特性 ... 36
- 2.2 分立元件门电路 ... 37
  - 2.2.1 二极管与门 ... 37
  - 2.2.2 二极管或门 ... 38
  - 2.2.3 三极管非门 ... 38
- 2.3 TTL 门电路 ... 39
  - 2.3.1 TTL 非门的结构及原理 ... 39
  - 2.3.2 TTL 非门外特性 ... 40
  - 2.3.3 其他 TTL 门电路 ... 43
- 2.4 CMOS 门电路 ... 47
  - 2.4.1 CMOS 非门的结构及原理 ... 47
  - 2.4.2 CMOS 非门外特性 ... 47
  - 2.4.3 其他 CMOS 门电路 ... 49
- 2.5 门电路型号命名及正确使用 ... 52
  - 2.5.1 门电路型号命名 ... 52
  - 2.5.2 门电路的正确使用 ... 52
- 2.6 触发器的电路结构及动作特点 ... 53
  - 2.6.1 基本 SR 触发器 ... 54
  - 2.6.2 同步触发器 ... 57
  - 2.6.3 主从触发器 ... 59
  - 2.6.4 边沿触发器 ... 60
- 2.7 触发器的逻辑功能及描述 ... 66
  - 2.7.1 SR 触发器 ... 66
  - 2.7.2 D 触发器 ... 67
  - 2.7.3 JK 触发器 ... 68
  - 2.7.4 T 触发器 ... 69
  - 2.7.5 触发器逻辑功能的转换 ... 69
- 2.8 集成触发器 ... 70
- 本章小结 ... 72

第 3 章 组合逻辑电路 ... 78

- 3.1 组合逻辑电路的一般分析方法 ... 78
  - 3.1.1 组合逻辑电路的分析方法 ... 78
  - 3.1.2 组合逻辑电路分析举例 ... 79
- 3.2 组合逻辑电路的设计方法 ... 80
  - 3.2.1 组合逻辑电路的设计方法 ... 80
  - 3.2.2 组合逻辑电路设计举例 ... 80
- 3.3 组合逻辑电路中的竞争–冒险 ... 82

3.3.1 组合逻辑电路中的竞争-冒险现象 ... 82
3.3.2 竞争-冒险现象产生的原因 ... 82
3.3.3 竞争-冒险现象的判断 ... 83
3.3.4 消除竞争-冒险现象的方法 ... 83
3.4 常用的集成组合逻辑电路 ... 84
3.4.1 加法器 ... 85
3.4.2 编码器 ... 88
3.4.3 译码器 ... 92
3.4.4 数据选择器 ... 100
3.4.5 数值比较器 ... 106
本章小结 ... 108

第4章 时序逻辑电路 ... 109
4.1 时序逻辑电路的基本概念 ... 109
4.1.1 时序逻辑电路的结构 ... 109
4.1.2 时序逻辑电路的分类 ... 110
4.1.3 时序逻辑电路的描述方法 ... 110
4.2 时序逻辑电路的分析 ... 112
4.2.1 时序逻辑电路的一般分析方法 ... 112
4.2.2 同步时序逻辑电路的分析 ... 112
4.2.3 异步时序逻辑电路的分析 ... 115
4.3 典型时序逻辑电路 ... 117
4.3.1 寄存器和移位寄存器 ... 117
4.3.2 计数器 ... 123
4.4 时序逻辑电路的设计 ... 135
4.4.1 时序逻辑电路的一般设计方法 ... 135
4.4.2 顺序脉冲发生器设计 ... 137
4.4.3 序列信号发生器设计 ... 138
本章小结 ... 139

第5章 脉冲波形的产生与变换 ... 141
5.1 单稳态触发器 ... 141
5.1.1 单稳态触发器的特点 ... 141
5.1.2 集成单稳态触发器 ... 142
5.1.3 单稳态触发器的应用 ... 145
5.2 施密特触发器 ... 146
5.2.1 施密特触发器的特点 ... 146
5.2.2 集成施密特触发器 ... 147
5.2.3 施密特触发器的应用 ... 148
5.3 多谐振荡器 ... 149
5.3.1 多谐振荡器的工作特点 ... 149

        5.3.2　由施密特触发器构成的多谐振荡器 149
        5.3.3　环形振荡器 150
        5.3.4　石英晶体振荡器 151
    5.4　555定时器及其应用 152
        5.4.1　555定时器的电路及其功能 152
        5.4.2　555定时器构成的单稳态触发器 154
        5.4.3　555定时器构成的施密特触发器 155
        5.4.4　555定时器构成的多谐振荡器 156
    本章小结 157
第6章　半导体存储器 159
    6.1　半导体存储器的结构及容量 159
        6.1.1　半导体存储器的分类 159
        6.1.2　半导体存储器的结构 160
        6.1.3　半导体存储器的容量及扩展 162
    6.2　只读存储器（ROM） 164
        6.2.1　只读存储器的存储单元 164
        6.2.2　用ROM设计组合逻辑电路 167
        6.2.3　集成只读存储器芯片 171
    6.3　随机存储器（RAM） 173
        6.3.1　随机存储器的存储单元 173
        6.3.2　集成随机存储器芯片 175
    本章小结 176
第7章　数/模和模/数转换电路 178
    7.1　数/模转换器（D/AC） 178
        7.1.1　权电阻网络D/A转换器 178
        7.1.2　倒T形电阻网络D/A转换器 179
        7.1.3　集成D/A转换器及其应用 180
        7.1.4　主要性能指标 184
    7.2　模/数转换器（A/DC） 184
        7.2.1　A/D转换器原理 185
        7.2.2　逐次逼近型A/D转换器 185
        7.2.3　双积分型A/D转换器 187
        7.2.4　集成A/D转换器及其应用 189
        7.2.5　A/D转换器的主要性能指标 192
    本章小结 192
第8章　课程综合设计及实习 193
    8.1　课程综合设计实习概述 193
        8.1.1　课程综合设计实习的目的 193
        8.1.2　课程综合设计实习的教学方式 193

8.1.3 课程综合设计实习的教学要求 ……………………………………………… 194
  8.1.4 课程综合设计实习报告的编写注意事项 ………………………………… 194
  8.1.5 课程综合设计实习的成绩评定办法 ……………………………………… 194
 8.2 课程综合设计 ……………………………………………………………………… 195
  8.2.1 设计方法及课题 …………………………………………………………… 195
  8.2.2 设计举例 …………………………………………………………………… 196
 8.3 课程综合实习 ……………………………………………………………………… 204
  8.3.1 实习方法及内容 …………………………………………………………… 204
  8.3.2 实习举例 …………………………………………………………………… 205
参考文献 ………………………………………………………………………………… 214

第 1 章

数字逻辑基础

● 案例引入

在电路分析的课程中，我们学习了正弦交流电路及非正弦周期电路的分析计算方法。在模拟电子技术课程中，我们学习了三极管构成的放大电路，它们的共同特点是研究的对象为模拟量，即在时间和幅值上都连续的量，最典型的是正弦量。在实际电路中，除了有模拟量外，还存在有其他特性的量吗？

在医院住院部，我们都见到过这种场景：住院的病人输液出现问题或有其他问题时，按一下床头的按钮，护士站会有铃响，同时数码管还会显示病人的床位号，护士知道是哪位患者有问题，马上前去解决。这就是本课程要学习的应用数字电路解决问题。

本章我们先讲数字电路的基础知识，包括：什么是数字电路？数字量能表示什么信息？如何表示？能进行什么运算？运算时有什么公式及方法？

1.1 数字量与数字电路

1.1.1 数字量

在实际生活中，除了时间及幅值都连续的模拟量外，还有一类在时间及幅值上都不连续的量，叫作数字量。例如：楼梯的台阶数、工厂产品的个数、班级人数、学生成绩、电路开关的状态等。

你还能列举一些数字量吗？

1.1.2 数字信号

我们将表示数字量的电信号称为数字信号。

如自动生产线上的产品统计量用电路显示为十进制数 5 时，电路内部实际为二进制数 101，这个 101 就称为数字信号，它是用电信号来表示的数字量。

这个数字量转换为数字信号的过程是怎样的呢？假设自动生产线上已经生产了 5 个产品，用电路统计时是一个一个进行累加的，用图形表示如图 1-1 所示。

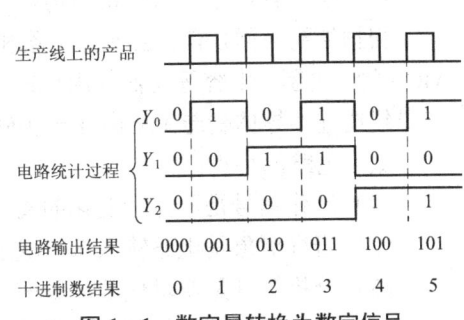

图 1-1 数字量转换为数字信号

从图 1-1 统计过程可以看出：电路用了三个器件，每个器件只记录 0、1，计满后向高位产生进位，这样可以记录及统计很多产品的数量。

在电路中如何记录 0 和 1 呢？

1.1.3　逻辑电平

在实际电路中，数字"0"和"1"用电压的高低来表示。在图 1-2（a）二极管电路中，当输入电压 v_I 为 0 V 时，二极管加正向电压，二极管导通，相当于图 1-2（b）中开关 S 闭合，输出电压 v_O 为 0 V，我们称为低电平，表示数字"0"；当输入电压 v_I 为 V_{CC} 时，二极管电压为 0，二极管截止，相当于图 1-2（b）中开关 S 断开，输出电压 v_O 为 V_{CC}，我们称为高电平，表示数字"1"。这种用高电平表示数字"1"、用低电平表示数字"0"的方法称为正逻辑，也可以用相反的方法表示，称为负逻辑，如图 1-2（c）所示，一般默认用正逻辑。这种电路中的高低电平就是数字信号。

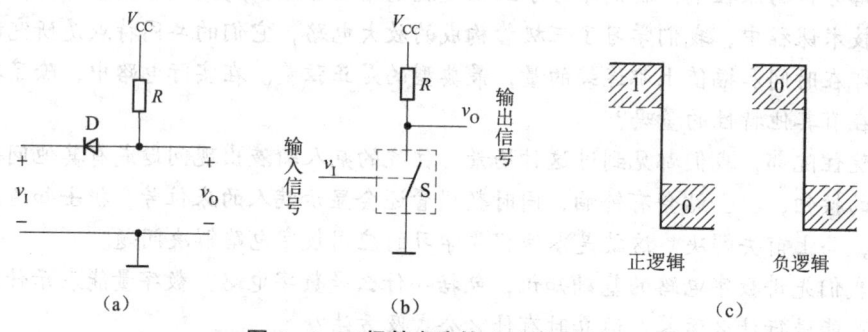

图 1-2　二极管电路的"0"和"1"

除了二极管电路可以表示电压高低两种状态外，三极管电路也可以表示电路电压的高低。三极管如何表示电压高低？还有其他电路能表示电路电压高低吗？

1.1.4　数字电路

数字信号有什么作用呢？主要有两种用途，一是可以表示量的大小或多少，二是表示不同的事物，即对不同的事物进行编码区分。不论什么用途，都要对数字信号进行存储、传输、运算处理等操作。这些操作是如何完成的？

用于存储、传递、处理数字信号的电子电路，称为数字电路。

数字电路具体是什么电路结构？

根据结构不同，有分立元件电路和集成电路两大类。分立元件电路是将二极管、三极管、MOS 管、电阻、电容等元器件用导线在线路板上连接起来的电路。而集成电路是将上述元件和导线通过半导体制造工艺做在一块硅片上而成为一个整体的电路。

数字电路的特点：

（1）工作信号是不连续变化的离散（数字）信号，表现为电路中电压的高低。

（2）研究对象是电路输入/输出之间的逻辑关系，每个输入输出都是二值信号。

（3）分析工具是逻辑代数，研究二值函数的数学工具。

（4）描述逻辑关系的工具有逻辑表达式、真值表、卡诺图、逻辑图、时序波形图、状态转换图。

数字电路的优点：

（1）集成度高。由于要求电路只有高低电平两个工作状态，所以电路的结构简单，有利于将众多基本单元电路集成在同一块硅片上进行批量生产。

（2）可靠性高。数字电路是用高低电平表示信号的有无，而高低电平有较宽的范围，所以数字电路的工作可靠性高，抗干扰能力强。

（3）保存时间长。借助介质（磁盘、光盘、半导体硬盘等）可将数字信号长期保存。

（4）通用性强。数字电路产品系列多，功能丰富。

（5）保密性好。数字信息容易进行加密处理，不易被窃取。

数字电路与模拟电路的区别：

（1）工作任务不同。模拟电路研究的是输出与输入信号之间的大小、相位、失真等方面的关系；数字电路主要研究的是输出与输入间的逻辑关系。

（2）三极管的工作状态不同。模拟电路中的三极管工作在线性放大区，是一个放大元件；数字电路中的三极管工作在饱和或截止状态，起开关作用。

（3）基本单元电路不同。模拟电路的基本单元电路是放大电路；数字电路的基本单元电路是门电路及触发器。

（4）分析方法不同。模拟电路用微变等效电路法及图解法进行分析；数字电路用逻辑代数工具进行分析。

1.2　数制及其转换

1.2.1　数制

当一个数码用来表示大小时，一位数能够记录的数是有限的，因此需要多位数来计数，多位数之间涉及进位问题。数制是对数量计数的一种方法，是进位计数制的简称。

一种进位计数制包含着基数和位权两个要素。

基数是指计数制中所用到的数字符号的个数，即一位数能计数的最多个数。在基数为 R 的计数制中，包含 0，1，2，…，$R-1$ 共 R 个数码，进位规律是"逢 R 进一"，称为 R 进制。

位权是指在一种进位计数制表示的数中，用来表明不同数位上数值大小的一个固定常数。不同数位有不同的位权，某一个数位的数值等于这一位的数码乘以与该位对应的位权。

数制的表达式及各符号含义如图 1-3 所示。

例如十进制数 247.5 可以写成 $2\times10^2+4\times10^1+7\times10^0+5\times10^{-1}$，其中 2、4、7、5 为数码，$10^2$、$10^1$、$10^0$、$10^{-1}$ 为权位。

1.2.2　4 种常用的数制

在实际生产生活中，我们常用的数制有十进制（Decimal）、二进制（Binary）、十六进制（Hexadecimal）、八进制（Octal）。

在日常生活中广泛使用的是十进制计数法，我们从小习惯用它计数及运算。

在计算机的数字电路中，由于只有高、低电平两种状态，所以计算机中运行的是二进制

$$(N)_R = \sum_{i=-m}^{n-1} K_i R^i$$

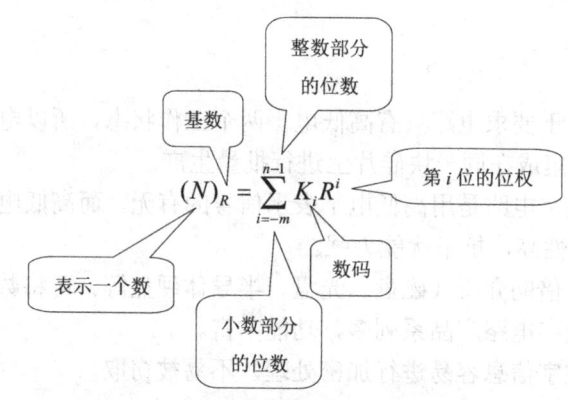

标注：基数、整数部分的位数、第 i 位的位权、数码、小数部分的位数、表示一个数

图 1-3 数制的表达式及各符号含义

数，如 10110.011。当数值较大，二进制位数较多时，书写不方便，阅读容易出错，如 64 位二进制数 11001001_11100011_00010111_11110000_11001100_10011001_01110111_00110011，如果没有中间的分隔符，很难正确读写。

为了方便读写，引入了十六进制数，即每四位二进制数用一位十六进制数来表示。例如：二进制数 0011 用十六进制数 3 表示，二进制数 1100 用十六进制数 C 表示，二进制数 1111 用十六进制数 F 表示。上述的 64 位二进制数可以写成十六进制数 C9E317F0CC997733，比二进制数方便了很多。十六进制数的本质还是二进制数，所以有的计数器称为十六进制计数器，也可以称为二进制计数器。

在实际工程中，还会用到八进制数。例如对可编程控制器 PLC 的输入输出端口编号时用的就是八进制规则。如 X0.0、X0.1、X0.2、X0.3、X0.4、X0.5、X0.6、X0.7、X1.0、X1.1、X1.2、X1.3、X1.4、X1.5、X1.6、X1.7、X2.0、X2.1 等。

4 种常用数制的数码、基数、计数规律及表示方法见表 1-1。

表 1-1 4 种常用数制的数码、基数、计数规律及表示方法

数制	数码 K	基数 R	计数规律	表示方法
十进制（Decimal）	0、1、2、3、4、5、6、7、8、9	10	逢十进一 借一当十	N 或 $(N)_{10}$ 或 $(N)_D$
二进制（Binary）	0、1	2	逢二进一 借一当二	$(N)_2$ 或 $(N)_B$
十六进制（Hexadecimal）	0、1、2、3、4、5、6、7、8、9、A、B、C、D、E、F	16	逢十六进一 借一当十六	$(N)_{16}$ 或 $(N)_H$
八进制（Octal）	0、1、2、3、4、5、6、7	8	逢八进一 借一当八	$(N)_8$ 或 $(N)_O$

在实际中，还有很多其他数制。如日历时钟中用到的 60 进制、24 进制、12 进制、365 进制等。

1.2.3 4 种常用数制之间的转换

同样数量的物品，可以用不同进制进行计数。因此，不同数制的数之间可以进行转换。

1. 任意进制数转换为十进制数

方法 1：将任意进制数按权位展开相加，所得结果即为转换的十进制数，即

$$(N)_R = \left(\sum_{i=-m}^{n-1} K_i R^i\right)_{10}$$

【例 1-1】将下列各进制数转换为十进制数：（1）$(11001.101)_2$；（2）$(ABC.8)_{16}$；（3）$(764.5)_8$。

解：方法 1：

（1）$(11001.101)_2 = 1\times2^4 + 1\times2^3 + 0\times2^2 + 0\times2^1 + 1\times2^0 + 1\times2^{-1} + 0\times2^{-2} + 1\times2^{-3} = (25.625)_{10}$

（2）$(ABC.8)_{16} = 10\times16^2 + 11\times16^1 + 12\times16^0 + 8\times16^{-1} = (2748.5)_{10}$

（3）$(764.4)_8 = 7\times8^2 + 6\times8^1 + 4\times8^0 + 4\times8^{-1} = (500.5)_{10}$

方法 2：整数可以用计算机中的科学计算器转换。

在计算机的附件中找到计算器，然后调到科学型计算器状态。选中要转换的数据的进制，并在窗口中输入待转换的数值，再选择要转换的进制，就得到了结果。

2. 十进制数转换为二进制数

整数部分和小数部分转换的方法不同，要分别进行转换。

（1）十进制整数转换为二进制整数。

方法 1："除 2 取余"法，即将十进制的整数不断除 2，得到的余数按先得为低位，后得为高位的顺序排列，转换成二进制整数。这是一种通用的方法。

原理：设 N 为十进制整数，可以转换为二进制数，写成表达式为

$$(N)_{10} = \sum_{i=0}^{n-1} k_i 2^i = k_{n-1}2^{n-1} + k_{n-2}2^{n-2} + \cdots + k_2 2^2 + k_1 2^1 + k_0 2^0$$

将两边同时除以 2，结果为 $(N)_{10}/2 = k_{n-1}2^{n-2} + k_{n-2}2^{n-3} + \cdots + k_2 2^1 + k_1 2^0 + k_0/2$，$k_0$ 为第一次得到的余数，以此类推，可以得到最后的余数 k_{n-1}。

【例 1-2】将十进制数 37 转换成二进制数。

解：根据"除 2 取余"法的原理，按如下步骤转换：

```
2 | 37  ……… 余1   k0  ↑
2 | 18  ……… 余0   k1   读
2 | 9   ……… 余1   k2   取
2 | 4   ……… 余0   k3   次
2 | 2   ……… 余0   k4   序
2 | 1   ……… 余1   k5
    0
```

则$(37)_{10}=(100101)_2$。

方法2："按权位相加"法，即把十进制数分解为不同权位的二进制数，对应结果相加，再将对应的二进制数的权位的数码直接写出就得到二进制的结果了。

这种方法要求熟悉数值较小的二进制数的权位与十进制数之间的关系。

二进制权位　2^0　2^1　2^2　2^3　2^4　2^5　2^6　2^7
　　　　　　↓　 ↓　 ↓　 ↓　 ↓　 ↓　 ↓　 ↓
十进制数　　1　　2　　4　　8　　16　　32　　64　　128

二进制数码　k_0　k_1　k_2　k_3　k_4　k_5　k_6　k_7

【例1-3】 将十进制数37转换成二进制数。

解：
$$(37)_{10}=32+4+1=2^5+2^2+2^0=(100101)_2$$

显然，如果你能将十进制数很快分解为二进制的权位，那么这种方法就比"除2取余"法快。

方法3："科学计算器"法，用计算机中的科学计算器转换。

【例1-4】 将十进制数37转换成二进制数。

解：

得到$(37)_{10}=(100101)_2$。

以下各种数制之间的整数转换都可以用科学计算器来完成。

（2）十进制小数转换为二进制小数。

方法1："乘2取整"法，即将十进制的小数乘2，得到的整数作为二进制的小数，然后再将十进制小数乘2，再取整数，不断将十进制小数乘2取整，按先得整数部分为二进制小数的高位，后得为低位的顺序排列，就将十进制数的小数部分转换成二进制小数了。

原理：设$0.N$为十进制小数，可以转换为二进制数，写成表达式为

$$(0.N)_{10}=\sum_{i=-1}^{-m}k_i 2^i = k_{-1}2^{-1}+k_{-2}2^{-2}+\cdots+k_{-m}2^{-m}$$

将两边同时乘2，结果为$2\times(0.N)_{10}=k_{-1}+k_{-2}2^{-1}+\cdots+k_{-m+1}2^{-m+1}$，$k_{-1}$为第一次得到的整数，以此类推，可以得到$k_{-m+1}$。

需要说明的是，十进制小数转换为二进制小数不一定能完全转换，会有误差。

【例1-5】 将十进制数$(0.562)_{10}$转换成误差ε不大于2^{-6}的二进制数。

解：用"乘2取整"法，按如下步骤转换

　　　　　　　　　　　　　　取整
$0.562\times 2=1.124$ ······ 1 ······ k_{-1}
$0.124\times 2=0.248$ ······ 0 ······ k_{-2}
$0.248\times 2=0.496$ ······ 0 ······ k_{-3}
$0.496\times 2=0.992$ ······ 0 ······ k_{-4}
$0.992\times 2=1.984$ ······ 1 ······ k_{-5}

由于最后的小数$0.984>0.5$，根据"四舍五入"的原则，k_{-6}应为1。因此

$$(0.562)_{10}=(0.100011)_2$$

其误差 $\varepsilon < 2^{-6}$。

方法 2:"按权位相加"法。

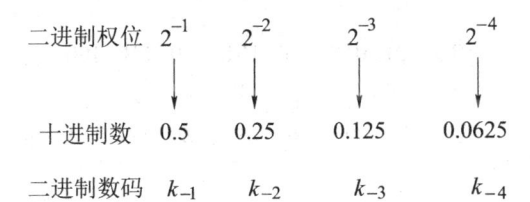

二进制权位	2^{-1}	2^{-2}	2^{-3}	2^{-4}
	↓	↓	↓	↓
十进制数	0.5	0.25	0.125	0.0625
二进制数码	k_{-1}	k_{-2}	k_{-3}	k_{-4}

【例 1-6】 将十进制数 $(0.8125)_{10}$ 转换成二进制数。

解： $(0.8125)_{10} = 0.5 + 0.25 + 0.0625 = (0.1101)_2$

3. 二进制数与十六进制数之间的转换

由于一位十六进制数可以表示四位二进制数，所以二进制与十六进制之间可以进行快速转换。

（1）二进制转换为十六进制。

将二进制数以小数点为界限，向左及向右各分为四位一组，每组二进制数用一位十六进制数表示即可。

需要注意的是，小数点的位置不动，整数最左面不够四位时在最左面补 0，小数最右面不够四位时在最右面补 0。

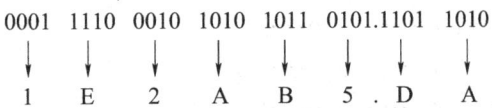

【例 1-7】 将二进制数 111100010101010110101.1101101 转换为十六进制数。

解：

```
0001  1110  0010  1010  1011  0101.1101  1010
  ↓     ↓     ↓     ↓     ↓     ↓    ↓     ↓
  1     E     2     A     B     5  . D     A
```

结果为 $(111100010101010110101.1101101)_2 = (1E2AB5.DA)_{16}$

整数部分用科学计算器：

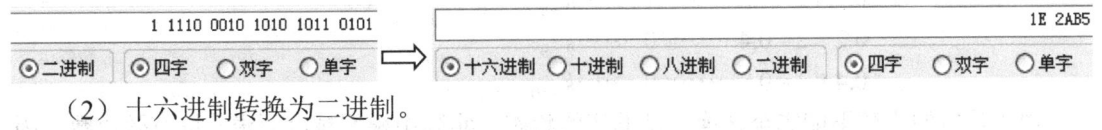

（2）十六进制转换为二进制。

小数点位置不动，将每位十六进制数用四位二进制数表示即可。

【例 1-8】 将十六进制数 ABCD.EF95 转换为二进制数。

解：

```
 A    B    C    D  . E    F    9    5
 ↓    ↓    ↓    ↓    ↓    ↓    ↓    ↓
1010 1011 1100 1101.1110 1111 1001 0101
```

结果为 $(ABCD.EF95)_{16} = (1010101111001101.1110111110010101)_2$

整数部分用科学计算器：

4. 二进制数与八进制数之间的转换

一位八进制数可以表示三位二进制数，所以二进制与八进制之间也可以快速转换。方法同二进制与十六进制之间的转换类似，下面举例说明。

【例 1-9】 将二进制数 10101010110101.1101101 转换为八进制数。

解：

$$010\ 101\ 010\ 110\ 101.\ 110\ 110\ 100$$
$$\downarrow\ \ \downarrow\ \ \downarrow\ \ \downarrow\ \ \downarrow\ \ \downarrow\ \ \downarrow\ \ \downarrow$$
$$2\ \ \ 5\ \ \ 2\ \ \ 6\ \ \ 5.\ \ 6\ \ \ 6\ \ \ 4$$

整数部分用科学计算器：

5. 十进制数与十六进制、八进制数之间的转换

方法：十进制数 ⇨ 二进制数 ⇨ 十六进制或八进制数。

【例 1-10】 将十进制数 123.45 转换为十六进制数。

解：整数部分 $123 = 64+32+16+8+2+1 = 2^6+2^5+2^4+2^3+2^1+2^0$

$$(123)_{10} = (1111011)_2$$

小数部分用"乘 2 取整"法。

取整

$0.45 \times 2 = 0.9 \cdots\cdots 0 \cdots\cdots k_{-1}$
$0.9 \times 2 = 1.8 \cdots\cdots 1 \cdots\cdots k_{-2}$
$0.8 \times 2 = 1.6 \cdots\cdots 1 \cdots\cdots k_{-3}$
$0.6 \times 2 = 1.2 \cdots\cdots 1 \cdots\cdots k_{-4}$
$0.2 \times 2 = 0.4 \cdots\cdots 0 \cdots\cdots k_{-5}$
$0.4 \times 2 = 0.8 \cdots\cdots 0 \cdots\cdots k_{-6}$
$0.8 \times 2 = 1.6 \cdots\cdots 1 \cdots\cdots k_{-7}$
$0.6 \times 2 = 1.2 \cdots\cdots 1 \cdots\cdots k_{-8}$
$0.2 \times 2 = 0.4 \cdots\cdots 0 \cdots\cdots k_{-9}$
$0.4 \times 2 = 0.8 \cdots\cdots 0 \cdots\cdots k_{-10}$

由于最后的小数不能完全转换，是循环的状态，实际中根据精度要求，取有效位数。因此 $(0.45)_{10} = (0.01110011)_2$

$$(123.45)_{10} = (1111011.01110011)_2$$

再将二进制数转换为十六进制数 $(1111011.01110011)_2 = (7B.73)_{16}$，最后的结果为 $(123.45)_{10} = (7B.73)_{16}$。

用科学计算器对整数部分可以直接转换。

4 种常用数制的数码对照关系见表 1-2。

表 1-2 4 种常用数制的数码对照关系

十进制数	二进制数	八进制数	十六进制数
0	00000	0	0

续表

十进制数	二进制数	八进制数	十六进制数
1	00001	1	1
2	00010	2	2
3	00011	3	3
4	00100	4	4
5	00101	5	5
6	00110	6	6
7	00111	7	7
8	01000	10	8
9	01001	11	9
10	01010	12	A
11	01011	13	B
12	01100	14	C
13	01101	15	D
14	01110	16	E
15	01111	17	F
16	10000	20	10

1.3 码制及常用编码

1.3.1 码制

在实际生产、生活中，我们经常遇到一些数字及字母的组合，它们没有大小的含义，只是区别不同事物的代号。如运动员的号码、学生的学号、考生的准考证号、产品的编号、器件型号等，这些数字及字母的组合就是代码。

为了便于记忆和查找，在编制代码时要有一定的规则，这些规则被称为码制。

在数字电路中，因为信号只有两种状态，所以编制的代码只有 0 和 1。在数字电路中都有哪些代码？常用的有 BCD（Binary Coded Decimal）码、可靠性编码、ASCII 码。

1.3.2 BCD 码

在日常生活中，我们习惯用十进制数，但计算机中只有二进制数，如何用二进制数来表示十进制数呢？BCD 码就是用 4 位二进制数码表示 1 位十进制数码的代码，也称为二十进制代码。它既有二进制的形式，又有十进制的特点，便于传递、处理。

十进制数中有 0～9 共 10 个数字符号，4 位二进制代码可以组成 16 种不同状态，从 16 种状态中取出 10 种状态来表示 10 个数字符号的编码方案很多，每种方案都有 6 种状态不允许出现。

根据代码中每位是否有固定的权，通常将 BCD 码分为有权码和无权码两种类型。常用的 BCD 有权码有 8421 码、2421 码、5211 码，无权码有余 3 码。它们与十进制数字符号对应的编码见表1-3，观察一下这些代码的特点。

表1-3 常用的4种BCD码

十进制字符	有 权 码				无权码
	8421码	2421（A）码	2421（B）码	5211码	余3码
0	0000	0000	0000	0000	0011
1	0001	0001	0001	0001	0100
2	0010	0010	0100	0100	0101
3	0011	0011	0011	0101	0110
4	0100	0100	0100	0111	0111
5	0101	1011	0101	1000	1000
6	0110	1100	0110	1001	1001
7	0111	1101	0111	1100	1010
8	1000	1110	1110	1101	1011
9	1001	1111	1111	1111	1100

BCD码的特点如下：

（1）有权码可以写成通用表达式

$$(N)_D = A_3 a_3 + A_2 a_2 + A_1 a_1 + A_0 a_0$$

式中，A_3、A_2、A_1、A_0为各位权值，对8421码，$A_3 A_2 A_1 A_0 = 8421$；对2421码，$A_3 A_2 A_1 A_0 = 2421$；对5211码，$A_3 A_2 A_1 A_0 = 5211$；a_3、a_2、a_1、a_0为各位代码系数。

有权代码与十进制数之间的转换都是按位进行的。

（2）8421码的特点是它同十进制数的相互转换与二进制数同十进制数转换是一样的，这样转换比较方便。

例如：$(67.92)_{10} = (01100111.10010010)_{8421码}$。

另外，8421码的最低位具有奇偶性，即对应十进制数是奇数的码字，最低位为1，而偶数码字的最低位是0，利用这个性质很容易区分十进制数奇偶性。

（3）2421码有两种，2421（A）码较常用，它的特点是十进制字符的0和9、1和8、2和7、3和6、4和5的各码位互为相反，即前一个数的2421码只要自身按位取反，就得到后面一个数的2421码，这种特性称为对9的自补代码。具有这一特征的BCD码在运算时可以将对9的补数减法转化为加法运算。

例如：$(367)_{10} = (001111001101)_{2421码}$。

（4）5211码的特点是后五个代码低三位与前五个代码相同，只是最高位由0变为1。四位的十进制计数器对计数脉冲的分频比从低位到高位是5:2:1:1，在构成某些数字系统时很有用。

（5）余3码的名称是怎么得到的？如果用余3码减去3，得到的结果恰好是8421码，这样，余3码就比8421码多3，因此称为余3码。

为什么要编制余3码？余3码有什么用？

我们日常习惯的数制及加法运算是十进制的，而计算机中只能运算二进制的，十进制数是逢十进位，而二进制数逢二进位，怎么能给计算机输入十进制的，让它进行正确的加法运算呢？这就要把输入的十进制数变成二进制数，最方便的方法是将每一位十进制数变为 8421BCD 码。这要把十进制变为十六进制，把输入的每位十进制数的 BCD 码换成余 3 码，用余 3 码做加法时，就变成了十六进制的运算，输出结果就是十进制数的 BCD 码了。

例如，计算十进制数 7+6，我们如果直接输入它们的 BCD 码，0111+0110=1101，这个结果不是 BCD 码。若换成输入余 3 码，1010+1001=10011，结果看成 BCD 码，是 13。多位十进制数运算时，对结果也要进行处理。MCS-51 系列单片机的指令系统中专门有一条指令是做二进制与十进制之间调整的，它必须在加法指令之后使用。

需要注意的是，十进制数用 BCD 码表示时，是按每一位十进制数用四位二进制数表示的。用余 3 码表示时，每一位十进制数都要用余 3 码。

例如：$(367)_{10}$ = $(011010011010)_{余3码}$。

1.3.3 可靠性编码

代码在形成和传输过程中可能发生错误。错误的原因有很多种，如设备的临界工作状态、电源偶然瞬变、器件延时、高频干扰等。为了使代码形成时不易出错，或者出错后容易被发现甚至自行校正，形成了几种代码。具有检错纠错能力的代码称为可靠性代码，它的目的是为了提高系统的可靠性。常用的可靠性代码有格雷码（Gray 码）、奇偶校验码和 8421 海明码（Hamming 码）。

1. 格雷码（Gray 码）

格雷码的特点是任意相邻两个数的代码只有一位码不同，而且最小数与最大数代码也满足这个特点，所以又称为循环码。

格雷码有多种形式，典型的格雷码是从普通二进制码转换得到的，见表 1-4。

表 1-4 4 位二进制码对应的典型格雷码

十进制数	4 位二进制码	典型格雷码
0	0000	0000
1	0001	0001
2	0010	0011
3	0011	0010
4	0100	0110
5	0101	0111
6	0110	0101
7	0111	0100
8	1000	1100
9	1001	1101
10	1010	1111
11	1011	1110
12	1100	1010
13	1101	1011
14	1110	1001
15	1111	1000

由二进制数转换为格雷码的规则为：设二进制码为 $B = B_{n-1}B_{n-2}\cdots B_{i+1}B_i\cdots B_1B_0$，与其对应的格雷码为 $G = G_{n-1}G_{n-2}\cdots G_{i+1}G_i\cdots G_1G_0$，则有

$$\begin{cases} G_{n-1} = B_{n-1} \\ G_i = B_{i+1} \oplus B_i \quad 0 \leqslant i \leqslant n-2 \end{cases}$$

表达式中 $\oplus$ 为逻辑异或运算符号，运算规则是：

$$0 \oplus 0 = 0, \quad 1 \oplus 0 = 0, \quad 0 \oplus 1 = 1, \quad 1 \oplus 1 = 0$$

口诀：两输入相同输出为 0，不同为 1。

例如，求二进制数 1110 的格雷码的过程如下：

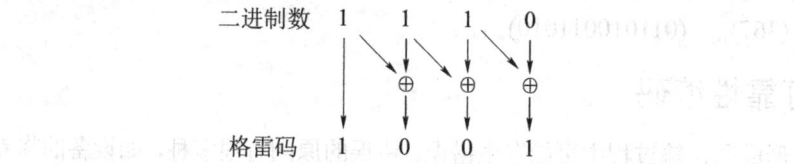

```
二进制数    1   1   1   0
                ⊕   ⊕   ⊕
格雷码      1   0   0   1
```

所以，1110 的格雷码为 1001，与表 1-4 中的相同。

反过来，若给出一组格雷码，也可以找出与之对应的二进制码。

例如，格雷码为 111010，求其二进制码。求解过程如下：

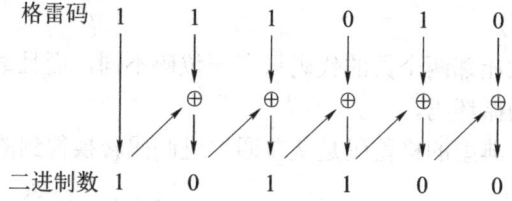

```
格雷码      1   1   1   0   1   0
                ⊕   ⊕   ⊕   ⊕   ⊕
二进制数    1   0   1   1   0   0
```

所以，与格雷码 111010 对应的二进制码是 101100。

格雷码是一种无权码，每一位都没有固定的权值，因而很难识别单个代码所代表的数值。

格雷码的可靠性表现在产生或传输相邻二进制数时，只有一位格雷码发生变化，设备不容易出错。

例如，当十进制数由 3 变为 4 时，如果采用 8421 码，其编码将由 0011 变为 0100，此时四位二进制数中有三位数的状态发生变化。对于具体实现 8421 码的电路，每一位变化的速度可能不同，那么可能会出现下列情况：

$$0011 \longrightarrow 0111 \longrightarrow 0110 \longrightarrow 0100$$
$$\quad 3 \qquad\qquad 7 \qquad\qquad 6 \qquad\qquad 4$$

虽然最后的结果是从 3 变成了 4，但中间有两个错误的过程。如果不采取其他措施，中间错误结果会产生非常严重的后果。但若采用格雷码，变化过程是 $0010 \longrightarrow 0110$，只有第二位发生变化，不会有错误的过程，因此提高了数据产生及传输的可靠性。

2. 奇偶校验码

奇偶校验码由两部分组成：前一部分是传输的位数不限的二进制信息本身，后一部分为 1 位的奇偶校验位 0 或 1。如果加上校验位使整个代码中 1 的个数为奇数称为奇校验，1 的个数为偶数称为偶校验。在数字检错应用中，一般采用奇性校验码，因为奇校验码不存在全 0 代码，便于判断。

表 1-5 所示为 8421 码的奇偶校验码，同一信息的两种校验码是相反的。

表 1-5　8421 码的奇偶校验码

| 8421 码 | 8421 奇校验码 |||| | 8421 偶校验码 |||| |
| | 信息位 ||| | 校验位 | 信息位 ||| | 校验位 |
	A	B	C	D	P	A	B	C	D	P'
0000	0	0	0	0	1	0	0	0	0	0
0001	0	0	0	1	0	0	0	0	1	1
0010	0	0	1	0	0	0	0	1	0	1
0011	0	0	1	1	1	0	0	1	1	0
0100	0	1	0	0	0	0	1	0	0	1
0101	0	1	0	1	1	0	1	0	1	0
0110	0	1	1	0	1	0	1	1	0	0
0111	0	1	1	1	0	0	1	1	1	1
1000	1	0	0	0	0	1	0	0	0	1
1001	1	0	0	1	1	1	0	0	1	0

奇偶校验码的可靠性表现在数字信息在传输过程中如果出现了错误，会出现校验位错误。

例如，要传输的信息是 11001001，进行奇校验，校验位是 1，这个信息连同校验位传输到接收端时应该是 110010011。接收端进行 8 位数据接收时，如果有 1 位出现错误，它的奇校验位就是 0。接收端通过比较发射数据与接收数据的校验位可知有数据传输错误。

这种简单奇偶校验的局限性是它只能判断有 1 位或奇数位出错的情况，但不能确定是哪一位出错，没有定位功能，更不能纠正错误。当有偶数个错误时，它也不能检测识别。

可将多个数据组成数据块，用双向奇偶校验法定位错误信息。

双向奇偶校验法如图 1-4 所示，将要检测的数据排列成矩阵形式，形成阵列码。然后每行加一位校验码，每列加一位校验码。当信息的奇偶性无错时指示为 0，奇偶性有错时指示为 1。如果信息某一位出错，则可以从行列指示中确定错误的位置，并对该位进行纠正。

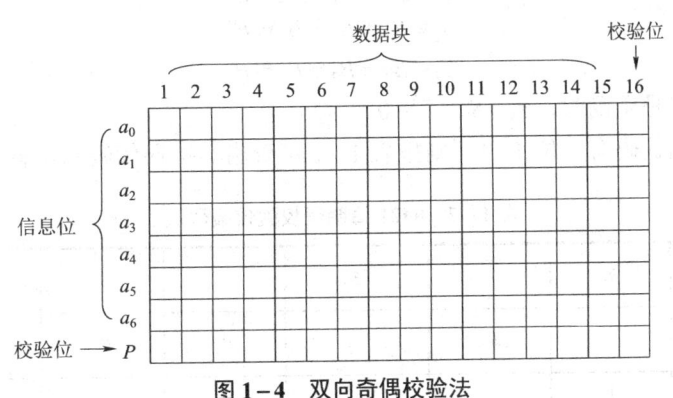

图 1-4　双向奇偶校验法

双向奇偶校验法的不足：只能校正一位错码，成双出错的不能校正，而且需要增添很多设备。

能否编制既能检错又能纠错的简单可靠性代码呢？下面的代码就是其中一种。

3. 8421 海明码（Hamming 码）

8421 海明码是七位代码，前四位为 8421 码 $B_4B_3B_2B_1$，后三位为校验码 $P_3P_2P_1$，三位校验码按下式确定：

$$P_3 = B_4 \oplus B_3 \oplus B_2$$
$$P_2 = B_4 \oplus B_3 \oplus B_1$$
$$P_1 = B_4 \oplus B_2 \oplus B_1$$

也就是说三位校验码都是偶校验，七位 8421 海明码的顺序是 $B_4B_3B_2P_3B_1P_2P_1$。完整的 8421 海明码见表 1-6。

表 1-6 完整的 8421 海明码

8421 码	8421 海明码						
	B_4	B_3	B_2	P_3	B_1	P_2	P_1
0000	0	0	0	0	0	0	0
0001	0	0	0	0	1	1	1
0010	0	0	1	1	0	0	1
0011	0	0	1	1	1	1	0
0100	0	1	0	1	0	1	0
0101	0	1	0	1	1	0	1
0110	0	1	1	0	0	1	1
0111	0	1	1	0	1	0	0
1000	1	0	0	1	0	1	1
1001	1	0	0	1	1	0	0

如何使用 8421 海明码来进行校验？

从校验位的定义已知 $P_3P_2P_1$ 是偶校验，那么用每位校验码再去和它本身做异或运算应该为 0。设：

$$S_3 = B_4 \oplus B_3 \oplus B_2 \oplus P_3$$
$$S_2 = B_4 \oplus B_3 \oplus B_1 \oplus P_2$$
$$S_1 = B_4 \oplus B_2 \oplus B_1 \oplus P_1$$

当接收的代码是正确时，$S_3 = S_2 = S_1 = 0$。

如果接收到的代码有一位错误，则按表 1-7 可查出其错误代码的位置。

表 1-7 8421 海明码校验位编码表

校验和 \ 编号 \ 位序	7	6	5	4	3	2	1
	B_4	B_3	B_2	P_3	B_1	P_2	P_1
S_3	1	1	1	1			
S_2	1	1			1	1	
S_1	1		1		1		1
$S_3 S_2 S_1$	111	110	101	100	011	010	001

例如发送和接收的 8421 海明码如下：

位序　　　　　7654321
发送码　　　　0110100
接收码　　　　0100100

计算接收端的 8421 海明码校验和为

$$S_3 = B_4 \oplus B_3 \oplus B_2 \oplus P_3 = 0 \oplus 1 \oplus 0 \oplus 0 = 1$$
$$S_2 = B_4 \oplus B_3 \oplus B_1 \oplus P_2 = 0 \oplus 1 \oplus 1 \oplus 0 = 0$$
$$S_1 = B_4 \oplus B_2 \oplus B_1 \oplus P_1 = 0 \oplus 0 \oplus 1 \oplus 0 = 1$$

按照表 1-7 查计算结果，位序 5 的码 B_2 出错，查看发送、接收结果，证明确实是 B_2 出错了。

如果想了解更多系统的编码知识，同学们可以阅读关于编码理论的书籍。

1.3.4　字符编码

数字电路中处理的数据除了数字之外，还有字母、运算符号、标点符号、一些特殊符号，这些符号统称为字符。

这些字符在数字电路中必须用二进制编码表示，将其称为字符编码。

最常用的字符编码是美国信息交换标准码，简称 ASCII 码。

ASCII 码是用 7 位二进制码表示 128 种字符，其中包括表示数字 0~9 的 10 个代码，表示英文大小写的 52 个代码，32 个表示各种符号的代码及 34 个控制码，见表 1-8。每个控制码在计算机操作中的含义见表 1-9。

表 1-8　7 位 ASCII 码编码表

低 4 位代码 ($a_3a_2a_1a_0$)	高 3 位代码 ($a_6a_5a_4$)						
	000	001	010	011	100	101	110	111
0000	NUL	DLE	SP	0	@	P	、	p
0001	SOH	DC1	!	1	A	Q	a	q
0010	STX	DC2	"	2	B	R	b	r
0011	ETX	DC3	#	3	C	S	c	s
0100	EOT	DC4	$	4	D	T	d	t
0101	ENQ	NAK	%	5	E	U	e	u
0110	ACK	SYN	&	6	F	V	f	v
0111	BEL	ETB	'	7	G	W	g	w
1000	BS	CAN	(	8	H	X	h	x
1001	HT	EM	)	9	I	Y	i	y
1010	LF	SUB	*	:	J	Z	j	z
1011	VT	ESC	+	;	K	[	k	{
1100	FF	FS	,	<	L	\	l		

续表

低4位代码 $(a_3a_2a_1a_0)$	高3位代码 $(a_6a_5a_4)$							
	000	001	010	011	100	101	110	111
1101	CR	GS	-	=	M	]	m	}
1110	SO	RS	.	>	N	^	n	~
1111	SI	US	/	?	O	_	o	DEL

表1-9 ASCII码中控制码在计算机操作中的含义

控制码	含义	控制码	含义	控制码	含义
NUL	空字符	FF	换页键	CAN	取消
SOH	标题开始	CR	回车键	EM	介质中断
STX	正文开始	SO	不用切换	SUB	替补
ETX	正文结束	SI	启用切换	ESC	扩展
EOT	传输结束	DLE	数据链路转义	FS	文件分割符
ENQ	请求	DC1	设备控制1	GS	分组符
ACK	收到通知	DC2	设备控制2	RS	记录分离符
BEL	响铃	DC3	设备控制3	US	单元分隔符
BS	退格	DC4	设备控制4	SP	空格
HT	水平制表符	NAK	拒绝接收	DEL	删除
LF	换行键	SYN	同步空闲		
VT	垂直制表符	ETB	传输块结束		

由于实际数字电路中是用一个字节表示一字符，所以使用ASCII码时，通常在最左边增加一位奇偶校验位。

1.4 二进制数的运算

数字可以进行运算。我们熟悉的十进制数可以进行加减乘除、乘方开方、指数对数等运算，在数字电路中，二进制数都可以进行哪些运算呢？

1.4.1 算术运算

当二进制数码表示数量大小时，它们之间可以进行加减乘除运算，称为算术运算。

二进制数之间的算术运算规则同十进制运算规则相同，只不过是将逢10进1改为逢2进1。

加法：0+0=0　　0+1=1　　1+0=1　　1+1=0（有进位）

减法：0-0=0　　0-1=1（有借位）　　1-0=1　　1-1=0

乘法：0×0=0　　0×1=0　　1×0=0　　1×1=1

除法：0÷1=0　　1÷1=1

【例1-11】 求下列二进制数各式运算结果。
（1）101101＋11011；（2）101101－11011；（3）101101×11011；（4）101101÷11011。

解：（1）

$$\begin{array}{r} 101101 \\ +\ 11011 \\ \hline 1001000 \end{array}$$

101101＋11011＝1001000

（2）

$$\begin{array}{r} 101101 \\ -\ 11011 \\ \hline 10010 \end{array}$$

101101－11011＝10010

（3）

$$\begin{array}{r} 101101 \\ \times\ 11011 \\ \hline 101101 \\ 101101\ \ \\ 101101\ \ \ \ \ \\ +\ 101101\ \ \ \ \ \ \ \ \ \\ \hline 10010111111 \end{array}$$

101101×11011＝10010111111

（4）

$$\begin{array}{r} 1.1010\ \ \ \ \ \\ 11011\overline{)101101\ \ \ \ \ \ } \\ -\ 11011\ \ \ \ \ \ \\ \hline 100100\ \ \ \ \\ -\ 11011\ \ \ \ \\ \hline 100100\ \ \\ -\ 11011\ \ \\ \hline 10010\ \ \end{array}$$

101101÷11011＝1.1010，除不尽

平时当然也可以用科学计算器，记住它不能计算小数。

10 1101	＋	1 1011	＝	100 1000
10 1101	－	1 1011	＝	1 0010
10 1101	＊	1 1011	＝	100 1011 1111
10 1101	／	1 1011	＝	1

在典型的数字电路中，只有加法器电路，没有其他算术运算电路。那减法、乘法、除法运算在数字电路中怎么完成呢？还有负数的运算在数字电路中怎么运算呢？还有什么其他办法进行二进制数的算术运算吗？

观察一下二进制数的乘法运算式子，可以用移位再相加进行；二进制数的除法运算可以用移位再相减的方法代替，那么四种算术运算变成加减两种了。能不能再减少运算的种类，只做加法器硬件电路就完成四种运算？减法运算怎么用加法电路去做？

这里有一个模的概念。所谓模就是计数的最大范围。在运算时超过最大的范围就溢出，不考虑它了。

有了模及不考虑溢出，我们就可以将减法转换为加法。下面举例说明一下减法是如何转换为加法的。

假设十进制数的模为100，现在我们计算67－35，既然溢出的不考虑，我们就可以随意加一个溢出，变成这样的一个计算过程：

67－35＝67－35＋100＝67＋（100－35）＝67＋65＝32，显然结果是正确的。

这里面还有一个概念，就是100－35，我们把它叫作－35的补码，－35叫原码，也就是负数可以转换成它的补码，变成了正数，减法就变成了加法运算。

二进制数用相同的原理可以将减法转换为加法。在计算机中正负数也用0、1来区分。通

常将用"+""-"表示正、负的二进制数称为符号数的真值,而把符号和数值一起编码表示的二进制数称为机器数或机器码。常用的机器码有原码、反码和补码三种。这里我们只讨论整数的三种码。二进制数 N 的原码、反码、补码分别用$[N]_{原}$、$[N]_{INV}$、$[N]_{COMP}$ 表示。

正数:原码、反码、补码相同,最高位为符号位 0,其他位数为真值。

负数 $\begin{cases} 原码:最高位为符号位 1,其他位数为真值; \\ 反码:最高位为 1,其他位数对原码取反; \\ 补码:最高位为 1,其他位数对反码加 1。\end{cases}$

补码与模值有关,同一个数在不同的模值下的补码是不同的。

设 N 为 $n-1$ 位二进制数,用 n 位二进制编码表示,则:

$$[N]_{原} = \begin{cases} N & 当N为正数 \\ 2^{n-1} - N & 当N为负数 \end{cases} \quad [N]_{INV} = \begin{cases} N & 当N为正数 \\ (2^n - 1) + N & 当N为负数 \end{cases} \quad [N]_{COMP} = \begin{cases} N & 当N为正数 \\ 2^n + N & 当N为负数 \end{cases}$$

例如 $N = +1110111$,则$[N]_{原} = 01110111$,$[N]_{INV} = 01110111$,$[N]_{COMP} = 01110111$;
$N = -1110111$,则$[N]_{原} = 11110111$,$[N]_{INV} = 10001000$,$[N]_{COMP} = 10001001$。

N 为负数时,N 的真值 $+[N]_{COMP}=$ 模值,即 $-N+[N]_{COMP}=2^n \rightarrow N=[N]_{COMP}-2^n$(溢出),这样,减法可以用转换为负数的加法,负数再用它的补码表示,减法就变成了加法。

在计算机中存储数据及处理数据都是按字节进行的,一个字节包含 8 位二进制数。

对于一个 8 位二进制数,原码表示范围为 $+127\sim-127$,0 的原码有两种,$[+0]_{原}=00000000$,$[-0]_{原}=10000000$,$[+127]_{原}=01111111$,$[-127]_{原}=11111111$。反码表示范围为 $+127\sim-127$,$[+0]_{INV}=00000000$,$[-0]_{INV}=11111111$,$[+127]_{INV}=01111111$,$[-127]_{INV}=10000000$。补码表示范围为 $+127\sim-128$,$[+0]_{COMP}=[-0]_{COMP}=00000000$,$[+127]_{COMP}=01111111$,$[-128]_{COMP}=10000000$。

【例 1-12】 用二进制补码运算求出 $13+10$、$13-10$、$-13+10$、$-13-10$。

解:用 8 位带符号数表示

$[+13]_{原}=[+13]_{INV}=[+13]_{COMP}=00001101$

$[-13]_{原}=10001101$,$[-13]_{INV}=11110010$,$[-13]_{COMP}=11110011$

$[+10]_{原}=[+10]_{INV}=[+10]_{COMP}=00001010$

$[-10]_{原}=10001010$,$[-10]_{INV}=11110101$,$[-10]_{COMP}=11110110$

因为 $[13+10]_{COMP}=[+13]_{COMP}+[+10]_{COMP}=00001101+00001010=00010111=[23]_{COMP}$,所以 $13+10=23$。

因为 $[13-10]_{COMP}=[+13]_{COMP}+[-10]_{COMP}=00001101+11110110=00000011=[+3]_{COMP}$,所以 $13-10=3$。

因为 $[-13+10]_{COMP}=[-13]_{COMP}+[+10]_{COMP}=11110011+00001010=11111101=[-3]_{COMP}$,所以 $-13+10=-3$。

因为 $[-13-10]_{COMP}=[-13]_{COMP}+[-10]_{COMP}=11110011+11110110=11101001=[-23]_{COMP}$,所以 $-13-10=-23$。

同学们思考一下:反码在这里有什么作用?

1.4.2 逻辑运算

当二进制数码不是用来表示数量大小,而是表示一个事物的两种状态或表示不同的事物时,它们之间可以进行逻辑运算。研究逻辑运算规律的工具是逻辑代数。

逻辑代数和普通代数有什么相同点和不同点?

相同点是逻辑代数和普通代数都是用字母和数字表示。

逻辑代数和普通代数的不同点有两方面。一是变量的名称,如表达式 $L=AB+C$,在普通代数中,A、B、C 称为自变量,L 称为因变量;在逻辑代数中,A、B、C 称为输入变量,L 称为输出变量,输入变量和输出变量统称为逻辑变量。二是变量取值范围的区别,普通代数的自变量和因变量取值是可以从$-\infty$到$+\infty$的连续值。而逻辑变量的取值只有 0 和 1 两种,它代表输入或输出变量的两个逻辑状态,如开关的闭合和断开,电灯的亮和灭,表决时同意和不同意,表决结果通过和不通过等,0 和 1 称为逻辑常量。

逻辑函数是描述输入变量与输出变量之间因果关系的函数,若输入逻辑变量 A、B、$C\cdots$ 的取值确定以后,输出逻辑变量 L 的值也唯一地确定了,称 L 是 A、B、$C\cdots$ 的逻辑函数,写作 $L=F(A, B, C\cdots)$。输入变量之间的运算遵从逻辑代数的运算规则。

逻辑运算有三种基本运算:与、或、非,还有它们的复合运算。

1. 与

(1) 定义:如果决定一件事情发生的多个条件必须同时具备,事情才会发生,则称这种因果关系为与逻辑。

例如,在如图 1-5(a)所示电路中,两个开关控制同一个灯。以 A、B 表示开关的状态,以 L 表示灯的状态,其关系如图 1-5(b)所示,仅当两个开关都闭合时,灯才能亮,否则,灯是灭的。灯的状态与开关的状态之间的关系符合逻辑与的关系。与运算输入变量可以是 2 个及 2 个以上。

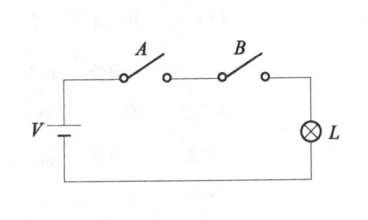

开关A	开关B	灯L
不闭合	不闭合	不亮
不闭合	闭合	不亮
闭合	不闭合	不亮
闭合	闭合	亮

(a)   (b)

图 1-5 与电路及其逻辑关系

(a)与电路;(b)与逻辑关系

在逻辑代数中,与逻辑关系用与运算描述。与运算又称为逻辑乘,运算符号为"·",书写变量之间与运算时可以省略。

(2) 与运算规则及表示方法见表 1-10。

表 1-10 与运算规则及表示方法

运算规则	逻辑表达式	真值表			逻辑符号
		A	B	L=AB	
0·0=0 0·1=0 1·0=0 1·1=1 口诀： 输入有 0，输出为 0； 输入全 1，输出为 1	$L=A \cdot B=AB$ 读作： L 等于 A 与 B	0 0 1 1	0 1 0 1	0 0 0 1	国标 国际标准

真值表是将输入变量的所有取值组合及对应的输出变量用列表的方式来表示，它是逻辑函数特有的一种表达方式，因为在逻辑代数中，输入变量及输出变量只能取 0、1 两种状态，因此可以将输入变量的所有取值组合逐一列出，这是普通代数中的函数不能实现的一种表达方式。

列真值表方法：先将 n 个输入变量的 2^n 个所有组合列出，再根据逻辑表达式计算出每一种输入组合对应的输出变量的值。

在数字电路中能实现与运算的电路称为与门逻辑电路，电路逻辑符号有国标和国际标准两种，本书采用国标逻辑符号。

2. 或

（1）定义：如果决定一件事情的几个条件中，只要有一个或一个以上条件具备，这件事情就会发生，则称这种因果关系为或逻辑。

例如，在图 1-6（a）所示电路中，两个开关控制同一个灯。以 A、B 表示开关的状态，以 L 表示灯的状态，其关系如图 1-6（b）所示，只要有一个开关闭合，灯就亮，只有开关全断开时，灯才灭。灯的状态与开关的状态之间的关系符合逻辑或的关系。或运算输入变量可以是 2 个及 2 个以上。

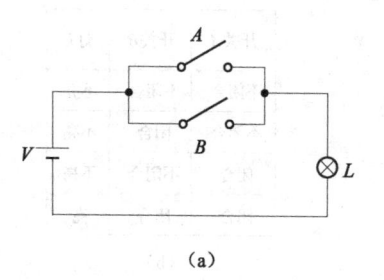

开关A	开关B	灯L
不闭合	不闭合	不亮
不闭合	闭合	亮
闭合	不闭合	亮
闭合	闭合	亮

(a)   (b)

图 1-6 或电路及其逻辑关系
(a) 或电路；(b) 或逻辑关系

在逻辑代数中，或逻辑关系用或运算描述。或运算又称为逻辑加，运算符号为"+"。

（2）或运算规则及表示方法见表 1-11。

3. 非

（1）定义：某事情发生与否，仅取决于一个条件，而且是条件具备时事情不发生，条件不具备时事情才发生。我们称这种因果关系为非逻辑。

表 1-11 或运算规则及表示方法

运算规则	逻辑表达式	真值表			逻辑符号
		A	B	L=A+B	
0+0=0　　0+1=1 1+0=1　　1+1=1 口诀： 输入有1，输出为1； 输入全0，输出为0	$L=A+B$ 读作： L 等于 A 或 B	0	0	0	国标
		0	1	1	
		1	0	1	国际标准
		1	1	1	

例如，在如图 1-7（a）所示电路中，一个开关控制一个灯。以 A 表示开关的状态，以 L 表示灯的状态，其关系如图 1-7（b）所示，如果开关闭合，灯就灭，只有开关断开时，灯才是亮的。灯的状态与开关的状态之间的关系符合逻辑非的关系。非运算输入变量只能是一个。

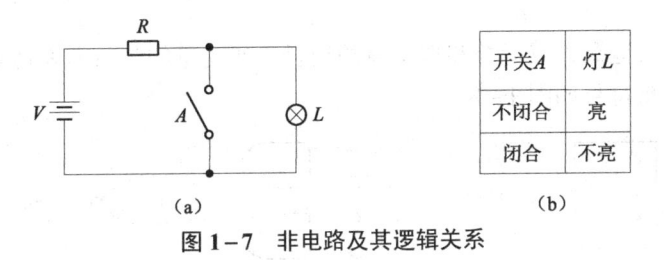

图 1-7 非电路及其逻辑关系
（a）非电路；（b）非逻辑关系

在逻辑代数中，非逻辑关系用非运算描述，运算符号为变量上面加"－"。
（2）非运算规则及表示方法见表 1-12。

表 1-12 非运算规则及表示方法

运算规则	逻辑表达式	真值表		逻辑符号
		A	$L=\overline{A}$	
$\overline{0}=1$　　$\overline{1}=0$ 口诀： 输入为0，输出为1； 输入为1，输出为0	$L=\overline{A}$ 读作： L 等于 A 非	0	1	国标
		1	0	国际标准

常用的复合运算有：与非、或非、与或非、异或、同或等。

4. 与非

与非运算是与运算和非运算的结合。它的运算规则及表示方法见表 1-13。

表 1-13 与非运算规则及表示方法

逻辑表达式	真值表			逻辑符号
	A	B	$L=\overline{AB}$	
$L=\overline{A \cdot B}$ 简写为：$L=\overline{AB}$	0	0	1	国标
	0	1	1	
	1	0	1	国际标准
	1	1	0	

5. 或非

或非运算是或运算和非运算的结合。它的运算规则及表示方法见表 1-14。

表 1-14 或非运算规则及表示方法

逻辑表达式	真值表			逻辑符号
$L=\overline{A+B}$	A	B	$L=\overline{A+B}$	国标 国际标准
	0	0	1	
	0	1	0	
	1	0	0	
	1	1	0	

6. 与或非

与或非运算是与运算、或运算和非运算的结合。四变量的与或非表达式为 $L=\overline{AB+CD}$，国标及国际标准逻辑符号如图 1-8 所示。

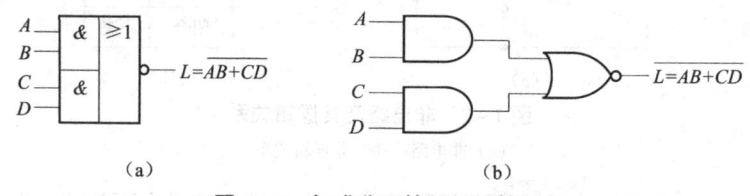

图 1-8 与或非运算的逻辑符号
(a) 国标逻辑符号；(b) 国际标准逻辑符号

7. 异或

异或运算只有两个输入变量，当两个输入变量相同时，输出为 0；当两个输入变量不同时，输出为 1。异或运算符号为 ⊕。异或运算规则及表示方法见表 1-15，异或运算又叫判奇偶运算。

表 1-15 异或运算规则及表示方法

运算规则	逻辑表达式	真值表			逻辑符号
0⊕0=0 0⊕1=1 1⊕0=1 1⊕1=0 口诀： 输入不同，输出为 1； 输入相同，输出为 0	$L=A\oplus B$ 读作： L 等于 A 异或 B	A	B	$L=A\oplus B$	国标 国际标准
		0	0	0	
		0	1	1	
		1	0	1	
		1	1	0	

8. 同或

同或运算也只有两个输入变量，当两个输入变量相同时，输出为 1；当两个输入变量不同时，输出为 0。同或运算规则及表示方法见表 1-16，它是异或运算的非运算，又叫判一致运算。

表 1-16 同或运算规则及表示方法

运算规则	逻辑表达式	真值表			逻辑符号	
		A	B	L=A⊙B		
0⊙0=1 0⊙1=0	L=A⊙B	0	0	1	国标	
1⊙0=0 1⊙1=1	读作：	0	1	0		L=A⊙B
口诀：	L等于A同或B	1	0	0	国际标准	
输入不同，输出为0；		1	1	1		L=A⊙B
输入相同，输出为1						

1.5 逻辑运算公式及定理

在计算复杂的逻辑函数时，除了用基本的逻辑运算，还要用一些常用的公式和定理。

1.5.1 逻辑运算公式

常用的逻辑运算公式见表 1-17。

表 1-17 常用的逻辑运算公式

名称	公式 1	公式 2	说　明
0-1 律	$A \cdot 1 = A$ $A \cdot 0 = 0$	$A + 0 = A$ $A + 1 = 1$	变量与常量的关系
互补律	$A \cdot \bar{A} = 0$	$A + \bar{A} = 1$	逻辑代数特殊规律
重叠律	$AA = A$	$A + A = A$	
对合律	$\bar{\bar{A}} = A$		
交换律	$AB = BA$	$A + B = B + A$	与普通代数规律相同
结合律	$A(BC) = (AB)C$	$A + (B + C) = (A + B) + C$	
分配律	$A(B + C) = AB + AC$	$A + BC = (A + B)(A + C)$	逻辑代数特殊规律
反演律	$\overline{AB} = \bar{A} + \bar{B}$	$\overline{A + B} = \bar{A}\bar{B}$	

简单的公式可以用基本逻辑运算规则及真值表证明。反演律也叫德·摩根定理。

【例 1-13】 用真值表证明反演律 $\overline{AB} = \bar{A} + \bar{B}$ 和 $\overline{A + B} = \bar{A}\bar{B}$ 。

证：两个式子都是两个变量，分别列出两个变量的四种组合情况及用基本逻辑规则计算出两个公式等号两边函数的值，见表 1-18。从表 1-18 中可得 $\overline{AB} = \bar{A} + \bar{B}$ ， $\overline{A + B} = \bar{A}\bar{B}$ 。

表 1-18 证明 $\overline{AB} = \bar{A} + \bar{B}$ 及 $\overline{A + B} = \bar{A}\bar{B}$

A	B	$\overline{AB}$	$\bar{A} + \bar{B}$	$\overline{A + B}$	$\bar{A}\bar{B}$
0	0	1	1	1	1
0	1	1	1	0	0
1	0	1	1	0	0
1	1	0	0	0	0

复杂的公式可以用真值表证明，也可以用基本公式证明。

【例 1-14】 证明分配律 $A+BC=(A+B)(A+C)$。

证：右面 $=(A+B)(A+C)=AA+AC+BA+BC=A+AC+AB+BC$
$=A(1+C+B)+BC=A+BC=$ 左面

除了这些基本公式，还有一些常用公式，逻辑函数的常用公式见表 1-19。

表 1-19 逻辑函数的常用公式

名称	公　　式
吸收式	$A+AB=A$
消因子式	$A+\bar{A}B=A+B$
并项式	$A\bar{B}+AB=A$
消多余项式	$AB+\bar{A}C+BC=AB+\bar{A}C$
	$AB+\bar{A}C+BCD=AB+\bar{A}C$

这些公式可以用真值表或基本公式证明。

【例 1-15】 用基本公式证明消多余项公式 $AB+\bar{A}C+BCD=AB+\bar{A}C$。

证：左面 $=AB+\bar{A}C+BCD=AB+\bar{A}C+BCD(A+\bar{A})=AB+\bar{A}C+ABCD+\bar{A}BCD$
$=AB+ABCD+\bar{A}C+\bar{A}BCD=AB(1+CD)+\bar{A}C(1+BD)=AB+\bar{A}C=$ 右面

这些基本公式和常用公式在复杂逻辑函数化简时有广泛应用。

1.5.2 逻辑运算定理

逻辑函数在运算或变换中，遵循以下三个定理。

1. 对偶定理

对偶式：对于任何一个逻辑表达式 L，如果把式中的"+"换成"·"，"·"换成"+"；"1"换成"0"，"0"换成"1"，且保持原表达式的运算优先顺序，就可以得到一个新的表达式 L'，称 L' 为 L 的对偶式。例如：

$L_1=A+BC$ 　　　　$L_1'=A(B+C)$

$L_2=AB+\bar{A}C+BC$ 　　$L_2'=(A+B)(\bar{A}+C)(B+C)$

对偶定理：如果两个逻辑表达式相等，则它们的对偶式也一定相等。

使用对偶定理时要特别注意保持原表达式运算符号的优先顺序：括号、与、或，必要时可加括号求 L_1'。

表 1-17 中的公式 1 及公式 2 两列就满足对偶定理。由此可见，利用对偶定理可以减少很多的公式记忆量。

2. 代入定理

代入定理：在任何逻辑等式中，如果等式两边所有出现某一变量的地方，都代之以同一个函数，等式仍然成立。用代入定理可以将一些公式进行扩展。

【例 1-16】 用代入定理证明反演律 $\overline{AB}=\bar{A}+\bar{B}$ 适用于三变量函数。

证：将 $B=BC$ 代入反演律的两边，得 $\overline{ABC}=\bar{A}+\overline{BC}=\bar{A}+\bar{B}+\bar{C}$

3. 反演定理

反演定理：对于任何一个逻辑表达式 L，如果把式中的"＋"换成"·"，"·"换成"＋"；"1"换成"0"，"0"换成"1"，原变量换成反变量，反变量换成原变量，所得到的表达式 $\bar{L}$ 就是 L 的反函数。

利用反演定理可以方便地求取一个函数的反函数。使用时注意两点：

① 运算符号的优先顺序：括号、与、或，必要时加括号。
② 只是单个的原变量与反变量互换，不是单个变量的反号保持不变。

【例 1-17】 已知函数 $L = AE + \overline{(A+B)C + \overline{A}D} + (\overline{A}+E)B$，用反演定理求取反函数 $\bar{L}$。

解：直接应用反演定理得，$\bar{L} = (\overline{A}+\overline{E}) \cdot \overline{(\overline{A} \cdot \overline{B}+\overline{C})(A+\overline{D})} \cdot (A\overline{E}+\overline{B})$。

1.6 逻辑函数的表示方法及其转换

基本的逻辑运算我们可以用运算符号、真值表、逻辑符号表示，复杂的逻辑运算怎么表示？不同表示方法之间有什么关系？

1.6.1 逻辑函数的表示方法

1. 逻辑函数表达式

（1）用与或非逻辑运算符表示逻辑函数中各个变量之间逻辑关系的代数式叫作逻辑函数表达式，如 $L = AE + \overline{(A+B)C + \overline{A}D} + (\overline{A}+E)B$。

这种表示方法的优点是：

① 便于用逻辑代数的公式和定理进行运算变换；
② 便于画出逻辑图。

它的缺点是：逻辑函数比较复杂时逻辑功能不直观。

（2）同一个逻辑函数可以用不同的器件实现。不同形式的表达式之间可以进行变换。

如一个逻辑函数的与或表达式为 $L = AC + \overline{A}B$，可以用与门、或门实现。如果现在只有与非门怎么办？那就要将它变为与非—与非的形式，即 $L = \overline{\overline{AC} \cdot \overline{\overline{A}B}}$，怎么变？

常见的逻辑式主要有 5 种形式，它们相互转换方法如下：

与或表达式 $L = AC + \overline{A}B$ $\xrightarrow{\text{取反}}$ 整理为与或表达式 $\xrightarrow{\text{取反}}$ 或与表达式 $L = (A+B)(\overline{A}+C)$

与或表达式 $L = AC + \overline{A}B$ $\xrightarrow{\text{两次取反}}$ 保留最外层非号 内层用德·摩根定理 $\Rightarrow$ 与非—与非表达式 $L = \overline{\overline{AC} \cdot \overline{\overline{A}B}}$

与或表达式 $L = AC + \overline{A}B$ $\xrightarrow{\text{取反}}$ 整理为与或表达式 $\xrightarrow{\text{取反}}$ 与或非表达式 $L = \overline{A\overline{C} + A\overline{B}}$

或与表达式 $L = (A+B)(\overline{A}+C)$ $\xrightarrow{\text{两次取反}}$ 保留最外层非号 内层用德·摩根定理 $\Rightarrow$ 或非—或非表达式 $L = \overline{\overline{A+B} + \overline{\overline{A}+C}}$

（3）最小项表达式。

它是一种逻辑函数标准表达式，在逻辑函数变换及分析设计中有广泛应用。

① 最小项的定义。

在 n 个变量的逻辑函数中，由 n 个变量构成一个乘积项 m，该乘积项中包含全部 n 个变量，每个变量都以原变量或反变量的形式出现且仅出现一次，则此乘积项 m 就称为这 n 个变量的一个最小项。例如：2 个变量的最小项有四个：$\overline{A}\overline{B}$、$\overline{A}B$、$A\overline{B}$、AB，而 $A\overline{A}$、A 则不是最小项。n 变量构成的全部最小项共有 2^n 个。

② 最小项的编号。

为了叙述和书写方便，常用"m_i"来表示最小项。规定下标"i"的值为原变量取 1、反变量取 0 时得到的二进制数所对应的十进制的值。例如三变量的全部最小项的编号：

最小项表达式→	$\overline{A}\overline{B}\overline{C}$	$\overline{A}\overline{B}C$	$\overline{A}B\overline{C}$	$\overline{A}BC$	$A\overline{B}\overline{C}$	$A\overline{B}C$	$AB\overline{C}$	ABC
对应二进制数→	000	001	010	011	100	101	110	111
对应十进制数→	0	1	2	3	4	5	6	7
最小项编号式→	m_0	m_1	m_2	m_3	m_4	m_5	m_6	m_7

三变量所有最小项及其取值见表 1-20。

表 1-20 三变量所有最小项及其取值

A	B	C	$\overline{A}\overline{B}\overline{C}$	$\overline{A}\overline{B}C$	$\overline{A}B\overline{C}$	$\overline{A}BC$	$A\overline{B}\overline{C}$	$A\overline{B}C$	$AB\overline{C}$	ABC
0	0	0	1	0	0	0	0	0	0	0
0	0	1	0	1	0	0	0	0	0	0
0	1	0	0	0	1	0	0	0	0	0
0	1	1	0	0	0	1	0	0	0	0
1	0	0	0	0	0	0	1	0	0	0
1	0	1	0	0	0	0	0	1	0	0
1	1	0	0	0	0	0	0	0	1	0
1	1	1	0	0	0	0	0	0	0	1
最小项编号			m_0	m_1	m_2	m_3	m_4	m_5	m_6	m_7

③ 最小项的基本性质。

a. 对于任意一个最小项，只有一组变量取值使它为 1，而其余各种变量取值均使它为 0。

b. 对于变量的任一组取值，任意两个不同最小项的乘积为 0。

c. 对于变量的任一组取值，全体最小项的和为 1。

④ 最小项表达式。

以最小项组成的"与或"式逻辑函数称为最小项表达式。

例如 $L = F(A,B,C,D) = \overline{A}\overline{B}\overline{C}\overline{D} + \overline{A}\overline{B}\overline{C}D + \overline{A}\overline{B}C\overline{D} + \overline{A}B\overline{C}\overline{D} + A\overline{B}\overline{C}\overline{D} + A\overline{B}C\overline{D} + AB\overline{C}\overline{D}$

$= m_0 + m_1 + m_2 + m_4 + m_5 + m_8 + m_{10} = \sum m(0,1,2,4,5,8,10)$

2. 真值表

同基本运算的真值表定义及列写方法相同。四变量逻辑函数 $L = \overline{AC} + \overline{BD}$ 的真值表见

表 1-21。真值表的每一行相当于逻辑函数的一个最小项。

表 1-21 四变量真值表

A	B	C	D	L
0	0	0	0	1
0	0	0	1	1
0	0	1	0	1
0	0	1	1	0
0	1	0	0	1
0	1	0	1	1
0	1	1	0	1
0	1	1	1	0
1	0	0	0	1
1	0	0	1	0
1	0	1	0	1
1	0	1	1	0
1	1	0	0	1
1	1	0	1	0
1	1	1	0	0
1	1	1	1	0

3. 卡诺图

当逻辑变量个数较多时，用真值表表示逻辑函数比较烦琐。将真值表的每一行最小项变为一个小方块，而且几何相邻的最小项逻辑也相邻，就是卡诺图。

（1）最小项逻辑相邻：两个最小项只有一个变量不同。两个相邻最小项可以合并为一项。

（2）卡诺图的结构：为保证几何相邻的最小项逻辑相邻，逻辑变量排序时要符合格雷码规则。

二变量、三变量、四变量的卡诺图分别如图 1-9（a）、(b)、(c) 所示。

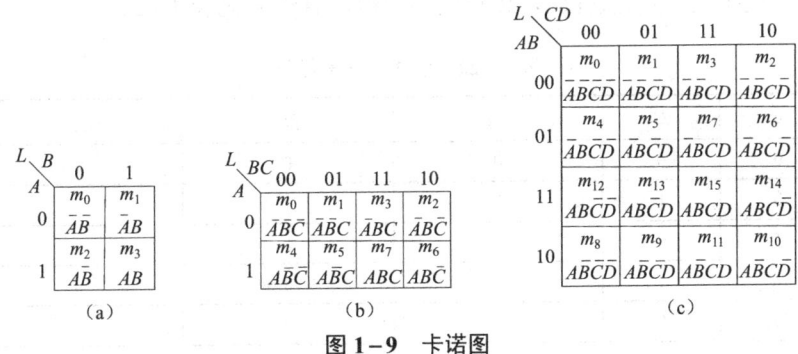

图 1-9 卡诺图

（a）二变量；(b) 三变量；(c) 四变量

（3）用卡诺图表示逻辑函数：逻辑函数用最小项表达式表示，在表达式中包含的最小项对应的卡诺图小方块位置中写 1，其余位置写 0 或空白。

【例 1-18】 画出逻辑函数 $L = F(A,B,C,D) = \sum m(0,1,2,4,5,8,10)$ 的卡诺图。

解： 所给逻辑函数的卡诺图如图 1-10 所示。

4. 波形图

波形图就是各个逻辑变量的逻辑值随时间变化的规律图，即将逻辑函数输入变量每一种可能出现的取值与对应的输出值用相对于时间的波形变化来表示变量之间的逻辑关系，又称为时序图。逻辑函数 $L = A(B+C)$ 的波形图如图 1-11 所示。

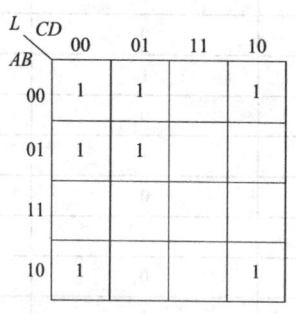

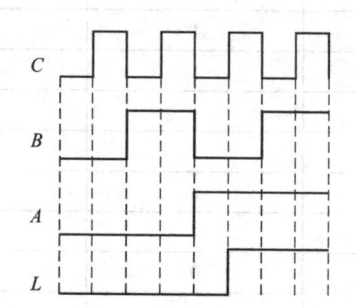

图 1-10　例 1-18 卡诺图　　图 1-11　逻辑函数 $L = A(B+C)$ 的波形图

5. 逻辑图

将逻辑关系用逻辑符号表示出来的方法，称为逻辑图。如逻辑函数 $L = AB + \overline{AB}$，其逻辑图如图 1-12 所示。

1.6.2　逻辑函数表示方法的转换

1. 逻辑函数与真值表之间的相互转换

（1）逻辑函数转换为真值表：将输入变量按最小项排列，分别代入逻辑函数中得到输出变量，也就得到了逻辑函数的真值表。

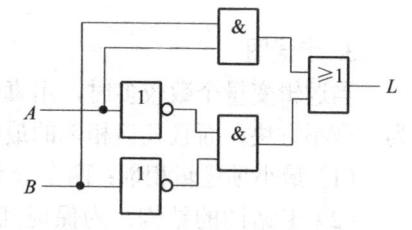

图 1-12　逻辑函数的逻辑图

【例 1-19】 已知逻辑函数 $L = \overline{A}B + \overline{B}C + \overline{C}A$，列出它的真值表。

解： 将三变量的全部取值列出，计算出函数值，真值表见表 1-22。

表 1-22　例 1-19 真值表

A	B	C	$\overline{A}B$	$\overline{B}C$	$\overline{C}A$	L
0	0	0	0	0	0	0
0	0	1	0	1	0	1
0	1	0	1	0	0	1
0	1	1	1	0	0	1
1	0	0	0	0	1	1
1	0	1	0	1	0	1
1	1	0	0	0	1	1
1	1	1	0	0	0	0

（2）真值表转换为逻辑函数最小项表达式：将真值表输出变量为1的每一行输入变量写为一个最小项，然后将所有输出为1的最小项相加，得到输出函数。

【例1-20】 逻辑函数输入输出变量真值表见表1-23，试写出它的逻辑函数表达式。

表1-23 例1-20真值表

A	B	C	L	
0	0	0	0	
0	0	1	1	→ $\overline{A}\,\overline{B}C$
0	1	0	0	→ $\overline{A}B\overline{C}$
0	1	1	1	→ $\overline{A}BC$
1	0	0	1	→ $A\overline{B}\,\overline{C}$
1	0	1	1	→ $A\overline{B}C$
1	1	0	1	→ $AB\overline{C}$
1	1	1	0	

解： 将真值表输出为1的各行对应的输入变量写成最小项形式，再将所有最小项相加，就得到逻辑函数表达式 $L = \overline{A}\,\overline{B}C + \overline{A}B\overline{C} + \overline{A}BC + A\overline{B}\,\overline{C} + A\overline{B}C + AB\overline{C}$。

2. 逻辑函数与卡诺图之间的相互转换

（1）逻辑函数转换为卡诺图：将逻辑函数整理为与或表达式，根据输入变量的个数，画出卡诺图结构，保证每个乘积项为1，在卡诺图中相应的小方块中填1。

【例1-21】 逻辑函数 $L = AB + CD$，用卡诺图表示该逻辑函数。

解： 由逻辑表达式可知，输入变量有四个，画四变量卡诺图结构，保证 $AB = 1$，$CD = 1$，得到该逻辑函数的卡诺图，如图1-13所示。

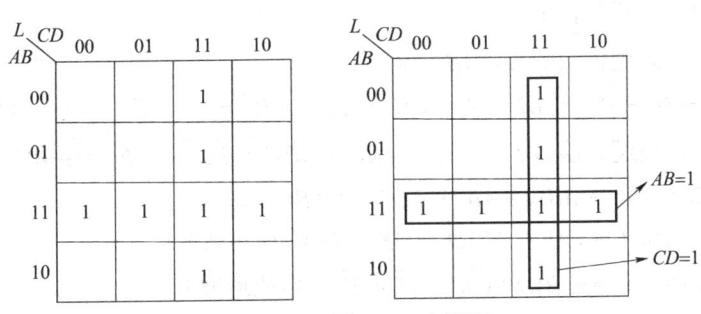

图1-13 例1-21卡诺图

（2）卡诺图转换为逻辑函数：在1.7.2中讲解。

3. 逻辑函数与波形图之间的相互转换

（1）逻辑函数转换为波形图：将输入变量的所有最小项用波形图表示，分别代入逻辑函数中，将得到的输出变量也用波形图表示。

（2）波形图转换为最小项表达式：将波形图中输出变量为1的输入变量写为一个最小项，然后将所有输出为1的输入最小项相加，得到输出函数最小项表达式。

4. 逻辑函数与逻辑图之间的相互转换

（1）逻辑函数转换为逻辑图：将函数表达式中运算符号用图形符号表示，得到逻辑图。

（2）逻辑图转换为逻辑函数：将逻辑图中的图形符号从输入端到输出端依次用运算符号表示，得到逻辑函数表达式。

1.7 逻辑函数的化简

为了使逻辑函数表达的逻辑关系明显，且用最少的器件实现逻辑函数，常常需要将逻辑函数化简为最简与或式。

最简与或式的标准：

① 与项最少，即表达式中"+"号最少；

② 每个与项中的变量数最少，即表达式中"·"号最少。

要得到最简与或式，需消去多余乘积项和多余的因子。化简的方法有公式法和卡诺图法。

1.7.1 公式化简法

用表 1-17 中的公式和表 1-19 中的公式，将复杂逻辑函数化简。

【例 1-22】 化简逻辑函数 $L = A(BC + \overline{B}\,\overline{C}) + A(B\overline{C} + \overline{B}C)$。

解：$L = A(BC + \overline{B}\,\overline{C}) + A(B\overline{C} + \overline{B}C) = ABC + A\overline{B}\,\overline{C} + AB\overline{C} + A\overline{B}C$ （分配律）

$= AB(C + \overline{C}) + A\overline{B}(C + \overline{C}) = AB + A\overline{B} = A(B + \overline{B}) = A$ （并项法）

【例 1-23】 化简逻辑函数 $L = A + \overline{\overline{\overline{A}\,\overline{B}\,\overline{C}}(A + D + \overline{B\overline{C} + ED})} + BC$。

解：$L = A + \overline{\overline{\overline{A}\,\overline{B}\,\overline{C}}(A + D + \overline{B\overline{C} + ED})} + BC$

$= (A + BC) + (A + BC)(A + D + \overline{B\overline{C} + ED})$ （结合律、德·摩根定理）

$= A + BC$ （吸收法）

【例 1-24】 化简逻辑函数 $L = AB + \overline{A}C + \overline{B}C$。

解：$L = AB + \overline{A}C + \overline{B}C = AB + (\overline{A} + \overline{B})C = AB + \overline{AB}C = AB + C$ （消因子法）

【例 1-25】 化简逻辑函数 $L = \overline{A}BC + ABC + \overline{A}B\overline{D} + AB\overline{D} + \overline{A}BC\overline{D} + BCD\overline{E}$

解：$L = \overline{A}BC + ABC + \overline{A}B\overline{D} + AB\overline{D} + \overline{A}BC\overline{D} + BCD\overline{E}$

$= (\overline{A}B + AB)C + (\overline{A}B + AB)\overline{D} + (\overline{A}B + B\overline{E})C\overline{D}$ （结合律）

$= \overline{(A \oplus B)}C + \overline{(A \oplus B)}\overline{D} + (\overline{A}B + B\overline{E})C\overline{D}$ （异或运算）

$= \overline{(A \oplus B)}C + \overline{(A \oplus B)}\overline{D}$ （消多余项）

【例 1-26】 化简逻辑函数 $L = A\overline{B} + \overline{A}B + B\overline{C} + \overline{B}C$。

解：$L = A\overline{B} + \overline{A}B + B\overline{C} + \overline{B}C = A\overline{B} + \overline{A}B(C + \overline{C}) + B\overline{C} + \overline{B}C(A + \overline{A})$ （配项法）

$= A\overline{B} + \overline{A}BC + \overline{A}B\overline{C} + B\overline{C} + \overline{B}CA + \overline{B}C\overline{A}$

$= (A\overline{B} + \overline{B}CA) + (\overline{A}BC + \overline{B}C\overline{A}) + (\overline{A}B\overline{C} + B\overline{C})$ （结合律）

$= A\overline{B} + \overline{A}C + B\overline{C}$ （并项法）

由以上例题可以看出，公式法化简的优点是有些时候比较简洁、方便，但也存在以下缺点：
（1）逻辑代数与普通代数的公式易混淆，化简过程要求对所有公式熟练掌握；
（2）公式法化简没有固定的步骤，没有一套完善的方法可循，依赖于人的经验；
（3）公式法化简技巧强，较难掌握；
（4）对化简后得到的逻辑表达式是否是最简式的判断有一定困难。

1.7.2 卡诺图化简法

在 1.6.1 中介绍了用卡诺图法表示逻辑函数，它的特点是几何相邻时逻辑也相邻。利用卡诺图的这个特点可以化简逻辑函数。

1. 卡诺图化简法原理

（1）最小项合并。

两个相邻最小项可以合并为一项，消去一个变量；四个相邻最小项可以合并为一项，消去两个变量；八个相邻最小项可以合并为一项，消去三个变量，分别如图 1-14（a）、（b）、（c）所示。每一个圈写一个最简与项，规则是：取值为 1 的变量用原变量表示，取值为 0 的变量用反变量表示，将这些变量相与。

2^n 个相邻的最小项结合，可以消去 n 个变量而合并为一项。

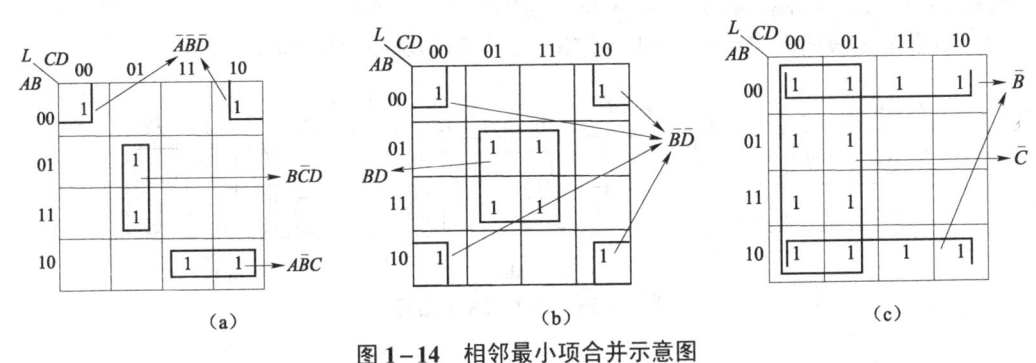

图 1-14 相邻最小项合并示意图
(a) 两个相邻最小项合并；(b) 四个相邻最小项合并；(c) 八个相邻最小项合并

（2）合并最小项原则。

① 圈要尽可能大，但每个圈内只能含有 $2^n(n=0,1,2,3\cdots)$ 个相邻项，这样消去的变量多，乘积项因子少。

注意对边相邻性和四角相邻性；取值为 1 的方格可以被重复圈在不同的包围圈中。

② 卡诺图中所有的 1 都必须圈到，不能合并的 1 必须单独画圈。

③ 圈的个数尽量少。在新画的包围圈中至少要含有 1 个未被圈过的 1 方格，这样化简后的逻辑函数的与项就少，否则该包围圈是多余的。

2. 卡诺图化简法步骤

（1）将逻辑函数用卡诺图表示。
（2）合并相邻的最小项，即根据前述原则画圈，每个圈用一个与式表示。
（3）将所有与项进行逻辑加，即得最简与或表达式。

【例 1-27】 用卡诺图法化简逻辑函数 $L(A,B,C,D)=\sum m(0,1,2,5,6,8,9,13,14)$。

解：首先将逻辑函数用卡诺图表示，然后合并最小项，如图 1-15 所示，最后写出最简与或式 $L = \overline{C}D + \overline{B}\overline{C} + \overline{A}C\overline{D} + BC\overline{D}$。

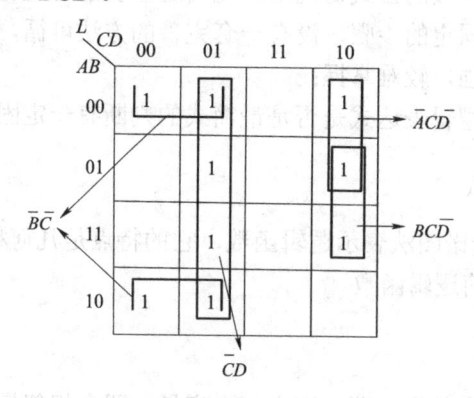

图 1-15 例 1-27 卡诺图

【例 1-28】用卡诺图法化简逻辑函数 $L = A\overline{C} + \overline{A}C + B\overline{C} + \overline{B}C$。

解：将逻辑函数用卡诺图表示，如图 1-16（a）所示。

按图 1-16（b）画圈，得 $L = A\overline{B} + \overline{A}C + B\overline{C}$。

按图 1-16（c）画圈，得 $L = A\overline{C} + \overline{B}C + \overline{A}B$。

两个结果都是最简的与或式，同一逻辑函数化简的结果可能不唯一。

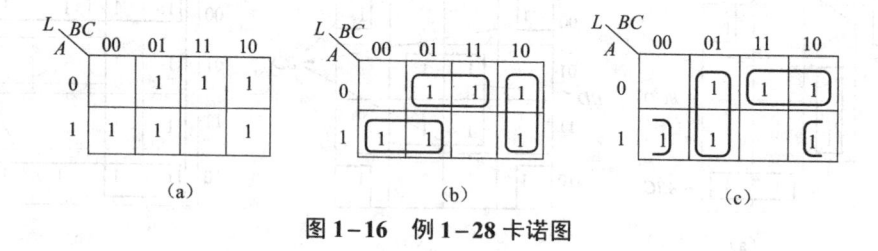

图 1-16 例 1-28 卡诺图

1.7.3 具有无关项的逻辑函数及其化简

1. 无关项

在解决实际逻辑问题时，会出现一些不应该或不允许出现的情况。

例如交通信号灯系统中，正常情况下，红绿黄三个灯只能有一个亮，不允许出现两个、三个灯同时亮或三个灯都不亮的状态。如果红绿黄三个灯的状态分别用变量 A、B、C 表示，变量为 1 时表示灯亮，变量为 0 时表示灯灭，它们的关系是 $ABC = 0$、$AB\overline{C} = 0$、$A\overline{B}C = 0$、$\overline{A}BC = 0$、$\overline{A}\,\overline{B}\,\overline{C} = 0$，即 $ABC + AB\overline{C} + A\overline{B}C + \overline{A}BC + \overline{A}\,\overline{B}\,\overline{C} = 0$，这五个最小项叫任意项。如果出现这五种状态，车可以行也可以停，即逻辑值任意。

在电动机控制系统中，用三个按钮分别控制电动机的正转、反转、停止，任何时刻电动机只能有一种工作状态，所以只能按一个按钮。如果正转、反转、停止三个输入按钮分别用变量 ABC 表示，ABC、$AB\overline{C}$、$A\overline{B}C$、$\overline{A}BC$、$\overline{A}\,\overline{B}\,\overline{C}$ 这五种情况是不可能出现的，也可以表达为：$ABC + AB\overline{C} + A\overline{B}C + \overline{A}BC + \overline{A}\,\overline{B}\,\overline{C} = 0$，这五个最小项叫约束项。

约束项和任意项统称为无关项。

带有无关项的逻辑函数的最小项表达式为：$L = \sum m(\ ) + \sum d(\ )$，在卡诺图中用符号×来表示其逻辑值。

2. 具有无关项的逻辑函数的化简

无关项为 0，在化简时根据需要可以将它计入逻辑表达式，也可以不计入逻辑表达式。一般用卡诺图法化简，化简方法与 1.7.2 中相同，只是在合并相邻最小项时根据最大圈要求，可以将×圈入，也可以不圈入。

【**例 1-29**】 逻辑函数 $Y(A,B,C,D) = \sum m(0,2,4,5,6,8,9) + \sum d(10,11,12,13,14,15)$，用卡诺图法化简为最简与或式。

解：逻辑函数用卡诺图表示，画最大圈，如图 1-17 所示，得到：$Y = A + B\overline{C} + \overline{D}$。

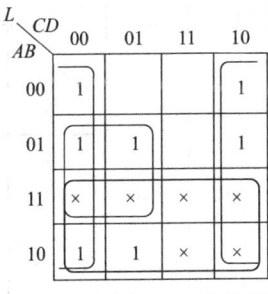

图 1-17 例 1-29 卡诺图

本章小结

通过本章学习，应理解数字电路的一些概念，熟练掌握数制及转换、码制及应用、逻辑代数的基本运算规律，能熟练进行逻辑函数的变换和化简。本章内容总结见表 1-24。

表 1-24 本章内容总结

基本概念	数字量：时间和数值都是离散的，用 0 和 1 表示		
	数字电路：半导体器件工作在开关状态，主要研究输入、输出变量的逻辑关系		
数制	表示方法	$(N)_R = \sum_{i=-m}^{n-1} K_i R^i$	
	常用进制	十进制、二进制、十六进制、八进制	
	相互转换	N 进制按权位展开相加 ⟶ 十进制	
		十进制整数除 2 取余，小数乘 2 取整 ⟶ 二进制	
		二进制数以小数点为界，向左和向右分别四（三）位一组 ⟶ 十六（八）进制	
码制	BCD	四位二进制数表示一位十进制数，常用 8421 码、余 3 码	
	格雷码	任意相邻两位代码只有一位二进制数不同，又称为循环码	
	奇偶校验码	前一部分是传输的位数不限的二进制信息本身，后一部分为一位的奇偶校验位	
算术运算	加、减、乘、除、乘方、开方、对数等		运算规则与十进制相同，加减法用补码运算
逻辑运算	基本运算	与	$L = AB$	(符号图) $L = A \cdot B$	有 0 出 0，全 1 为 1
		或	$L = A + B$	(符号图) $L = A + B$	有 1 出 1，全 0 为 0
		非	$L = \overline{A}$	(符号图) $L = \overline{A}$	入 1 出 0，入 0 出 1

续表

逻辑运算	复合运算	与非	$L=\overline{AB}$	(图：与非门 A,B→&→) $L=\overline{A\cdot B}$	有0出1，全1为0
		或非	$L=\overline{A+B}$	(图：或非门 A,B→≥1→) $L=\overline{A+B}$	有1出0，全0为1
		与或非	$L=\overline{AB+CD}$	(图：与或非门 A,B,C,D) $L=\overline{AB+CD}$	有一组全1出0，每组有0出1
		异或	$L=A\oplus B$	(图：异或门 A,B→=1→) $L=A\oplus B$	相同为0，不同为1
		同或	$L=A\odot B$	(图：同或门 A,B→=→) $L=A\odot B$	相同为1，不同为0

	基本公式	表1-17	0-1律、互补律、重叠律、对合律、交换律、结合律、分配律、反演律	
	常用公式	表1-19	吸收式、消因子式、并项式、消多余项式	
基本定理	代入定理		用于等式变换中导出新公式	
	反演定理		用于求逻辑函数的反函数。方法：+ ↔ ·、1 ↔ 0，原变量 ↔ 反变量	
	对偶定理		用于求逻辑函数对偶式，导出新公式。方法：+ ↔ ·、1 ↔ 0	

逻辑函数	表示方法	定义：逻辑函数是描述输入变量与输出变量之间因果关系的函数		
		逻辑函数式	一般式	与或式、或与式、与非—与非式、与或非式、或非—或非式	不唯一
			最小项表达式	一种标准函数表达式，将输出为1的所有最小项相加	唯一
			最简与或式	乘积项最少，每个乘积项因子最少	不唯一
		真值表		将输入逻辑变量的各种可能取值和相应的输出排列成表格	唯一
		卡诺图		按几何相邻逻辑相邻原则，将最小项表达在方块图中	唯一
		波形图		各个逻辑变量的逻辑值随时间变化的规律图	唯一
		逻辑图		用逻辑符号表示输入输出逻辑关系的电路原理图	不唯一
	各种表示方法之间转换（逻辑函数式为桥梁）	一般函数式 ↔ 真值表 ↔ 最小项表达式		
		函数式 → 卡诺图 → 最简与或式		
		函数式 ↔ 逻辑图		
		函数式 ↔ 波形图		
逻辑函数化简	公式法		用基本公式和常用公式，进行并项、配项、消因子、消项等运算进行化简	
	卡诺图法		在卡诺图中画最大圈、最少圈，得到最简与或式	
	无关项化简		无关项可以圈，可以不圈，画最大、最少圈，得到最简与或式	

第 2 章

门电路与触发器

● 案例引入

在医院住院部,病房呼叫系统的电路是由什么器件构成的?为什么按钮松开后铃声会持续响一段时间?为什么病床号会一直显示,直到护士处理为止?

在第 1 章中,我们学习了逻辑运算及表示方法,其中有一种逻辑符号表示法,它代表有实际的电路器件能完成相应的逻辑运算功能。能够实现各种基本逻辑关系的电路通称为门电路。门电路的逻辑符号如图 2-1 所示。除了基本的门电路,还应该有保持或存储功能的电路器件。

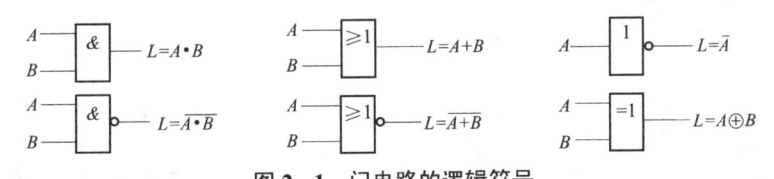

图 2-1 门电路的逻辑符号

逻辑门是构成各种复杂数字电路的最基本单元电路,触发器是构成各种时序逻辑电路的基础。本章我们将学习这些问题:哪些器件能完成与、或、非、与非、或非、与或非、异或、同或等逻辑功能?电路的电压多大数值表示 1 或 0?电路的电流是多少?触发器的结构是怎样的?输入输出有什么关系?什么时间完成存储动作?

通过本章的学习,要求读者在理解电路原理的基础上熟练地掌握各种门电路的功能、外特性,各种触发器的逻辑功能、触发特点,能正确使用各种门电路及触发器。

2.1 半导体器件的开关特性

数字电路的功能是处理数字量,即 0、1,在电路中用高、低电平表示。能很好地体现高低电平的器件是半导体器件二极管、三极管和 MOS 管。它们作为开关元件来使用,主要是由它们本身所具有的开关特性所决定的。

2.1.1 二极管开关特性

二极管主要的特性是具有单向导电性,二极管电路如图 2-2(a)所示。当二极管两端加正向电压 $v>0\text{ V}$ 时,二极管导通,等效电路如图 2-2(b)所示,当二极管两端加反向电压

$v<0$ V 时，二极管截止，等效电路如图 2-2 (c) 所示。二极管在电路中表现为一个受外加电压控制的开关。若将二极管视为理想元件，导通时，$v=0$ V；若为实际硅二极管元件，导通时，$v=0.7$ V。

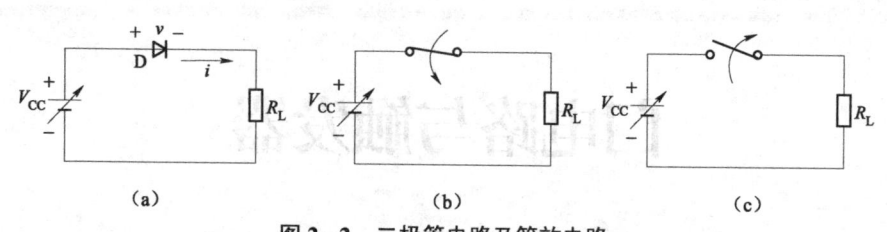

图 2-2 二极管电路及等效电路
(a) 二极管电路；(b) 二极管导通等效电路；(c) 二极管截止等效电路

2.1.2 三极管开关特性

三极管电路如图 2-3 (a) 所示，当输入信号 $v_I<0.7$ V，即 v_I 较小时，三极管发射结和集电结都反偏，三极管处于截止状态，输出为高电平，等效电路如图 2-3 (b) 所示。当输入信号 v_I 较大，使 i_b 大于饱和电流 $i_{b(\text{sat})}$ 时，三极管发射结和集电结都正偏，三极管处于饱和状态，$v_{ce}\approx 0$ V，输出为低电平，等效电路如图 2-3 (c) 所示。三极管的开关特性表现为 c、e 间是受 b 端电压控制的开关。

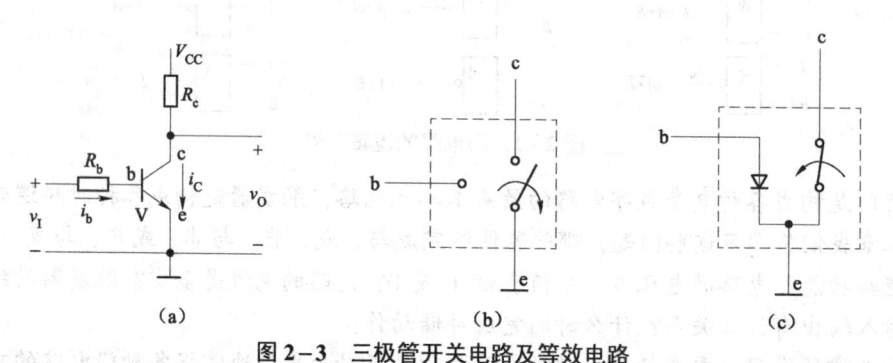

图 2-3 三极管开关电路及等效电路
(a) 三极管电路；(b) 三极管截止等效电路；(c) 三极管饱和等效电路

2.1.3 MOS 管开关特性

MOS 管是金属—氧化物—半导体场效应管的简称，分为四种类型。这里以 N 沟道增强型 MOS 管为例，说明它的开关特性。

MOS 管开关电路如图 2-4 (a) 所示。$V_{GS(th)}$ 为 MOS 管的开启电压，当 $v_I=v_{GS}<V_{GS(th)}$ 时，MOS 管处于截止状态，等效电路如图 2-4 (b) 所示，输出为高电平。当 $v_I=v_{GS}>V_{GS(th)}$ 并且 v_{DS} 较高时，MOS 管处于恒流状态，等效电路如图 2-4 (c) 所示，只要 $R_D\gg R_{ON}$ 输出将为低电平。MOS 管的开关特性表现为 D、S 间是受 G 端电压控制的开关。

(a)　　　　　　　　　　　(b)　　　　　　　　　　(c)

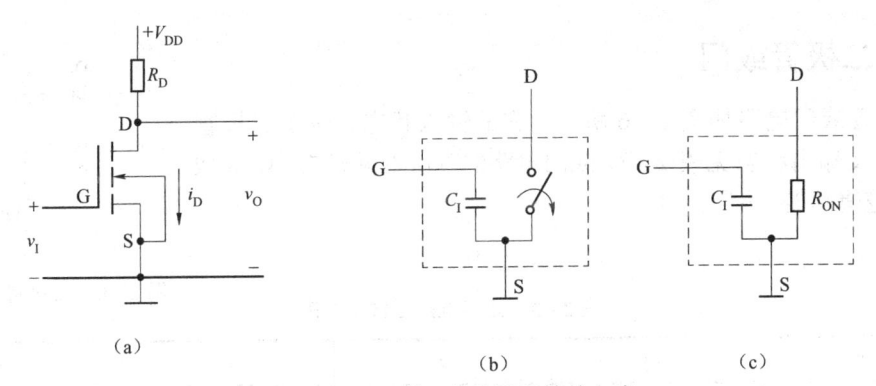

图 2-4　MOS 管开关电路及等效电路

（a）MOS 管开关电路；（b）MOS 管截止等效电路；（c）MOS 管恒流等效电路

2.2　分立元件门电路

分立元件门电路是指以二极管、三极管、MOS 管为主要器件的门电路。

2.2.1　二极管与门

二极管与门电路如图 2-5 所示，设 $V_{CC}=5\text{ V}$，它的输入状态、两个二极管工作状态及输出状态见表 2-1，与门电路的真值表见表 2-2，完成"与"的逻辑功能，$L=AB$。

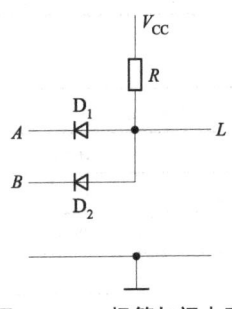

图 2-5　二极管与门电路

表 2-1　与门电路工作状态表

V_A/V	V_B/V	D_1	D_2	V_L/V
0	0	导通	导通	0.7
0	5	导通	截止	0.7
5	0	截止	导通	0.7
5	5	截止	截止	5

表 2-2　与门真值表

输　　入		输　　出
A	B	L
0	0	0
0	1	0
1	0	0
1	1	1

2.2.2 二极管或门

二极管或门电路如图2-6所示，它的输入状态、两个二极管工作状态及输出状态见表2-3，或门电路的真值表见表2-4，完成"或"的逻辑功能，$L=A+B$。

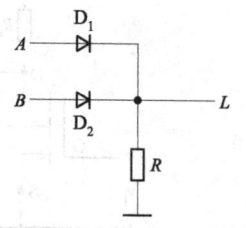

图2-6 二极管或门电路

表2-3 或门电路工作状态表

V_A/V	V_B/V	D_1	D_2	V_L/V
0	0	截止	截止	0
0	5	截止	导通	4.3
5	0	导通	截止	4.3
5	5	导通	导通	4.3

表2-4 或门真值表

输	入	输	出
A	B		L
0	0		0
0	1		1
1	0		1
1	1		1

2.2.3 三极管非门

三极管非门电路如图2-7所示，设$V_{CC}=5\ V$，它的工作状态及输出状态见表2-5，非门电路的真值表见表2-6，完成"非"的逻辑功能，$L=\overline{A}$。

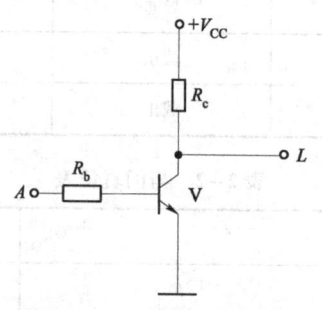

图2-7 三极管非门电路

表2-5 非门电路工作状态表

V_A/V	V	V_L/V
0	截止	5
5	导通	0.3

表 2-6 非门真值表

A	L
0	1
1	0

思考：如何构成分立元件的与非门？如何构成分立元件的或非门？

2.3 TTL 门电路

分立元件的门电路在实际逻辑器件中应用很少，在大规模集成电路中应用较多。实际上逻辑器件都是集成电路器件。

集成电路（Integrated Circuit）简称 IC，就是将元器件和连线一起做在一个半导体基片上的完整电路。

集成电路种类很多，有不同的分类方法，通常从集成度、工艺方面进行分类。

按集成度分 $\begin{cases} 小规模集成电路SSI（10个以下等效门）\\ 中规模集成电路MSI（100个以下等效门）\\ 大规模集成电路LSI（10^4 个以下等效门）\\ 超大规模集成电路VLSI（10^4 个以上等效门） \end{cases}$

按制造工艺分 $\begin{cases} 单极型 — CMOS \\ 双极型 — TTL \end{cases}$

本节要介绍的是小规模集成电路门电路和触发器。

TTL 门电路是三极管—三极管逻辑电路（Transistor-Transistor Logic）的简称。它具有结构简单、工作性能稳定可靠、工作速度快等优点，而且生产历史长、品种多，所以 TTL 集成电路是被广泛应用的数字集成电路之一。

2.3.1 TTL 非门的结构及原理

1. TTL 非门电路的结构

TTL 非门典型电路如图 2-8 所示，它由三部分组成：V_1、R_1 和 D_1 组成的输入级，其作用是提高工作速度及阻抗匹配；V_2、R_2 和 R_3 组成的倒相级，其作用是将单端输入信号转换为互补的双端输出信号 v_{c2}、v_{e2}，v_{c2} 与 v_{b2} 反相；V_4、V_3、D_2 和 R_4 组成的输出级，其作用是产生推拉式输出电路，提高开关速度和带负载能力。一般情况下，我们用 V_3 的状态表示非门的状态，即 V_3 导通，认为门导通；V_3 截止，认为门截止。

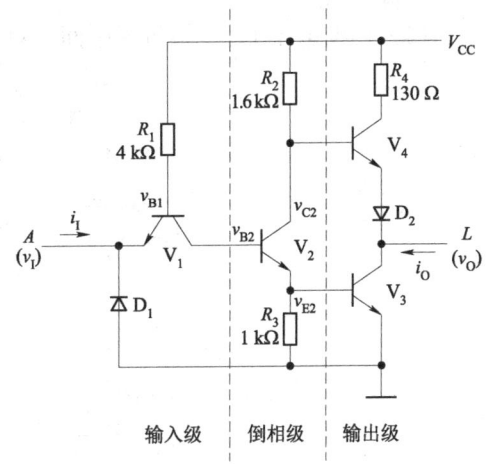

图 2-8 TTL 非门典型电路

2. TTL 非门工作原理

这里主要估算电路中有关各点的电压，以便得到 TTL 非门的逻辑关系。设电源电压 $V_{CC}=5\text{ V}$，输入高电平为 $V_{IH}=3.4\text{ V}$，输入低电平为 $V_{IL}=0.2\text{ V}$。电路在输入分别为高、低电平时各三极管的工作状态及输入输出关系见表 2–7。

表 2–7 TTL 非门各三极管工作状态及输入、输出关系

输入 v_I/V	A 逻辑状态	V_1	v_{b1}/V	V_2	v_{e2}/V	v_{c2}/V	V_4	V_3	输出 v_O/V	L 逻辑状态
3.4	1	倒置放大	2.1	饱和	0.7	0.9	截止	饱和	0.2	0
0.2	0	深饱和	0.9	截止	0	5	放大	截止	3.4	1

由表 2–7 可知：电路的输入输出符合非的逻辑关系，$L=\overline{A}$。

2.3.2 TTL 非门外特性

为了正确使用门电路，处理门电路与其他电路之间的连接问题，必须了解门电路的一些外部特性。

1. TTL 非门电压的传输特性

电压传输特性是指输出电压随输入电压的变化而变化的关系，即 $v_O=f(v_I)$。TTL 非门的电压传输特性曲线及各段工作状态如图 2–9 所示。各名词解释如下：

（1）输出高电平 V_{OH}：对应于 AB 段，典型值约为 3.4 V。$V_{OH(min)}$ 是高电平的最小值。

（2）输出低电平 V_{OL}：对应于 DE 段，典型值约为 0.2 V。

（3）关门电平 V_{OFF}：表示使与非门关断所需的最大输入电平，典型值约为 0.8 V。

（4）开门电平 V_{ON}：表示使与非门开通的最小输入电平，典型值约为 1.8 V。

（5）低电平噪声容限 V_{NL}：保证输出高电平不低于 $V_{OH(min)}$ 时，输入端允许的最大噪声电压，$V_{NL}=V_{OFF}-V_{IL}$。

（6）高电平噪声容限 V_{NH}：保证输出电压为低时，输入端允许的最大噪声电压，$V_{NH}=V_{IH}-V_{ON}$。

（7）门槛电压 V_{TH}：转折区中间所对应的输入电平，典型值为 1.4 V。

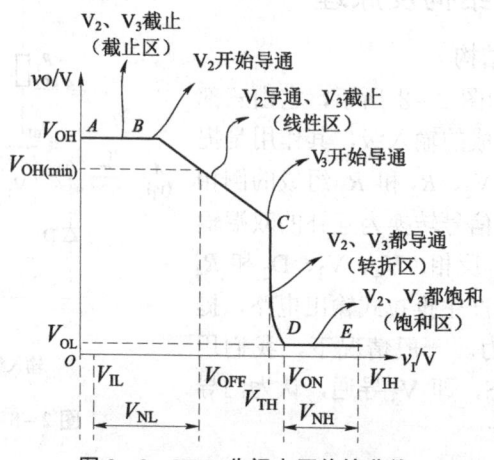

图 2–9 TTL 非门电压传输曲线

2. TTL 非门输入特性

输入特性是指输入电流随输入电压的变化而变化的关系，即 $i_I = f(v_I)$。TTL 非门的输入特性曲线如图 2-10 所示。

(1) 当输入为低电平 0.2 V 时，输入电流方向是流出的，典型值约为 1 mA；

(2) 当输入为高电平 3.4 V 时，输入电流方向是流入的，典型值 <40 μA。

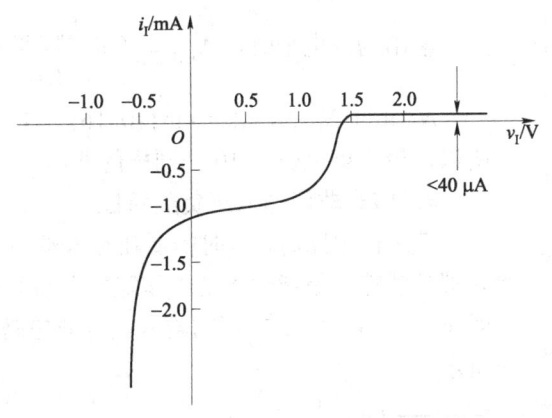

图 2-10 TTL 非门的输入特性曲线

3. TTL 非门输出特性

输出特性是指输出电流随输出电压的变化而变化的关系，即 $i_O = f(v_O)$。TTL 非门的输出特性曲线如图 2-11 所示。

(1) 当输出为高电平且不低于 $V_{OH(min)}$ 时，最大负载电流典型值为流出 7.5 mA，实际运用时将 $I_{OH(max)}$ 限制在 400 μA 以下。

(2) 当维持输出为低电平且不高于 $V_{OL(max)}$ 时，最大负载电流典型值为流入 16 mA。

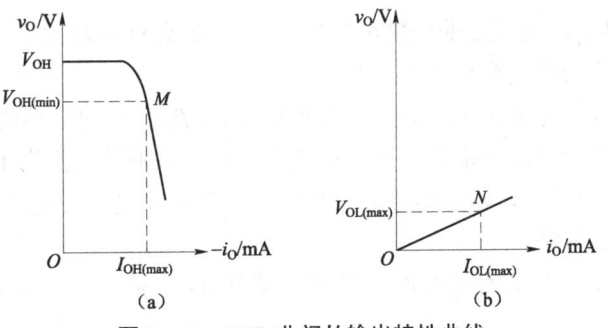

图 2-11 TTL 非门的输出特性曲线
(a) 输出高电平；(b) 输出低电平

(3) 扇出系数 N：在保证输出高、低电平基本不变的情况下，输出端允许驱动同类负载门的最大数目。

输出低电平扇出系数 $N_{OL} = n \leqslant \dfrac{I_{OL(max)}}{I_{IL}}$，

输出高电平扇出系数 $N_{OH} = n' \leqslant \dfrac{I_{OH(max)}}{I_{IH}}$。

扇出系数 N 为 N_{OL} 和 N_{OH} 两者中的较小值，即 $N=\min\{N_{OH}, N_{OL}\}$。

【例 2-1】 在如图 2-12 所示电路中，所有门的输入输出特性满足典型值，问：G_1 扇出系数是多少？

解：输出为低电平时，$N_{OL} = n \leq \dfrac{I_{OL(max)}}{I_{IL}} = \dfrac{16}{1} = 16$；

输出为高电平时，$N_{OH} = n' \leq \dfrac{I_{OH(max)}}{I_{IH}} = \dfrac{0.4}{0.04} = 10$；

$N = \min\{N_{OL}, N_{OH}\} = \min\{10, 16\} = 10$。

所以，最多可以驱动 10 个同样的非门。

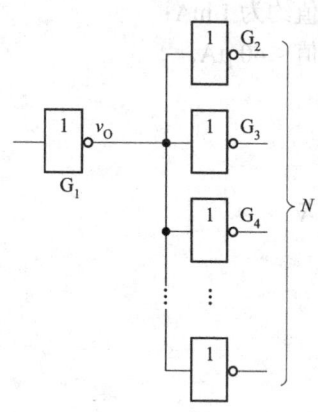

图 2-12 例 2-1 电路图

4. TTL 非门输入端负载特性

使用门电路时，有时需要在输入端与地之间接入电阻 R_p。输入端负载特性是指输入端电压随输入端处外接电阻变化的规律，即 $v_I = f(R_p)$。TTL 非门的输入端等效电路及特性曲线如图 2-13 所示。

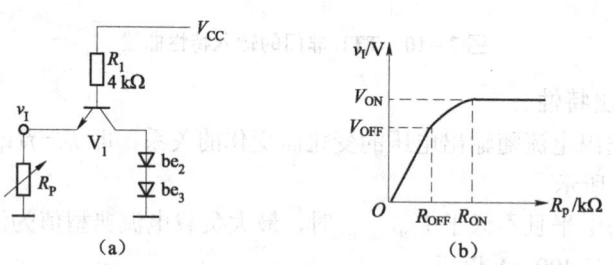

图 2-13 TTL 非门输入端等效电路及输入端负载特性曲线
(a) 等效电路；(b) 特性曲线

（1）关门电阻 R_{OFF}：为保证非门输出 $> V_{OH(min)}$，R_p 允许的最大值。典型值为 0.91 kΩ，即 $R_p < 0.91$ kΩ 时，认为输入端是低电平。

（2）开门电阻 R_{ON}：为保证非门输出为标准低电平，R_p 允许的最小值。典型值为 1.93 kΩ，即 $R_p > 1.93$ kΩ 时，认为输入端是高电平，负载输入端高电平最大值为 1.4 V。

思考：当输入端悬空时，输入电阻是多少？输入端是高电平还是低电平？

5. TTL 非门动态特性

动态特性指输入为变化的信号时，电路所表现的特性。

（1）传输延迟时间。

当 TTL 非门输入端加入理想的矩形信号时，输出电压的波形要比输入信号滞后，而且波形的上升沿和下降沿也将变形，如图 2-14 所示。将输出电压由低电平跳变为高电平时的传输延迟时间记作 t_{PLH}，把输出电压由高电平跳变为低电平时的传输时间记作 t_{PHL}，一般 t_{PLH} 略大于 t_{PHL}，它们的平均值定义为门电路的传输延迟时

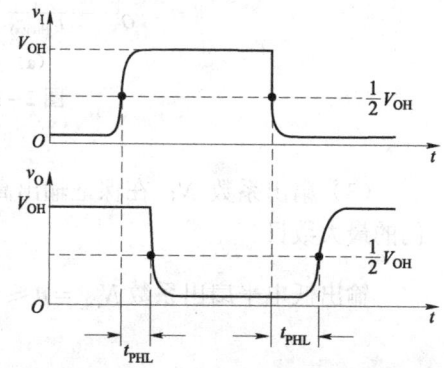

图 2-14 TTL 非门动态电压波形

间 t_{pd}，即 $t_{pd} = \frac{1}{2}(t_{PLH} + t_{PHL})$。74 系列、74 LS 系列产品传输延迟时间 t_{pd} 为 10 ns，74 AS 系列产品 t_{pd} 为 2 ns。

（2）交流噪声容限。

当门电路输入信号为交流信号时，由于有传输延迟特性，所以对输入信号的频率和幅值有一定的要求，这就是交流噪声容限。

2.3.3 其他 TTL 门电路

1. 其他逻辑功能的 TTL 门电路

在 TTL 定型产品中，除了非门以外，还有与门、或门、与非门、或非门、与或非门、异或门。它们的电路输入端、输出端结构与非门基本相同，这里以 TTL 与非门及或非门为例，说明它们的结构及特性曲线与非门的区别。

（1）TTL 与非门。

① 电路：TTL 与非门电路如图 2-15 所示，输入端为多发射结结构。

② 原理：输入端 A、B 中有一个为低电平，V_2、V_3 截止，V_4 导通，输出 L 为高电平。只有输入端 A、B 都为高电平时，V_2、V_3 导通，V_4 截止，输出 L 为低电平，完成的逻辑功能为 $L = \overline{AB}$。

③ 外部特性曲线：同非门类似。

④ 扇出系数 N 计算方法：输入端为低电平时，按门数计算 I_{IL}；输入端为高电平时，按端子数计算 I_{IH}。

（2）TTL 或非门。

① 电路：TTL 或非门电路图如图 2-16 所示。

② 原理：输入端 A、B 中有一个为高电平，V_3 导通，V_4 截止，输出 L 为低电平。只有输入端 A、B 都为低电平时，V_3 截止，V_4 导通，输出 L 为高电平，完成的逻辑功能为 $L = \overline{A + B}$。

③ 外部特性曲线：同非门类似。

④ 扇出系数 N 计算方法：无论输入端为低电平、高电平，均按端子数计算 I_{IL}、I_{IH}。

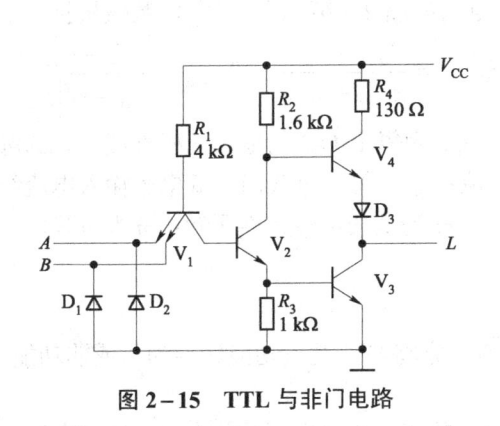

图 2-15 TTL 与非门电路

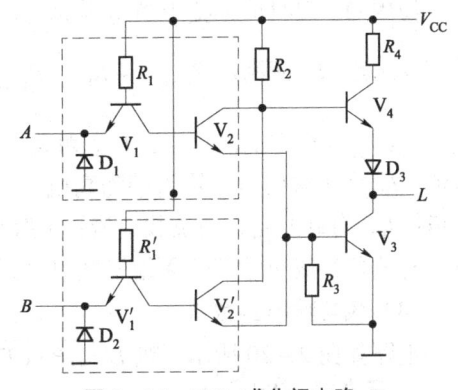

图 2-16 TTL 或非门电路

【例 2-2】 电路如图 2-17 所示，门电路为 TTL 系列，指出它的输出状态。

解：图 2-17 所示为 TTL 与非门，一个输入端为高电平 V_{IH}，另一端通过 51 Ω 电阻接地。

$R_p < 0.91\ \text{k}\Omega$，根据输入负载特性，此输入端为低电平，所以 $L = \overline{AB} = \overline{1 \cdot 0} = 1$，输出为高电平。

【例 2-3】 电路如图 2-18 所示，门电路为 TTL 系列，试判断此电路能否按 $L = \overline{A+B}$ 要求的逻辑关系正常工作？

解： 图 2-18 所示为 TTL 或非门，两个输入端为高电平 V_{CC}，$L = \overline{1+1+A+B} = 0$，输出为低电平。不能按要求的逻辑关系 $L = \overline{A+B}$ 工作。输入端的另两条线应通过小于 910 Ω 电阻 R 接地。

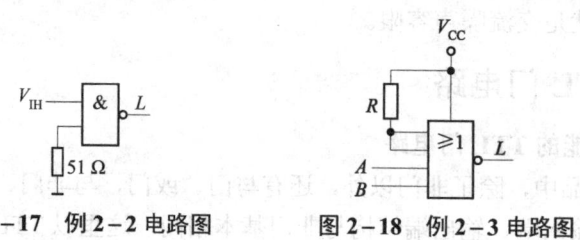

图 2-17 例 2-2 电路图　　　图 2-18 例 2-3 电路图

2. 集电极开路的门电路（OC 门）

（1）推拉式门电路的缺点。

① 输出高—低并联时，有很大的负载电流同时流过输出极，输出端不能进行"线与"。

② 输出高低电平不能调。

（2）改进办法。

将集电极开路，称为 OC 门，OC 门电路及图形符号如图 2-19 所示。

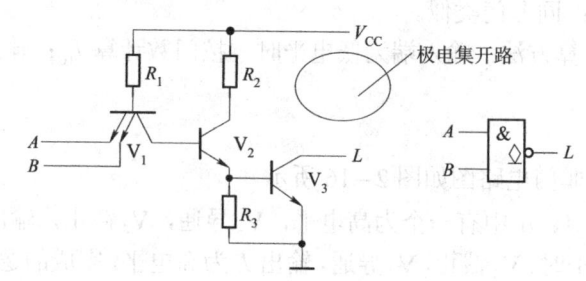

图 2-19 OC 门电路及图形符号

（3）OC 门的使用。

使用 OC 门时应外接上拉电阻 R_L 和电源 V'_{CC}，电路如图 2-20 所示。V'_{CC} 的数值根据 U_{OH} 的需要选定，R_L 应满足 $R_{L(\min)} < R_L < R_{L(\max)}$，其中 $R_{L(\max)} = \dfrac{V'_{CC} - U_{OH}}{nI_{OH} + mI_{IH}}$，$R_{L(\min)} = \dfrac{V'_{CC} - U_{OL}}{I_{LM} - m'|I_{IL}|}$。

式中，U_{OH} 为规定的高电平；U_{OL} 为规定的低电平；I_{OH} 为每个 OC 门输出三极管截止时的漏电流；I_{IH} 为负载门每个输入端为高电平时的输入电流；I_{IL} 为每个负载门的低电平输入电流绝对值；I_{LM} 为最大允许的负载电流；n 为 OC 门数目；m 为负载门输入端子数；m' 为负载门数目（与非门）或负载门输入端子数目（或非门）。

（4）线与输出函数式。

电路如图 2-20 所示，则 $L = \overline{AB} \cdot \overline{CD} = \overline{AB + CD}$，它将与非逻辑功能转换为与或非功能。

3. 三态门（TS 门）

（1）三态门：它的输出除了具有一般 TTL 门电路的高、低电平两种状态外，还具有第三状态，称为高阻态，又称为禁止态。三态门电路可以有非门、与门、或门、与非门、或非门等。

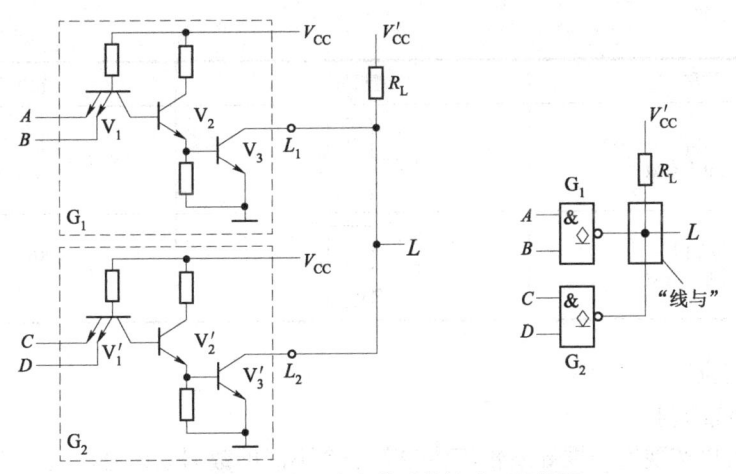

图 2-20 OC 门输出并联的接法及逻辑图

(2) 三态门电路。

三态门电路有多种结构形式，以三态与非门为例，电路图及符号如图 2-21 所示。

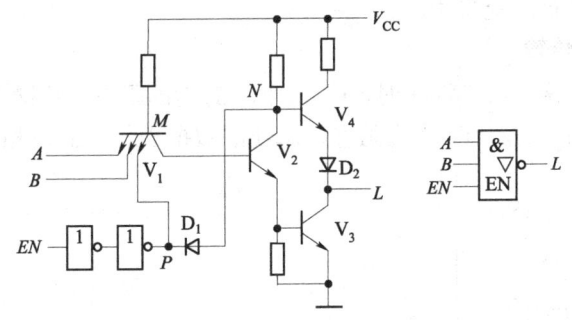

图 2-21 三态与非门的电路结构和图形符号

(3) 三态门工作原理。

① 当输入使能端 EN 为高电平时，P 点为高电平，M、N 两点不受 EN 影响，输出 L 与输入 A、B 之间满足正常的与非逻辑关系；

② 当输入使能端 EN 为低电平时，P 点为低电平，M、N 两点都为 0.9 V，V_4、V_3 都处于截止状态，输出 L 为高阻状态，与输入 A、B 无关。

这种电路称为使能端 EN 高电平有效，常用三态门的图形符号和输出逻辑表达式见表 2-8。

表 2-8 常用三态门的图形符号和输出逻辑表达式

名　称	逻辑符号	输出表达式
三态非门 使能端高电平有效	(A, EN → 1/EN → L)	$L = \begin{cases} \overline{A} & (EN=1 \text{时}) \\ 高阻 & (EN=0 \text{时}) \end{cases}$
三态非门 使能端低电平有效	(A, $\overline{EN}$ → 1/EN → L)	$L = \begin{cases} \overline{A} & (EN=0 \text{时}) \\ 高阻 & (EN=1 \text{时}) \end{cases}$

续表

名称	逻辑符号	输出表达式
三态与非门 使能端高电平有效	A, B, EN → &, EN → L	$L = \begin{cases} \overline{AB} & (EN=1\text{ 时}) \\ \text{高阻} & (EN=0\text{ 时}) \end{cases}$
三态与非门 使能端低电平有效	A, B, $\overline{EN}$ → &, EN → L	$L = \begin{cases} \overline{AB} & (EN=0\text{ 时}) \\ \text{高阻} & (EN=1\text{ 时}) \end{cases}$

(4) 三态门应用。

① 用于总线结构。

用三态门可以实现用一根导线轮流传输若干个不同的数据或信号，其电路如图 2-22 所示。图 2-22 中共用的那根导线称为总线，这种结构称为总线结构。这种电路结构要求任何时刻各三态门只能有一个门使能端有效，即只有一个三态门处于数据传输状态，而其他门均处于禁止状态，这时总线就可以轮流传送各三态门的输出信号。这种用总线来传送数据或信号的方法，在计算机中被广泛采用。

② 用于数据双向传输。

如图 2-23 所示电路，当 $EN=1$ 时，G_1 工作，G_2 为高阻态，数据 D_I 经 G_1 反相后送到总线上。当 $EN=0$ 时，G_2 工作，G_1 为高阻态，总线的数据 D_O 经 G_2 反相后由 $\overline{D}_O$ 输出。

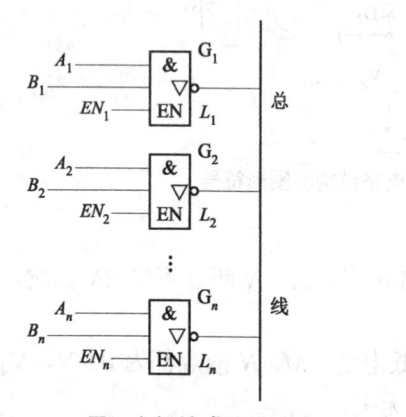

图 2-22 用三态门接成总线结构

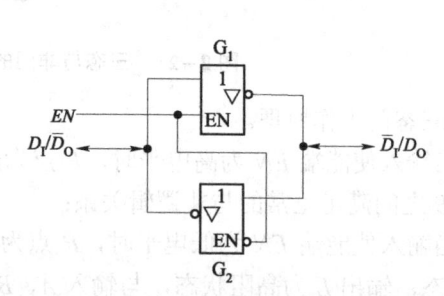

图 2-23 用三态门实现数据的双向传输

【例 2-4】 电路如图 2-24 所示，门电路器件均为 TTL 系列，问：哪个电路能实现逻辑功能 $L = \overline{A}$？

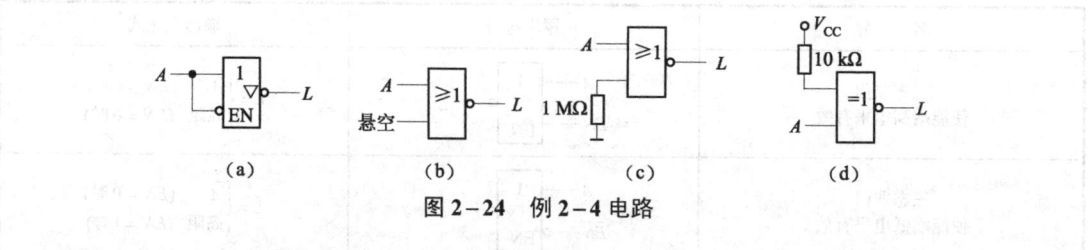

图 2-24 例 2-4 电路

解：图 2-24（a）所示电路中当 $A=1$ 时，输出为高阻态，所以不能实现 $L = \overline{A}$。

图 2-24（b）所示为 TTL 器件，输入端悬空为高电平，$L=\overline{A+1}=0$，不能实现 $L=\overline{A}$。

图 2-24（c）所示为 TTL 器件，输入端通过 1 MΩ 电阻接地为高电平，$L=\overline{A+1}=0$，不能实现 $L=\overline{A}$。

图 2-24（d）所示为 TTL 器件，输入端通过 10 kΩ 电阻接电源为高电平，$L=A\oplus 1=\overline{A}$，能实现 $L=\overline{A}$。

2.4 CMOS 门电路

2.4.1 CMOS 非门的结构及原理

1. CMOS 非门电路的结构

CMOS 电路是互补对称 MOS 电路，CMOS 非门是构成各种 CMOS 门的基本单元电路。CMOS 非门的基本电路如图 2-25 所示，它由 P 沟道增强型 MOS 管 T_P 和 N 沟道增强型 MOS 管 T_N 串联组成，它们的漏极连在一起作为非门的输出端，栅极连在一起作为非门的输入端，T_P 源极接正电源，作为负载管，T_N 源极接地，作为开关管。要求电源电压大于两个管子开启电压的绝对值之和，即 $V_{DD}>V_{GS(th)N}+|V_{GS(th)P}|$。

2. CMOS 非门的工作原理

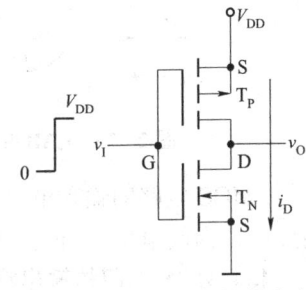

图 2-25 CMOS 非门的基本电路

设电源电压 V_{DD}，输入高电平 $V_{IH}=V_{DD}$，输入低电平 $V_{IL}=0$ V。CMOS 非门各 MOS 管的工作状态及输入输出关系见表 2-9。

表 2-9 CMOS 非门各 MOS 管的工作状态及输入输出关系

输入 v_I	逻辑状态	T_P	T_N	输出 v_O	逻辑状态
V_{DD}	1	截止	饱和	0 V	0
0 V	0	饱和	截止	V_{DD}	1

由表 2-9 可知：电路的输入输出符合非逻辑关系。

2.4.2 CMOS 非门外特性

1. CMOS 非门的电压传输特性

CMOS 非门的电压传输特性 $v_O=f(v_I)$ 曲线如图 2-26 所示。由图 2-26 可知：低电平噪声容限 V_{NL} = 高电平噪声容限 V_{NH} = 门槛电压 $V_{TH}=\dfrac{1}{2}V_{DD}$。

2. CMOS 非门的电流传输特性

CMOS 非门的电流传输特性 $i_D=f(v_I)$ 曲线如图 2-27 所示。因为在 AB 段和 CD 段分别有 T_N、T_P 截止，所以电流 i_D 几乎为零，即 CMOS 非门静态电流为零。在 BC 段，T_N 和 T_P 同时导通，有电流 i_D 流过，而且 $v_I=\dfrac{1}{2}V_{DD}$ 附近 i_D 最大。

3. CMOS 非门的输入特性及扇出系数、输入端负载特性

由图 2-25 可知，CMOS 非门的输入端为两个 MOS 管的栅极，输入阻抗很大，所以 $i_I \approx 0$。

为保护非门两管栅极之间非常薄的 SiO_2 层不被反压击穿，实际中输入端有保护电路。

因为 CMOS 电路的输入电流 $i_I \approx 0$，所以 CMOS 电路的扇出系数很大，带负载能力较强。

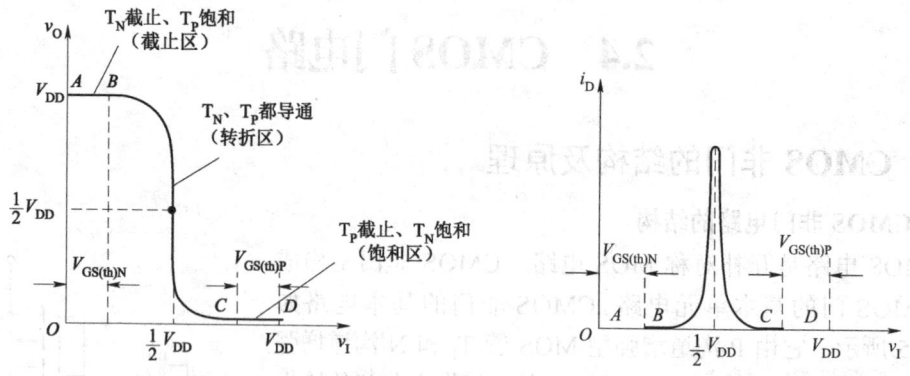

图 2-26　CMOS 非门电压传输特性

图 2-27　CMOS 非门电流传输特性

CMOS 电路的输入电流 $i_I \approx 0$，使得输入端与地之间接入电阻数值无论多大，输入端都相当接地，为低电平。当输入端悬空时，输入端状态会不确定，所以输入端不能悬空。

4. CMOS 非门的输出特性

（1）CMOS 非门输出低电平时等效电路及特性曲线如图 2-28 所示。

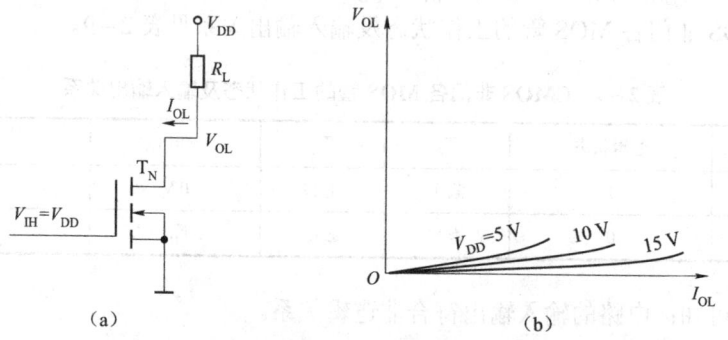

图 2-28　CMOS 非门输出低电平时等效电路及特性曲线
(a) 等效电路；(b) 特性曲线

当输出低电平时，T_N 管导通，T_P 管截止，I_{OL} 从负载电路注入 T_N 管。

当 V_{DD} 一定时，V_{OL} 随 I_{OL} 的增加而增加。当 I_{OL} 一定时，V_{OL} 随 V_{DD} 的增加而增加。

（2）CMOS 非门输出高电平时等效电路及特性曲线如图 2-29 所示。

当输出高电平时，T_P 管导通，T_N 管截止，I_{OH} 从 T_P 管流出到负载电路。

当 V_{DD} 一定时，V_{OH} 随 I_{OH} 的增加而下降。当 I_{OH} 一定时，V_{OH} 随 V_{DD} 的增加而增加。

5. CMOS 非门的动态特性

（1）传输延迟时间。

同 TTL 电路类似，CMOS 非门加入交流输入信号时，输出信号也比输入信号要延迟一段

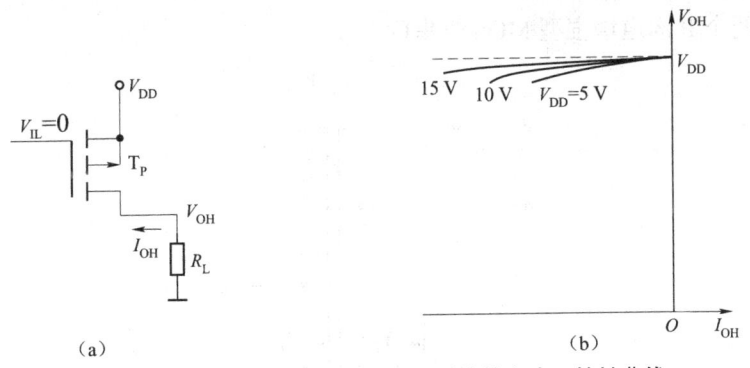

图 2-29 CMOS 非门输出高电平时等效电路及特性曲线

(a) 等效电路；(b) 特性曲线

时间。4000 系列延迟时间为 45 ns，74 HC 系列延迟时间为 10 ns。

(2) 交流噪声容限。

CMOS 电路的交流噪声容限不仅与传输延迟时间有关，还与电源电压有关。

(3) 动态功耗。

CMOS 电路的静态功耗是很低的，在微瓦的数量级上。当输入信号为交流信号时，信号的频率越高，输入电压越大，动态的功率损耗越大。

2.4.3 其他 CMOS 门电路

1. 其他逻辑功能的 CMOS 门电路

在 CMOS 产品中，除了非门以外，也有与非门、或非门等。这里以 CMOS 与非门及或非门为例，说明它们的结构及原理。

(1) CMOS 与非门。

① 电路：CMOS 与非门电路如图 2-30 所示，将两个 P 沟道增强型 MOS 管的源极和漏极分别并联，两个 N 沟道增强型 MOS 管串联。

② 原理：输入端与输出端的逻辑关系及各 MOS 管的工作状态见表 2-10，电路完成的逻辑功能为 $L = \overline{AB}$。

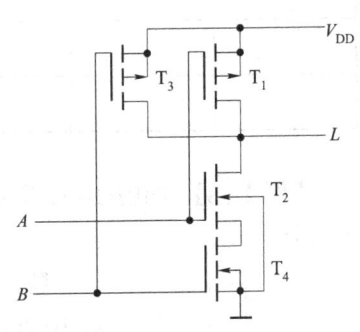

图 2-30 CMOS 与非门电路

表 2-10 输入端与输出端的逻辑关系及各 MOS 管的工作状态

A	B	导通	截止	L
0	0	T₁ T₃	T₂ T₄	1
0	1	T₁ T₄	T₂ T₃	1
1	0	T₂ T₃	T₁ T₄	1
1	1	T₂ T₄	T₁ T₃	0

(2) CMOS 或非门。

① 电路：CMOS 或非门电路如图 2-31 所示，将两个 N 沟道增强型 MOS 管的源极和漏

极分别并联，两个 P 沟道增强型 MOS 管串联。

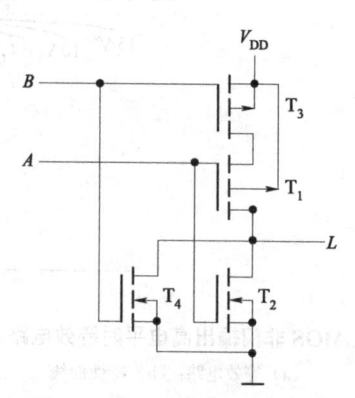

图 2-31 CMOS 或非门电路

② 原理：输入端与输出端的逻辑关系及各 MOS 管的工作状态见表 2-11，电路完成的逻辑功能为 $L = \overline{A+B}$。

表 2-11 输入端与输出端的逻辑关系及各 MOS 管的工作状态

A	B	导 通	截 止	L
0	0	T_1 T_3	T_2 T_4	1
0	1	T_1 T_4	T_2 T_3	0
1	0	T_2 T_3	T_1 T_4	0
1	1	T_2 T_4	T_1 T_3	0

【例 2-5】 如图 2-32 所示或非门是 CMOS 系列器件，指出图示电路中门电路的输出状态是什么？

解：因为或非门是 CMOS 系列器件，根据输入端的负载特性，通过 10 kΩ 电阻接地，输入端为低电平，另一个输入端也是低电平，所以 $L = \overline{0+0} = 1$，输出端状态是高电平。

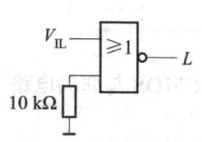

图 2-32 例 2-5 电路

2. 漏极开路的 CMOS 门电路（OD 门）

CMOS 电路将漏极开路，称为 OD 门，电路符号与 OC 门相同。OD 门不仅可用于实现线与逻辑，还常用在输出缓冲/驱动器中，或者用于输出电平的转换，以及满足吸收大负载电路的需要。

使用 OD 门时也要外接上拉电阻 R_L 和电源 V'_{DD}。R_L 的计算方法与 OC 门计算方法相同。

3. CMOS 三态门（TS 门）

CMOS 电路有多种形式的三态门电路，图 2-33 所示为三态非门电路及图形符号。当 $\overline{EN} = 0$ 时，T'_1、T'_2 导通，A、L 之间是非的逻辑关系，输出可以是高、低电平；当 $\overline{EN} = 1$ 时，T'_1、T'_2 截止，输出端 L 处于高阻状态。CMOS 电路三态门符号、功能、种类等与 TTL 电路三态门相同。

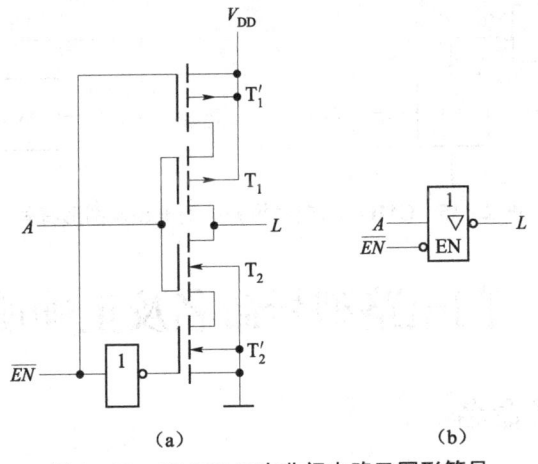

图 2-33 CMOS 三态非门电路及图形符号

(a) 电路；(b) 图形符号

4. CMOS 传输门

① 电路：CMOS 传输门的电路及图形符号如图 2-34 所示，将一个 P 沟道增强型 MOS 管 T_2 和一个 N 沟道增强型 MOS 管 T_1 的源极和漏极分别并联，源极和漏极引出作为输入和输出端 v_I/v_O，两个管子的栅极作为一对控制端，接入相反的控制信号 $C/\overline{C}$。因为源极和漏极是对称的，所以输入与输出可以互换。

② 原理：控制端与两个 MOS 管的工作状态及输入端 v_I 与输出端 v_O 的逻辑关系见表 2-12。电路相当于一个开关，当 $C=1$ 时，开关闭合；当 $C=0$ 时，开关断开。

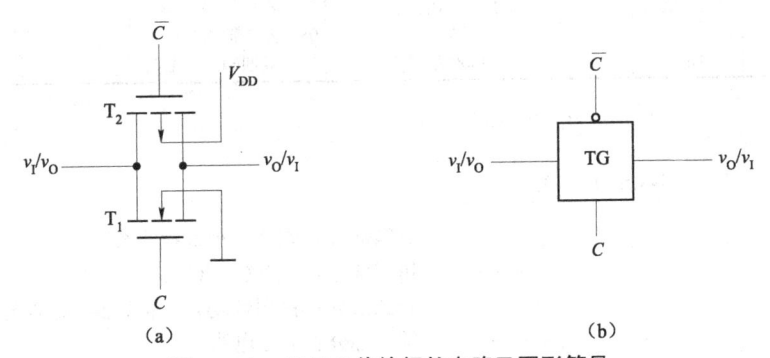

图 2-34 CMOS 传输门的电路及图形符号

(a) 电路；(b) 图形符号

表 2-12 CMOS 传输门功能分析

C	$\overline{C}$	T_1	T_2	v_I	v_O
0	1	截止	截止	×	高阻
1	0	导通	导通	v_I	v_I

应用 CMOS 传输门可以构成单端可控的双向模拟开关，其电路及图形符号如图 2-35 所示。它完成双向传输数字信号或模拟信号的功能。

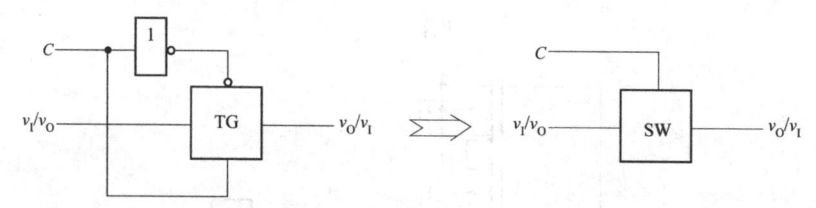

图 2-35 CMOS 双向模拟开关的电路及图形符号

2.5 门电路型号命名及正确使用

2.5.1 门电路型号命名

集成门电路型号命名由五部分组成，五个部分的符号及意义见表 2-13。

表 2-13 集成门电路的命名方法

第零部分（字母）	第一部分（字母）	第二部分（数字或字母）			第三部分（字母）	第四部分（字母）
表示国家或制造商	表示器件的类型	表示器件系列和品种代号			表示器件的工作温度范围/℃	表示器件的封装形式
C 中国制造 CD 美国无线电 TC 日本东芝公司 MC1 摩托罗拉公司 SN 美国 TEXAS 公司	T TTL C CMOS H HTL E ECL M 存储器 J 接口电路	74 民用 54 军用	LS 低功耗肖特基电路 AS 先进肖特基电路 S 肖特基电路 HC 高速 CMOS HCT 与 TTL 兼容的 CMOS 40 4000 系列	00 四 2 输入与非门 01 四 2 输入与非门（OC） 02 四 2 输入或非门 04 六反相器 08 四 2 输入与门 20 双四输入与非门	C 0～70 E -40～85 R -55～85 M -55～125	W 陶瓷扁平 B 塑料扁平 D 陶瓷直插 P 塑料直插 K 金属菱形 T 金属圆形

例：

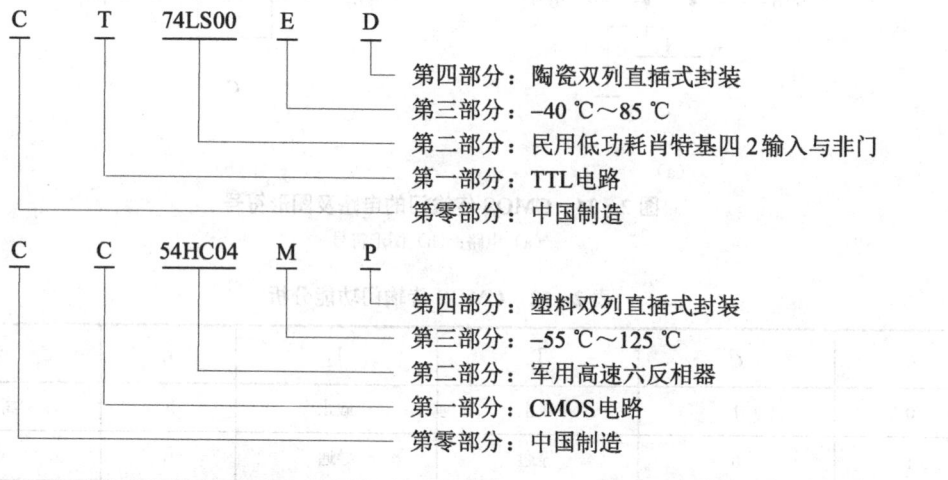

C T 74LS00 E D
- 第四部分：陶瓷双列直插式封装
- 第三部分：-40 ℃～85 ℃
- 第二部分：民用低功耗肖特基四 2 输入与非门
- 第一部分：TTL 电路
- 第零部分：中国制造

C C 54HC04 M P
- 第四部分：塑料双列直插式封装
- 第三部分：-55 ℃～125 ℃
- 第二部分：军用高速六反相器
- 第一部分：CMOS 电路
- 第零部分：中国制造

2.5.2 门电路的正确使用

1. 电源电压

对于各种集成电路，使用时一定要在推荐的工作条件范围内，否则将导致输出电压下降或损坏器件。

一般 TTL 电路电源为 5 V，可以上下波动 10%。CMOS 电路电源工作范围可在 3~18 V。

2. 多余输入端的处理

在不改变逻辑关系的前提下，多余输入端可以并联使用，也可以根据逻辑关系要求接地或接高电平。

3. 输出端的处理

普通的 TTL 和 CMOS 电路输出端不允许直接并联使用，OC 门或 OD 门输出端可以直接并联，但要外接上拉电阻及电源。三态门输出端可以并联使用，但任一时刻，只能有一个三态门的使能端有效。

4. 提高驱动能力的方法

（1）通过电流放大器驱动 TTL 电路，如图 2-36 所示。

（2）通过 CMOS 驱动器驱动 TTL 电路，如图 2-37 所示。

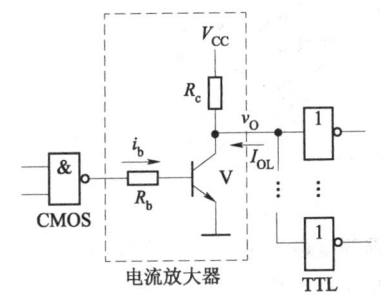

图 2-36　通过电流放大器驱动 TTL 电路 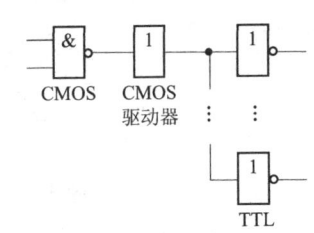　　　　图 2-37　通过 CMOS 驱动器驱动 TTL 电路

（3）将 CMOS 门电路并联，提高驱动能力，如图 2-38 所示。

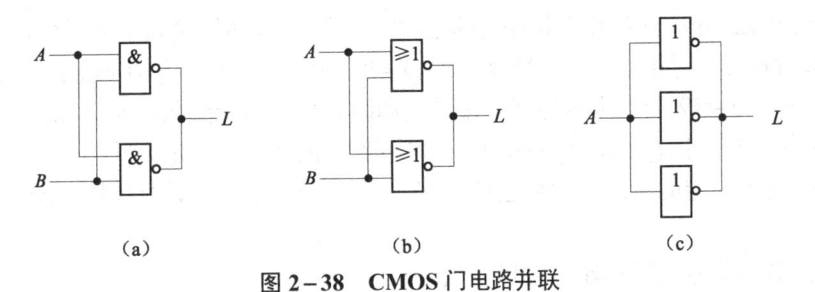

图 2-38　CMOS 门电路并联

2.6　触发器的电路结构及动作特点

门电路能实现各种逻辑运算，但它的输出只与当时的输入有关，与它原来的状态无关，即没有存储保持功能。在复杂的数字电路中，还需要将结果保存起来，即需要使用具有存储功能的电路。触发器就是能够存储 1 位二值信号的电路，它是构成时序逻辑电路的基本单元电路。触发器是小规模集成电路，工艺上有 TTL 和 CMOS 两类。触发器从结构上分为基本触发器、同步触发器、主从触发器、边沿触发器，不同的结构动作特点不同。

2.6.1 基本 SR 触发器

1. 电路结构

（1）由或非门构成。

由两个或非门输出输入交叉构成的基本 SR 触发器电路如图 2-39（a）所示。它有两个输出端，一个标为 Q，另一个标为 $\bar{Q}$。在正常情况下，这两个输出端的逻辑是相反的，通常以 Q 端状态为触发器状态，即 $Q=0$、$\bar{Q}=1$ 为触发器的 0 状态，$Q=1$、$\bar{Q}=0$ 为触发器的 1 状态。它有 S_D、R_D 两个输入端，高电平信号有效，下标 D 表示这个信号的作用不受其他信号控制，是直接作用在输出端的。

（2）由与非门构成。

由两个与非门输出输入交叉构成的基本 SR 触发器电路如图 2-39（b）所示。它的两个输入端 $\overline{S_D}$、$\overline{R_D}$，非号表示低电平信号有效，下标 D 表示不受其他信号控制，直接触发。

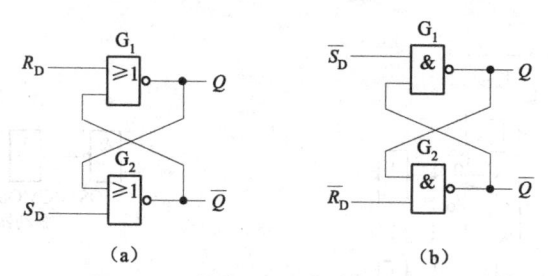

图 2-39 基本 SR 触发器的电路结构
（a）由或非门组成；（b）由与非门组成

2. 原理分析

（1）有两个能自行保持的稳定状态。

① 分析如图 2-39（a）所示基本 SR 触发器电路，接通电源时，输入信号无效，即 $S_D=R_D=0$，此时若 $Q=0$，$\bar{Q}=1$，则 0 态不变。若 $Q=1$，$\bar{Q}=0$，则 1 态不变，有两个稳定的状态。

② 分析如图 2-39（b）所示电路，接通电源时，输入信号无效，$\overline{S_D}=\overline{R_D}=1$，若 $Q=0$，$\bar{Q}=1$，则 0 态不变。若 $Q=1$，$\bar{Q}=0$，则 1 态不变，也有两个稳定的状态。

触发器有两个稳定的状态，说明它能记忆一个 0 或一个 1，具有保持功能，又称为双稳定触发器。

（2）根据输入信号的状态输出可以变化。

① 分析如图 2-39（a）所示电路，若 $S_D=0$，$R_D=1$（R_D 信号有效），无论触发器原来状态如何，新状态总是 $Q=0$，$\bar{Q}=1$，称 R_D 为置 0 端或复位端。若 $S_D=1$，$R_D=0$（S_D 信号有效），无论触发器原来状态如何，新状态总是 $Q=1$，$\bar{Q}=0$，称 S_D 为置 1 端或置位端。

② 分析如图 2-39（b）所示电路，若 $\overline{S_D}=1$，$\overline{R_D}=0$（$\overline{R_D}$ 信号有效），新状态总是 $Q=0$，$\bar{Q}=1$，称 $\overline{R_D}$ 为置 0 端。若 $\overline{S_D}=0$，$\overline{R_D}=1$（$\overline{S_D}$ 信号有效），新状态总是 $Q=1$，$\bar{Q}=0$，称 $\overline{S_D}$ 为置位端。

3. 逻辑功能表示

（1）特性表。

将电路的输入输出之间的逻辑关系用表格的形式表示，称为特性表。

对图 2-39 所示电路,根据前面的原理分析,得到它们的特性,如表 2-14、表 2-15 所示,表中 Q 表示触发器初始状态(简称现态), Q^{n+1} 表示触发器新状态(简称次态)。两种触发器都具有保持、置 0、置 1 三种功能,都不允许两个输入端同时有效。当两个输入端同时有效时,首先 Q 与 $\bar{Q}$ 端不满足互补条件(同时为 0 或同时为 1);其次,下一状态输入同时变为无效时,输出会出现不确定的逻辑状态,两个输入端同时有效状态为非法状态,是禁止的。

表 2-14　由或非门组成的 *SR* 触发器的特性

输入信号		输出状态		功能说明
S_D	R_D	Q^{n+1}	$\bar{Q}^{n+1}$	
0	0	Q	$\bar{Q}$	保持(记忆)
0	1	0	1	置 0(复位)
1	0	1	0	置 1(置位)
1	1	0*	0*	非法(禁止)

表 2-15　由与非门组成的 *SR* 触发器的特性

输入信号		输出状态		功能说明
$\bar{S}_D$	$\bar{R}_D$	Q^{n+1}	$\bar{Q}^{n+1}$	
1	1	Q	$\bar{Q}$	保持(记忆)
1	0	0	1	置 0(复位)
0	1	1	0	置 1(置位)
0	0	1*	1*	非法(禁止)

(2)图形符号。

图 2-39 所示电路的图形符号分别如图 2-40(a)、(b)所示,图中输入端的小圆圈表示触发信号低电平有效。图 2-40(a)所示图形符号的逻辑功能与表 2-14 相同,图 2-40(b)所示图形符号的逻辑功能与表 2-15 相同。

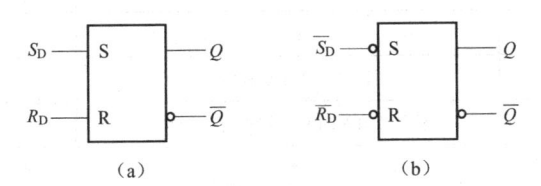

图 2-40　基本 *SR* 触发器的图形符号
(a)由或非门组成;(b)由与非门组成

(3)时序图(波形图)。

一般先设初始状态为 0(也可以设为 1),然后根据给定输入信号波形,相应画出输出端的波形,这种波形图是与时间的先后顺序有关的,称为时序图。当出现不定的逻辑状态时,用双虚线表示。

4. 动作特点

由于触发信号直接加在触发器的输入端，所以在输入信号的全部作用时间里，都能直接改变输出端 Q 和 $\overline{Q}$ 的状态。

因此，S_D（$\overline{S}_D$）被称为直接置位端，R_D（$\overline{R}_D$）被称为直接复位端。

【例 2-6】 基本 SR 触发器及输入 $\overline{S}_D$、$\overline{R}_D$ 波形如图 2-41（a）所示，设初始状态为 0，试画出 Q 和 $\overline{Q}$ 端对应的波形。

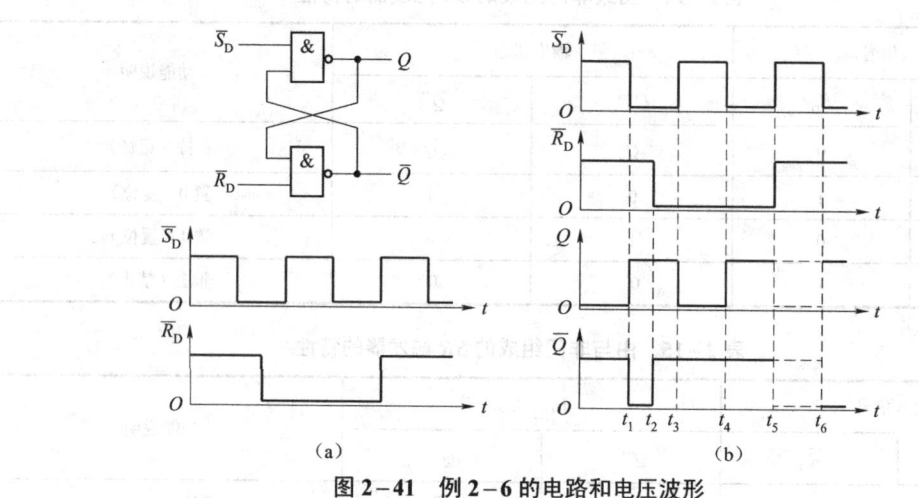

图 2-41 例 2-6 的电路和电压波形
（a）电路结构及输入波形图；（b）输入输出波形图

解：电路在各时间段中的输入输出状态见表 2-16。

表 2-16 例 2-6 输入输出状态分析

时间	输入 $\overline{S}_D$	输入 $\overline{R}_D$	功能	现态 Q	输出 Q^{n+1}	输出 $\overline{Q}^{n+1}$
$0\sim t_1$	1	1	保持	0	0	1
$t_1\sim t_2$	0	1	置1	0	1	0
$t_2\sim t_3$	0	0	非法（输入都有效）	1	1	1
$t_3\sim t_4$	1	0	置0	1	0	1
$t_4\sim t_5$	0	0	非法（输入都有效）	0	1	1
$t_5\sim t_6$	1	1	不定（输入由都有效变为都无效）	1	不定	不定
$t_6\cdots$	0	1	置1	不定	1	0

由此得到各段输出 Q 和 $\overline{Q}$ 端对应的波形如图 2-41（b）所示。

在数字系统中，如果要求某些触发器在同一时刻动作，就必须给这些触发器引入时间控制信号。时间控制信号也称同步信号或时钟信号，简称时钟，用 CP（Clock Pulse）表示。受时钟信号 CP 控制的触发器统称为时钟触发器，包括同步触发器、主从触发器、边沿触发器，与基本 SR 触发器的直接置位、复位不同。

2.6.2 同步触发器

1. 同步 SR 触发器的电路

同步 SR 触发器的电路如图 2-42（a）所示，其中 G₁、G₂ 门构成基本 SR 触发器，G₃、G₄ 门构成输入控制电路，CP 为同步时钟控制信号，S、R 为触发输入信号。

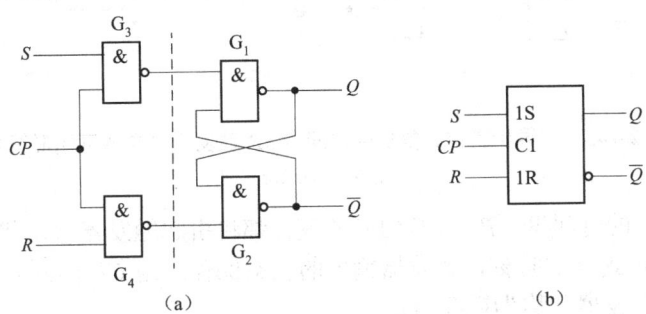

图 2-42 同步 SR 触发器的电路和图形符号
（a）电路；（b）图形符号

2. 原理分析

（1）当 $CP=0$ 时，与非门 G₁、G₂ 构成的基本 SR 触发器处于保持状态，Q 不因 S、R 变化而变化。

（2）当 $CP=1$ 时，S、R 经 G₃、G₄ 反相输出加到 G₁、G₂ 组成的基本触发器输入端，这时相当于 S、R 为高电平有效的 SR 触发器。

3. 逻辑功能表示

（1）特性表。

根据原理分析，得到同步 SR 触发器的特性见表 2-17。

表 2-17 同步 SR 触发器的特性

| 输入信号 ||| 输出状态 || 功能说明 |
CP	S	R	Q^{n+1}	$\overline{Q}^{n+1}$	
0	×	×	Q	$\overline{Q}$	保持（记忆）
1	0	0	Q	$\overline{Q}$	保持（记忆）
1	0	1	0	1	置 0（复位）
1	1	0	1	0	置 1（置位）
1	1	1	1*	1*	非法（禁止）

（2）图形符号。

同步 SR 触发器的图形符号如图 2-42（b）所示。

在使用同步 SR 触发器时，还需要在 CP 信号到来之前将触发器状态预先置成指定的状态，它的电路及图形符号如图 2-43 所示。只要在 $\overline{S}_D$ 或 $\overline{R}_D$ 加入低电平，即可立即将触发器置 1 或置 0，不受时钟控制。因此，将 $\overline{S}_D$ 称为异步置位（置 1）端，将 $\overline{R}_D$ 称为异步复位（置 0）端。正常工作时，应使 $\overline{S}_D$ 和 $\overline{R}_D$ 处于高电平。

4. 动作特点

（1）在 $CP=0$ 的时间里，输入信号的变化不会引起输出信号的变化；

(a)

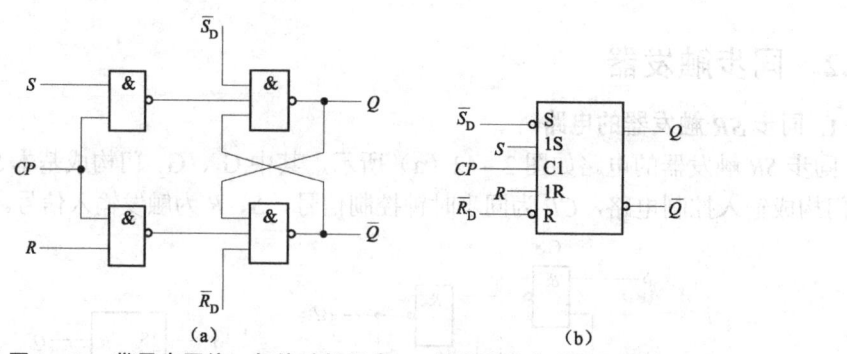

(b)

图 2-43 带异步置位、复位端的同步 SR 触发器的电路及图形符号

(a) 电路；(b) 图形符号

（2）在 $CP=1$ 的时间里，R、S 端信号的变化都将引起触发器输出状态的变化；

（3）在 CP 从 1 到 0 的时刻，触发器输出的状态保存的是 CP 回到 0 以前瞬间的状态。因此，同步结构的触发器又称为锁存器。

【例 2-7】 同步 SR 触发器电路及输入 S、R 波形如图 2-44（a）所示，设初始状态为 1，试画出输出端 Q 和 $\overline{Q}$ 的波形。

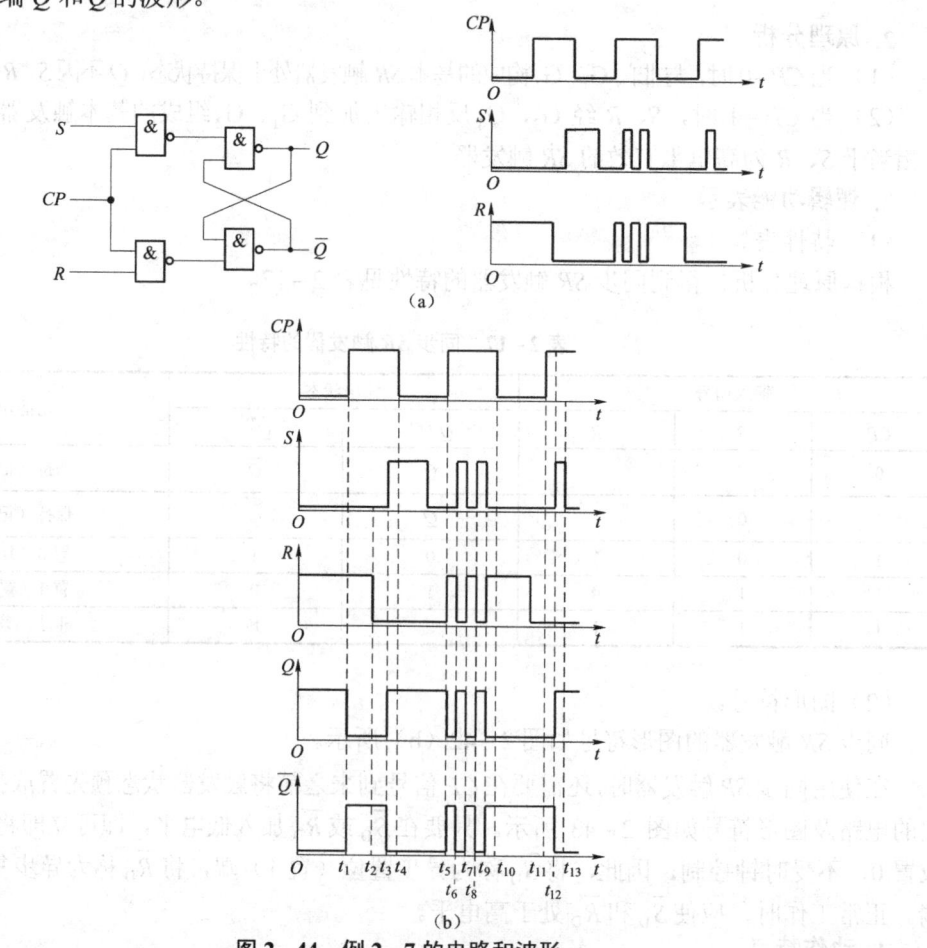

(a)

(b)

图 2-44 例 2-7 的电路和波形

(a) 电路结构及输入波形；(b) 输入输出波形

解：电路在各时间段中的输入信号、电路功能、输出状态见表 2-18。

表 2-18 例 2-7 输入输出状态分析

时间	CP	输入 S	输入 R	功能	现态 Q	输出 Q^{n+1}
$0 \sim t_1$	0	×	×	保持	1	1
$t_1 \sim t_2$	1	0	1	置 0	1	0
$t_2 \sim t_3$	1	0	0	保持	0	0
$t_3 \sim t_4$	1	1	0	置 1	0	1
$t_4 \sim t_5$	0	×	×	保持	1	1
$t_5 \sim t_6$	1	0	1	置 0	1	0
$t_6 \sim t_7$	1	1	0	置 1	0	1
$t_7 \sim t_8$	1	0	1	置 0	1	0
$t_8 \sim t_9$	1	1	0	置 1	0	1
$t_9 \sim t_{10}$	1	0	1	置 0	1	0
$t_{10} \sim t_{11}$	0	×	×	保持	0	0
$t_{11} \sim t_{12}$	1	0	0	保持	0	0
$t_{12} \sim t_{13}$	1	1	0	置 1	0	1
$t_{13} \cdots$	1	0	0	保持	1	1

由此得到各段时间输出 Q 和 $\overline{Q}$ 端对应的波形如图 2-44（b）所示。

5. 同步触发器的缺点

（1）在 $CP=1$ 的时间里，输入信号变化多次会引起输出信号变化多次，这种现象叫作空翻，它的输出与时钟不同步，出现不可控情况，只能用在时钟脉冲高（或低）电平有效作用期间，输入信号不变的场合；

（2）在 $CP=1$ 的时间里，输入信号很短时间的脉冲（称为干扰信号）会引起输出信号变化，电路的抗干扰能力差。

6. 同步 D 触发器的电路

将同步 SR 触发器的 S 与 R 之间通过一个非门相连，变为单端输入电路，称为同步 D 触发器，或叫 D 型锁存器，其电路如图 2-45 所示。

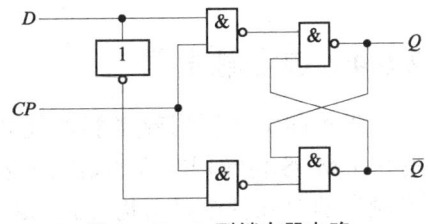

图 2-45 D 型锁存器电路

同步 D 触发器的功能：当 $CP=0$ 时，Q 保持；当 $CP=1$，$D=1$ 时，相当于 $S=1$，$R=0$，Q 置 1；当 $CP=1$，$D=0$ 时，相当于 $S=0$，$R=1$，Q 置 0，它的输入没有约束限制。

2.6.3 主从触发器

为克服同步结构触发器空翻及易受干扰的缺点，对触发器电路做进一步改进，得到主从

SR 触发器。

主从 SR 触发器的电路及图形符号如图 2-46 所示。它的结构及原理分析比较复杂，在实际中应用也很少，在这里就不做叙述。

主从 SR 触发器的动作特点：

（1）触发器的翻转分两步动作，当 $CP=1$ 时主触发器接收输入信号，从触发器不动。当 $CP=0$ 时主触发器不动，从触发器翻转。

（2）在 $CP=1$ 期间，主从 SR 触发器的主触发器随 S、R 端状态的改变而多次改变，JK 主从触发器的主触发器只能翻转一次，在 CP 下降沿到来时，从触发器最多只能改变一次。

主从触发器的优点：克服了空翻现象。

主从触发器的缺点：

（1）输入有约束关系 $SR=0$。

（2）当 $CP=1$ 时，主触发器输出会随 S、R 状态变化而多次改变，则无法根据其特性表正确判断电路的输出状态。

（3）输出过程分析复杂。

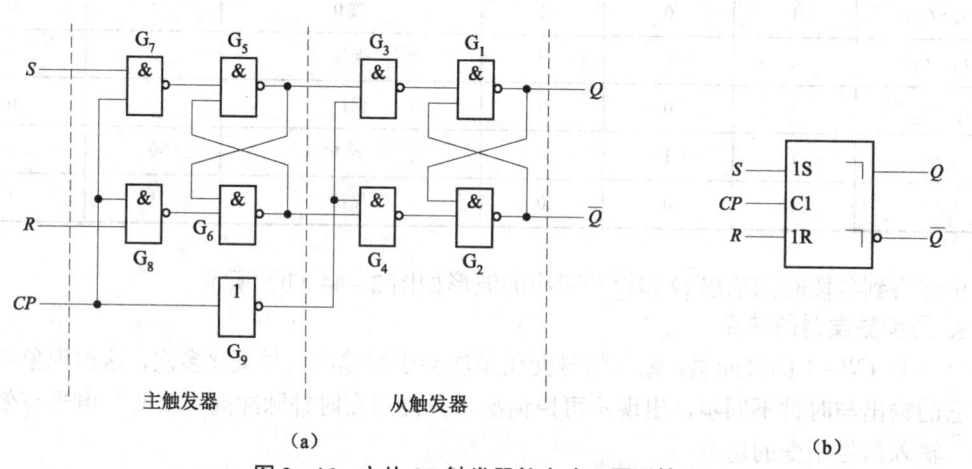

图 2-46 主从 SR 触发器的电路及图形符号
(a) 电路；(b) 图形符号

2.6.4 边沿触发器

在实际中，应用较多和性能较好的是边沿触发器。集成电路产品中的边沿触发器有用 CMOS 传输门构成的边沿触发器、维持阻塞触发器、利用门电路传输延迟时间的边沿触发器等几种电路结构形式。这里我们以用 CMOS 传输门构成的边沿触发器为例进行分析。

1. 边沿 D 触发器的电路、工作原理、逻辑功能

（1）边沿 D 触发器的电路。

利用传输门的边沿 D 触发器的电路及图形符号如图 2-47 所示，利用传输门的边沿 D 触发器电路由主触发器和从触发器两部分构成。输入信号 D 作为触发器输入信号，信号 Q 作为电路的输出信号。

(2) 边沿 D 触发器的工作原理。

① 当 $CP=0$ 时,传输门 TG_1、TG_4 导通,TG_2、TG_3 截止。Q_1 随输入信号 D 变化而变化,Q 不变。

② 当 $CP=1$ 时,$\overline{CP}=0$,传输门 TG_2、TG_3 导通,TG_1、TG_4 截止。Q_1 由于反馈处于保持状态,$Q=Q_1$ 且保持不变。

③ 当 CP 再回到 0 时,触发器处于保持状态,Q 不变。

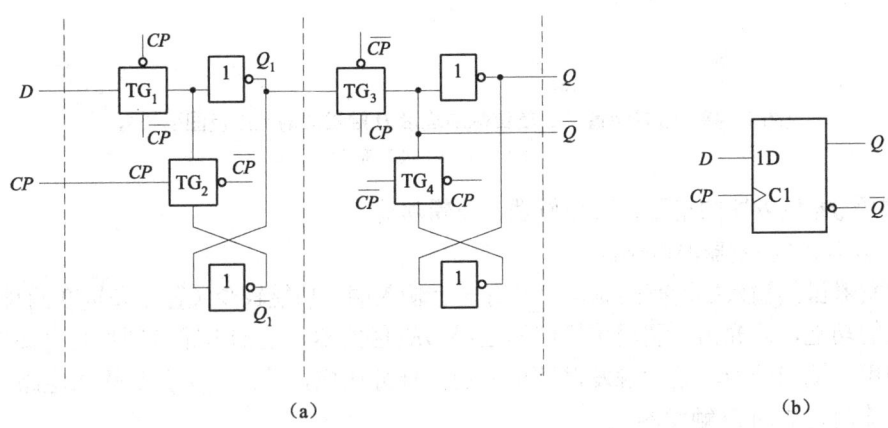

图 2-47 利用传输门的边沿 D 触发器的电路及图形符号

(a) 电路;(b) 图形符号

(3) 边沿 D 触发器的逻辑功能。

根据原理分析,得到同步 D 触发器的特性表,见表 2-19。只有 CP 上升沿时,输出可能发生变化,在其他时间输出是不会发生变化的。

表 2-19 边沿 D 触发器的特性表

输入信号		输出状态	功能说明
CP	D	Q^{n+1}	
0	×	Q	保持
1	×	Q	保持
↓	×	Q	保持
↑	0	0	置 0(复位)
↑	1	1	置 1(置位)

边沿 D 触发器还可以带直接置位端和直接复位端,其电路及图形符号如图 2-48 所示。

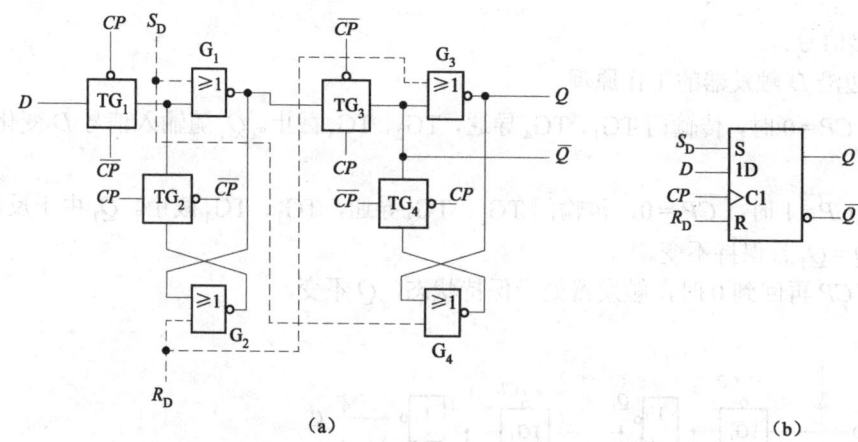

图 2-48　带异步置位、复位端的边沿 D 触发器的电路及图形符号

(a) 电路；(b) 图形符号

2. 边沿 JK 触发器的电路、工作原理、逻辑功能

（1）边沿 JK 触发器的电路。

D 触发器虽然输入端没有限制，但只有一个输入端，功能较少（置 1 和置 0 两种）。为扩展触发器的功能，研究出了利用传输门的边沿 JK 触发器，它的电路及图形符号如图 2-49 所示。利用传输门的边沿结构触发器结构上由两部分构成，前面一部分是输入电路，后面一部分是传输门构成的 D 触发器。

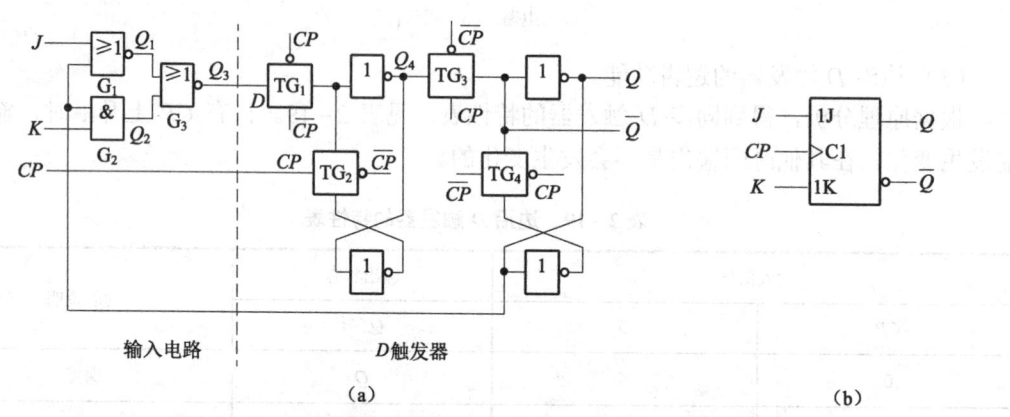

图 2-49　利用传输门的边沿 JK 触发器的电路及图形符号

(a) 电路；(b) 图形符号

（2）边沿 JK 触发器的工作原理。

$$Q_3 = \overline{Q_1 + Q_2} = \overline{Q_1} \cdot \overline{Q_2} = \overline{(J+Q)\overline{KQ}} = (J+Q)(\overline{K}+\overline{Q}) = J\overline{K} + J\overline{Q} + \overline{K}Q = J\overline{Q} + \overline{K}Q$$

$$D = Q_3 = J\overline{Q} + \overline{K}Q$$

① 当 $CP=0$ 时，TG_1、TG_4 导通，TG_2、TG_3 截止，Q 处于保持状态，不随 J、K 变化而变化。

$$Q_4 = \overline{D}$$

② 当 $CP=1$ 时，TG_1、TG_4 截止，TG_2、TG_3 导通，Q_4 处于保持状态，保持的是上升沿来到时刻的 $\overline{D}$ 状态。触发器次态 $Q^{n+1} = \overline{Q_4} = D = J\overline{Q} + \overline{K}Q = \begin{cases} Q(J=K=0) \\ 0(J=0, K=1) \\ 1(J=1, K=0) \\ \overline{Q}(J=K=1) \end{cases}$。

③ 当 CP 回到 0 时，Q 处于保持状态。

(3) 边沿 JK 触发器的逻辑功能。

根据原理分析，得到边沿 JK 触发器的特性表，见表 2-20。

表 2-20 边沿 JK 触发器的特性表

输入信号			输出状态	功能说明
CP	J	K	Q^{n+1}	
0	×	×	Q	保持
1	×	×	Q	保持
↓	×	×	Q	保持
↑	0	0	Q	保持
↑	0	1	0	置 0
↑	1	0	1	置 1
↑	1	1	$\overline{Q}$	取反（翻转）

由表 2-20 可知：JK 触发器输入端没有限制，具有保持、置 0、置 1、取反四种逻辑功能，因此，在实际中得到广泛应用。

边沿结构的 JK 触发器也可以带直接置位复位端，其电路及图形符号如图 2-50 所示。

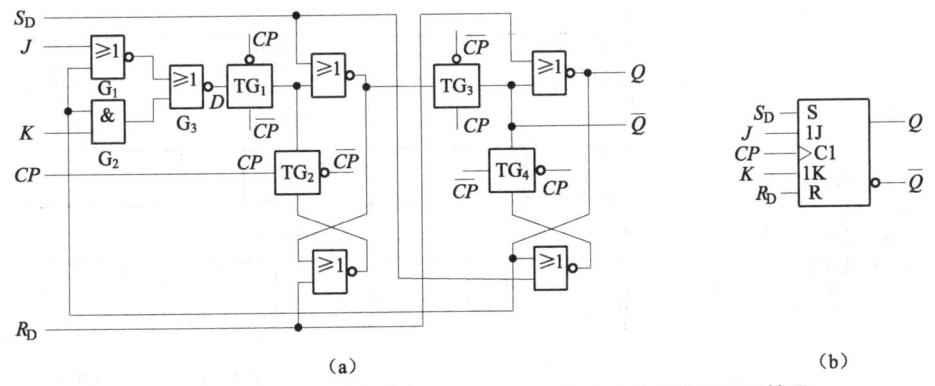

(a)

(b)

图 2-50 带直接置位端复位端的边沿 JK 触发器的电路及图形符号
(a) 电路；(b) 图形符号

3. 其他类型边沿触发器

除了利用传输门构成的边沿触发器以外，还有利用 TTL 门电路构成的维持阻塞边沿触发器以及利用门电路的传输延迟时间实现边沿触发器，前者是上升沿触发的，后者是下降沿触发的，触发的边沿称为有效边沿。常见边沿触发器的图形符号如图2-51所示，图2-51（a）所示为带高电平有效的直接置位复位端、多输入、下降沿有效的边沿 D 触发器，图2-51（b）所示为带低电平有效的直接置位复位端、上升沿有效的边沿 D 触发器，图2-51（c）所示为多输入、下降沿有效的边沿 JK 触发器，图2-51（d）所示为带低电平有效的直接置位复位端、上升沿有效的边沿 SR 触发器。

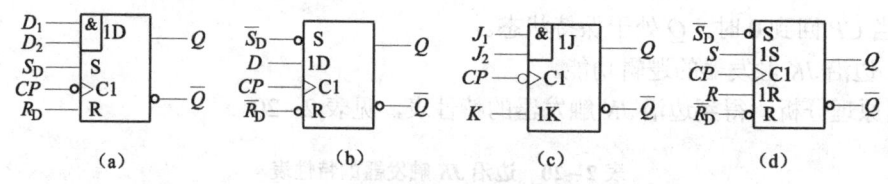

图 2-51 常见边沿触发器的图形符号

4. 边沿触发器的动作特点

（1）在 $CP=0$ 的时间里，输入信号的变化不会引起输出信号的变化；

（2）在 $CP=1$ 的时间里，输入端信号的变化不会引起输出信号的变化；

（3）只有在 CP 有效边沿时刻，输出才可以变化，而且输出的状态只取决于有效边沿时刻输入信号的状态，与 $CP=1$ 的时间里输入信号的变化过程无关。

5. 边沿结构触发器的优点

（1）没有空翻现象，输出只有有效边沿才可能变化。

（2）抗干扰能力强，有效边沿时刻输出只取决于该时刻的输入，与其他时刻输入无关。

（3）电路分析过程简单。

【例2-8】 已知触发器的图形符号及输入波形如图2-52（a）（b）所示，问：（1）触发器是什么结构的？输出在什么时刻变化？（2）触发器是什么功能的？（3）画出 Q 端的波形。

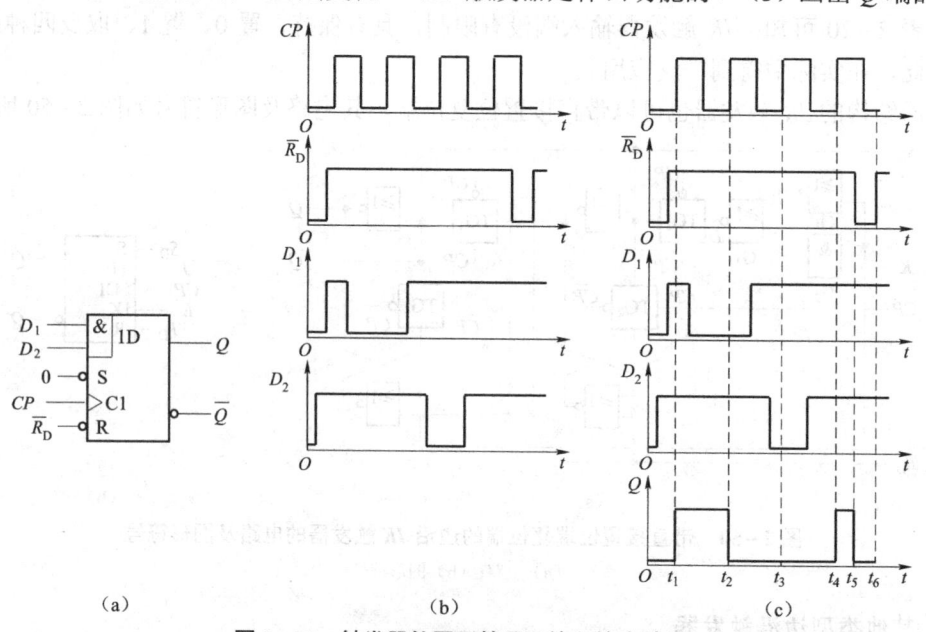

图 2-52 触发器的图形符号及输入输出波形
（a）图形符号；（b）输入波形；（c）输出波形

解:(1) 是边沿触发器,输出在 CP 上升沿变化。

(2) 功能为 D 触发器,CP 上升沿到来时,输出与 D 相同。

(3) 电路在各时间段中输入输出状态见表 2-21。由此得到 Q 端的波形如图 2-52(c)所示。

表 2-21 例 2-8 输入输出状态分析

时间	输入 $\overline{R}_D$	CP	D_1	D_2	功能	输出 Q^{n+1}
0	0	×	×	×	异步置 0	0
t_1	1	↑	1	1	同步置 1	1
t_2	1	↑	0	1	同步置 0	0
t_3	1	↑	1	0	同步置 0	0
t_4	1	↑	1	1	同步置 1	1
t_5	0	×	×	×	异步清 0	0
t_6	1	0	×	×	保持	0

【例 2-9】 已知触发器的图形符号及输入波形如图 2-53(a)(b)所示,问:(1) 触发器是什么结构的?输出在什么时刻变化?(2) 触发器是什么功能的?(3) 画出 Q 端的波形。

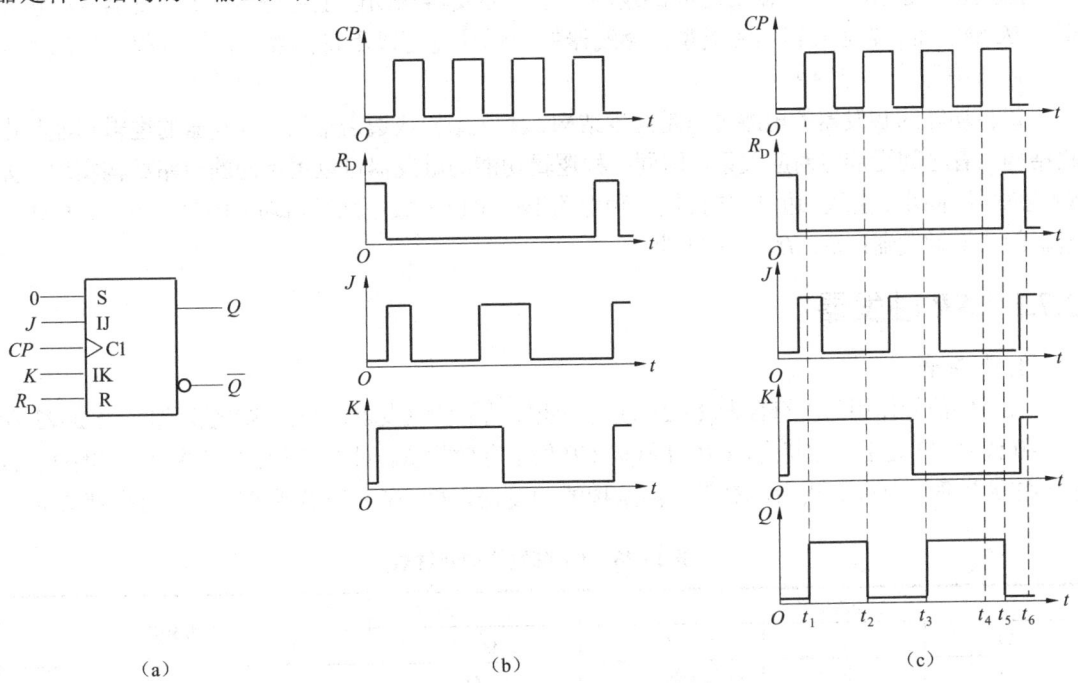

图 2-53 触发器的图形符号及输入输出波形
(a) 图形符号;(b) 输入波形;(c) 输出波形

解:(1) 是边沿触发器,输出在 CP 上升沿变化。

（2）功能为 JK 触发器，当 CP 上升沿到来时，输出有保持、置 1、置 0、取反功能。

（3）电路在各时间段中输入输出状态见表 2-22。由此得到 Q 端的波形如图 2-53（c）所示。

表 2-22 例 2-9 输入输出状态分析

时间	输入				功能	现态 Q	次态 Q^{n+1}
	R_D	CP	J	K			
0	1	×	×	×	异步置 0	×	0
t_1	0	↑	1	1	取反	0	1
t_2	0	↑	0	1	同步置 0	1	0
t_3	0	↑	1	0	同步置 1	0	1
t_4	0	↑	0	0	保持	1	1
t_5	1	×	×	×	异步置 0	×	0
t_6	0	0	×	×	保持	0	0

2.7 触发器的逻辑功能及描述

触发器功能指它输入输出之间的逻辑关系，触发器从功能上可分为 SR 触发器、D 触发器、JK 触发器、T 触发器四种类型。触发器的逻辑功能可以用特性表、特性方程、状态转换图、逻辑符号、波形图表示。

每种功能的触发器的电路可以是同步结构、主从结构或边沿结构，触发器的逻辑功能与电路结构二者之间无固定对应关系，即同一种逻辑功能的触发器可以用不同的电路结构实现，如 SR 触发器：同步、主从、边沿结构。同一种电路形式可以做成不同逻辑功能的触发器，如 CMOS 传输门边沿触发器：D、JK、SR 功能。

2.7.1 SR 触发器

1. 特性表

在时钟信号作用下，符合表 2-23 规定的逻辑功能的触发器，叫作 SR 触发器。表 2-23 中 CP=0 代表 CP 处于无效状态，CP=1 代表 CP 处于有效状态。对于同步结构和主从结构触发器，CP 在高电平时为有效状态，对于边沿结构的触发器，CP 在上升沿或下降沿为有效状态。

表 2-23 SR 触发器的特性表

输入信号			输出状态	功能说明
CP	S	R	Q^{n+1}	
0	×	×	Q	保持
1	0	0	Q	保持
1	0	1	0	置 0
1	1	0	1	置 1
1	1	1	1*	非法

2. 特性方程

用表格表达触发器逻辑功能，优点是直观、容易理解，缺点是书写不方便、推导时序电路的状态方程不方便。将特性表中 CP 有效时的功能转换为卡诺图，如图 2-54 所示。

由卡诺图得到输入输出的逻辑函数式，称为特性方程，即

$$\begin{cases} Q^{n+1} = S + \overline{R}Q \\ SR = 0 \text{（约束条件）} \end{cases}$$

3. 状态转换图

在复杂的时序逻辑电路中，常用状态转换图表示电路的逻辑功能。在状态转换图中，用圆圈表示电路的状态，用箭头表示状态转换的方向，箭头旁边的标注是状态转换的条件。

SR 触发器的状态转换图如图 2-55 所示。

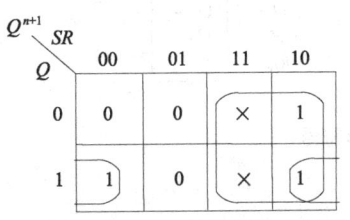

图 2-54　SR 触发器的卡诺图

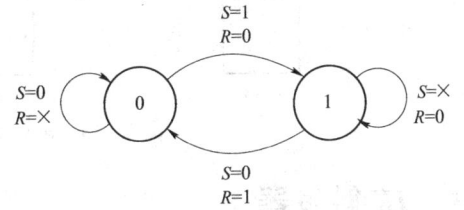

图 2-55　SR 触发器的状态转换图

4. 图形符号

同一逻辑功能的触发器可以有不同的电路结构，所以有不同的逻辑符号。常见 SR 触发器的图形符号如图 2-56 所示。

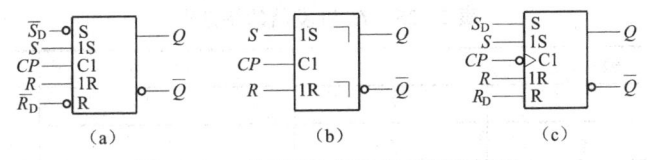

图 2-56　常见 SR 触发器的图形符号

2.7.2　D 触发器

1. 特性表

在时钟信号作用下，符合表 2-24 规定的逻辑功能的触发器，叫作 D 触发器。表 2-24 中 CP=0 及 CP=1 的含义与 SR 触发器相同。

表 2-24　D 触发器的特性表

输入信号		输出状态	功能说明
CP	D	Q^{n+1}	
0	×	Q	保持
1	0	0	置 0
1	1	1	置 1

2. 特性方程

当 CP 有效时，由表 2-24 直接可得 D 触发器的特性方程：$Q^{n+1} = D$。

3. 状态转换图

D 触发器的状态转换图如图 2-57 所示。

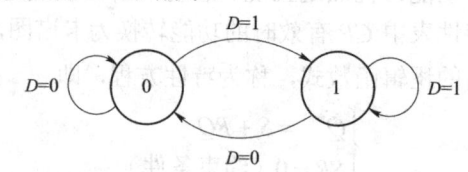

图 2-57　D 触发器的状态转换图

4. 图形符号

常见 D 触发器的图形符号如图 2-58 所示。

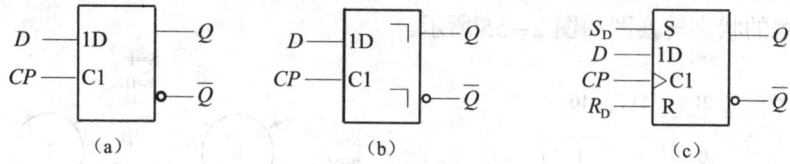

图 2-58　常见 D 触发器的图形符号

2.7.3　JK 触发器

1. 特性表

在时钟信号作用下，符合表 2-25 规定的逻辑功能的触发器，叫作 JK 触发器。表 2-25 中 CP=0 及 CP=1 的含义与 SR 触发器相同。

表 2-25　JK 触发器的特性表

输入信号			输出状态	功能说明
CP	J	K	Q^{n+1}	
0	×	×	Q	保持
1	0	0	Q	保持
1	0	1	0	置 0
1	1	0	1	置 1
1	1	1	$\overline{Q}$	取反

2. 特性方程

将特性表 2-25 中 CP 有效时的功能转换为卡诺图，如图 2-59 所示。

由卡诺图得到 JK 触发器的特性方程：$Q^{n+1} = J\overline{Q} + \overline{K}Q$。

3. 状态转换图

JK 触发器的状态转换图如图 2-60 所示。

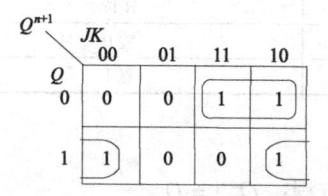

图 2-59　JK 触发器的卡诺图

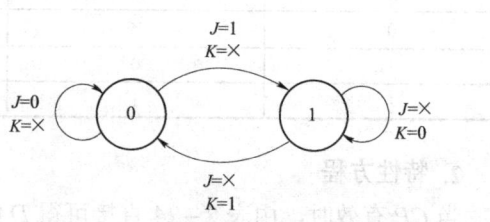

图 2-60　JK 触发器的状态转换图

4. 图形符号

常见 JK 触发器的图形符号如图 2–61 所示。

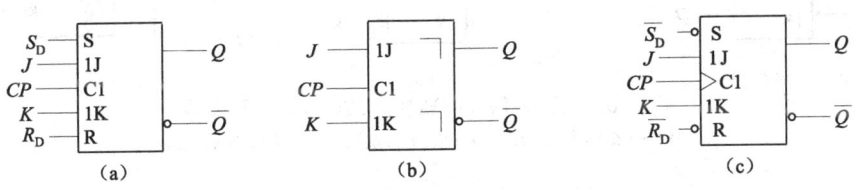

图 2–61 常见 JK 触发器的图形符号

2.7.4 T 触发器

1. 特性表

在时钟信号作用下，符合表 2–26 规定的逻辑功能的触发器，叫作 T 触发器。表 2–26 中 $CP=0$ 及 $CP=1$ 的含义与 SR 触发器相同。

表 2–26 T 触发器的特性表

输入信号		输出状态	功能说明
CP	T	Q^{n+1}	
0	×	Q	保持
1	0	Q	保持
1	1	$\overline{Q}$	取反

2. 特性方程

将 JK 触发器的特性方程中的 $J=K=T$，得到 T 触发器特性方程：$Q^{n+1}=T\overline{Q}+\overline{T}Q$。

3. 状态转换图及图形符号

T 触发器的状态转换图及图形符号如图 2–62 所示。

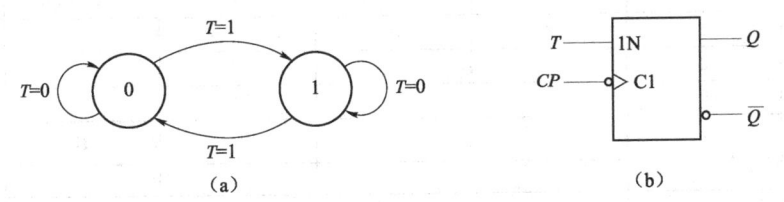

图 2–62 T 触发器的状态转换图及图形符号
（a）状态转换图；（b）图形符号

2.7.5 触发器逻辑功能的转换

由四种逻辑功能触发器特性表可知：JK 触发器的功能最强，输入端无限制，包含了 SR 触发器和 T 触发器的功能。在时钟控制触发器定型产品中，只有 JK 触发器和 D 触发器这两大类。

当 $J=S$，$K=R$ 时，JK 触发器变为 SR 触发器；当 $J=K=T$ 时，JK 触发器变为 T 触发器；当 $J=D$，$K=\overline{D}$ 时，JK 触发器变为 D 触发器。

将 JK 触发器转换为 SR 触发器、T 触发器、D 触发器，如图 2–63 所示。

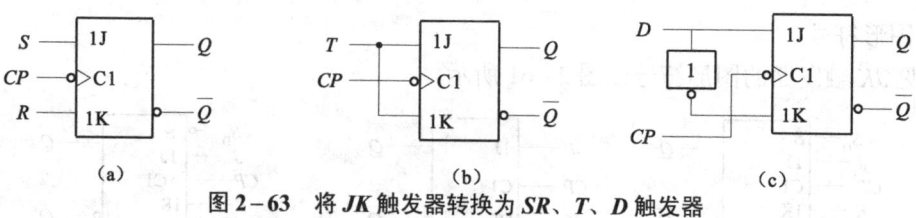

图 2-63 将 JK 触发器转换为 SR、T、D 触发器

(a) 构成 SR 触发器；(b) 构成 T 触发器；(c) 构成 D 触发器

2.8 集成触发器

1. TTL 结构双 JK 触发器 74LS112

（1）74LS112 是由 TTL 门电路构成的边沿型 JK 触发器。它是下降沿触发的双 JK 触发器，它的管脚排列及图形符号如图 2-64 所示。

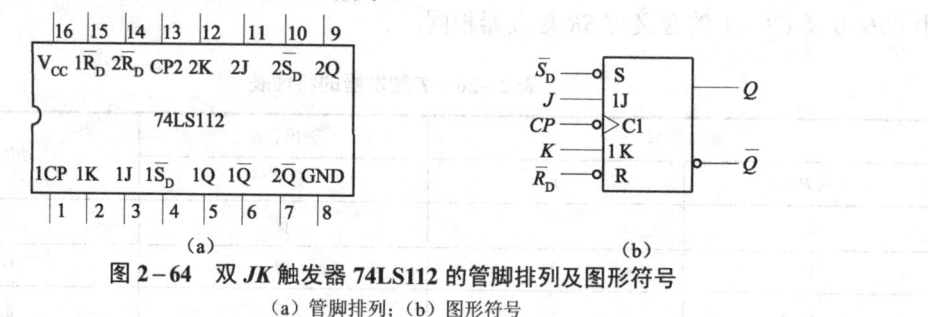

图 2-64 双 JK 触发器 74LS112 的管脚排列及图形符号

(a) 管脚排列；(b) 图形符号

（2）双 JK 触发器 74LS112 的功能见表 2-27，具有低电平异步清零、低电平异步置位、下降沿同步置零、同步置位、保持、翻转等功能。

表 2-27 双 JK 触发器 74LS112 的功能

输 入					输 出	
$\overline{S}_D$	$\overline{R}_D$	CP	J	K	Q^{n+1}	$\overline{Q}^{n+1}$
0	1	×	×	×	1	0
1	0	×	×	×	0	1
0	0	×	×	×	1*	1*
1	1	↓	0	0	Q	$\overline{Q}$
1	1	↓	1	0	1	0
1	1	↓	0	1	0	1
1	1	↓	1	1	$\overline{Q}$	Q
1	1	↑	×	×	Q	$\overline{Q}$

2. TTL 结构双 D 触发器 74LS74

（1）74LS74 是由 TTL 门电路构成的边沿型 D 触发器。它是上升沿触发的双 D 触发器，它的管脚排列及图形符号如图 2-65 所示。

（2）双 D 触发器 74LS74 的功能见表 2-28，具有低电平异步清零、低电平异步置位、上升沿置数等功能。

(a)   (b)

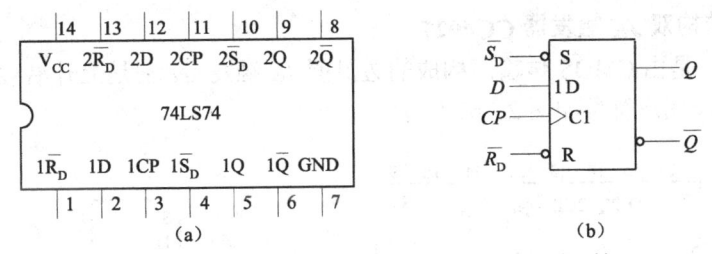

图 2-65 双 D 触发器 74LS74 的管脚排列及图形符号

（a）管脚排列；（b）图形符号

表 2-28 双 D 触发器 74LS74 的功能

输入					输出	
$\overline{S}_D$	$\overline{R}_D$	CP	D	Q^{n+1}	$\overline{Q}^{n+1}$	
0	1	×	×	1	0
1	0	×	×	0	1
0	0	×	×	1*	1*
1	1	↑	1	1	0
1	1	↑	0	0	1
1	1	↓	×	Q	$\overline{Q}$

3. CMOS 结构双 D 触发器 CC4013

（1）CC4013 是由 CMOS 传输门构成的边沿型 D 触发器。它是上升沿触发的双 D 触发器，其管脚排列及图形符号如图 2-66 所示。

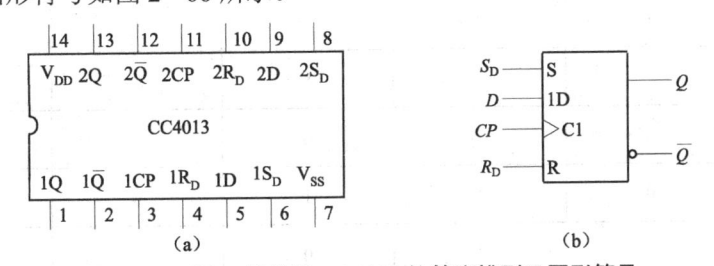

(a)   (b)

图 2-66 双 D 触发器 CC4013 的管脚排列及图形符号

（a）管脚排列；（b）图形符号

（2）双 D 触发器 CC4013 的功能见表 2-29，具有高电平异步清零、高电平异步置位、上升沿置数等功能。

表 2-29 双 D 触发器 CC4013 的功能

输入				输出
S	R	CP	D	Q^{n+1}
1	0	×	×	1
0	1	×	×	0
1	1	×	×	1*
0	0	↑	1	1
0	0	↑	0	0
0	0	↓	×	Q

4. CMOS 结构双 JK 触发器 CC4027

（1）CC4027 是由 CMOS 传输门构成的边沿型 JK 触发器。它是上升沿触发的双 JK 触发器，其管脚排列及图形符号如图 2-67 所示。

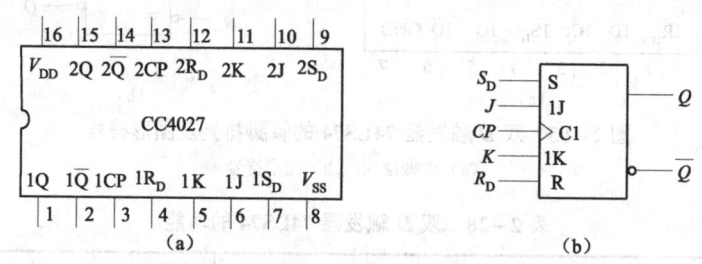

图 2-67 双 JK 触发器 CC4027 的管脚排列及图形符号
(a) 管脚排列；(b) 图形符号

（2）双 JK 触发器 CC4027 的功能见表 2-30，具有高电平异步清零、高电平异步置位、上升沿同步置零、同步置位、保持、翻转等功能。

表 2-30 双 JK 触发器 CC4027 的功能

输　入					输　出
S	R	CP	J	K	Q^{n+1}
1	0	×	×	×	1
0	1	×	×	×	0
1	1	×	×	×	1*
0	0	↑	0	0	Q
0	0	↑	1	0	1
0	0	↑	0	1	0
0	0	↑	1	1	$\overline{Q}$
0	0	↓	×	×	Q

本章小结

通过本章学习，应理解门电路及触发器的电路及工作原理。对门电路，要熟练掌握逻辑功能及图形符号、电压传输特性曲线、输入输出特性曲线及典型数值、输入端负载曲线及典型数值、OC 门的特点及使用方法、三态门作用及应用。对触发器，熟练掌握不同逻辑功能触发器的特性表及特性方程、不同结构触发器的图形符号及动作特点，能根据已知的输入信号画出输出信号。本章内容总结见表 2-31。

表 2-31 本章内容总结

开关电路	二极管电路 $\begin{array}{c}+ \; v \; -\\ \mathrm{D}\\ \hline i \\ R_L \end{array}$ 导通条件：外加正向电压；等效电路： 截止条件：外加反向电压；等效电路：	三极管电路 V_{CC}, R_c, i_c, c, e, V, R_b, b, i_b, v_I 导通条件：发射结和集电结都正偏；等效电路： 截止条件：发射结和集电结都反偏；等效电路：	MOS 管电路 $+V_{DD}$, R_D, D, i_D, S, G, v_I, v_O 导通条件：$v_I = v_{GS} > V_{GS(th)}$；等效电路： C_1, G, D, R_{ON}, S 截止条件：$v_I = v_{GS} < V_{GS(th)}$；等效电路： C_1, G, D, S
分立元件门电路	三极管与门 $L=AB$ V_{CC}, R, D_1, D_2, A, B, L	三极管或门 $L=A+B$ D_1, D_2, A, B, R, L	三极管非门 $L=\overline{A}$ $+V_{CC}$, R_c, V, R_b, A, L

续表

	种类	特性曲线	扇出系数 N
TTL 门电路	非门	电压传输曲线：分截止区、线性区、转折区、饱和区四段。 输入特性：输入低电平时，电流流出，典型值 1 mA。 输出特性：输入高电平时，电流流入，<40 μA。 输出特性：输入低电平时，电流流出，典型值 16 mA。 输入高电平时，电流流入，<400 μA。 输入端负载特性：$R_P<0.91$ kΩ时，输入为低电平，$R_P>1.93$ kΩ时，输入为高电平，最高 1.4 V	$N_{OH} \leq I_{OH}/I_{IH}$， $N_{OL} \leq I_{OL}/I_{IL}$， $N=\min\{N_{OH}, N_{OL}\}$ 输入端为低电平时，按门数计算 I_{IL}；输入端为高电平时，按端子数计算 I_{IH}
	与非门		
	或非门		无论输入端为低电平、高电平，均按端子数计算 I_{IL}，I_{IH}
	OC 门	输出端可以线与，使用时外接上拉电阻 R_L 及电源 V'_{CC}	
	三态门	$L=\begin{cases}\overline{A} \\ 高阻\end{cases}$ $(EN=0时)$ $(EN=1时)$ 输出有高电平、低电平、高阻三种状态	
CMOS 门电路	种类	特性曲线	扇出系数 N
	非门	电压传输曲线：分截止区、转折区、饱和区三段。 输入负载特性：$i_i \approx 0$。	比较大，不用计算
	与非门	输出端可以线与，输入端与地之间接入电阻数值无论多大，输入端都为低电平，不允许悬空	
	或非门		
	OD 门	使用时外接上拉电阻 R_L 及电源 V'_{DD}	
	三态门	$L=\begin{cases}AB \\ 高阻\end{cases}$ $(EN=1时)$ $(EN=0时)$ $L=\begin{cases}\overline{AB} \\ 高阻\end{cases}$ $(EN=0时)$ $(EN=1时)$	
	传输门	v_I/v_O — TG — v_O/v_I 相当于一个开关，当 $C=1$ 时，开关闭合；当 $C=0$ 时，开关断开	

续表

触发器	按结构分类	结构名称	电路结构	图形符号	动作特点	优缺点
		基本触发器	(G₁、G₂ 或非门交叉耦合，输入 R_D、S_D，输出 Q、$\overline{Q}$) / (G₁、G₂ 与非门交叉耦合，输入 $\overline{S_D}$、$\overline{R_D}$，输出 Q、$\overline{Q}$)	S — Q / R — $\overline{Q}$ ，输入端 S_D、R_D / $\overline{S_D}$、$\overline{R_D}$	在输入信号的全部作用时间里，触发信号都能改变输出端 Q 和 $\overline{Q}$ 的状态	优点：电路简单，能存储 1 位二进制代码，是构成各种触发器的基本电路。缺点：直接控制，不受时钟信号约束
		同步	(G₁、G₂ 与非门交叉耦合构成基本部分，G₃、G₄ 与非门作为控制门，输入 S、CP、R，输出 Q、$\overline{Q}$)	1S — Q / C1 / 1R — $\overline{Q}$ ，输入端 S、CP、R	(1) 当 CP=0 时，输出保持不变；(2) 在 CP=1 的全部时间里，输入信号的变化都将引起输出状态的变化	优点：受时钟控制。缺点：存在空翻现象

续表

触发器	按结构分类	主从	(图：主从触发器逻辑图，输入 S、R、CP，含 $G_1 \sim G_9$ 与非门，分为从触发器与主触发器)	(图：主从 SR 触发器符号，输入 S、CP、R，对应 1S、C1、1R，输出 Q、$\overline{Q}$)	(1) 当 $CP=1$ 时主触发器接收输入信号，从触发器不动。当 $CP=0$ 时主触发器不动，从触发器翻转； (2) 触发器输出最多只能变一次	优点：克服了空翻现象。 缺点：输出过程分析复杂
		边沿	(图：边沿 D 触发器逻辑图，输入 D、CP，含传输门 $TG_1 \sim TG_4$ 与非门，输出 Q_1、$\overline{Q_1}$ 和 Q、$\overline{Q}$)	(图：边沿 D 触发器符号，输入 D、CP，对应 1D、C1，输出 Q、$\overline{Q}$)	(1) 只有在 CP 有效边沿时刻，输出才可以变化； (2) 输出的状态只取决于有效边沿时刻输入信号的状态	优点：没有空翻现象；抗干扰能力强；输出分析简单

续表

按功能分类	功能名称	功能	特性表			特性方程	状态转换图	图形符号
触发器	SR	保持 置0 置1 	S: 0,0,1,1 R: 0,1,0,1	Q^{n+1}: Q, 0, 1, *		$\begin{cases} Q^{n+1}=S+\bar{R}Q \\ SR=0 \text{(约束条件)} \end{cases}$	S=1,R=0 / S=0,R=1; S=X,R=0 保持1; S=0,R=X 保持0	$\bar{S}_D, S, CP, R, \bar{R}_D$ / S_D, S, CP, R, R_D
	D	保持 置0 置1	D: 0, 1	Q^{n+1}: 0, 1		$Q^{n+1}=D$	D=1 / D=0	D—1D, CP—C1
	JK	保持 置0 置1 取反	J: 0,0,1,1 K: 0,1,0,1	Q^{n+1}: Q, 0, 1, $\bar{Q}$		$Q^{n+1}=J\bar{Q}+\bar{K}Q$	J=1,K=X / J=X,K=1; J=X,K=0 保持1; J=0,K=X 保持0	S_D, J, CP, K, R_D / $\bar{S}_D, J, CP, K, \bar{R}_D$
	T	保持 取反	T: 0, 1	Q^{n+1}: Q, $\bar{Q}$		$Q^{n+1}=T\bar{Q}+\bar{T}Q$	T=1 / T=1; T=0 保持	T—1N, CP—C1

第 3 章

组合逻辑电路

●案例引入

在对议案进行表决时,常用到一种设备叫表决器,它可以统计投票人的意见,并给出最终结果;在做计算时,常使用计算器作为辅助设备,输入参与运算的两个数,将能得到最终的结果……日常生活中经常见到各种各样类似的事件,它们都有如下共同的特点:

(1) 输入、输出之间没有反馈。
(2) 下一时刻的输出与上一时刻的输入无关联。

在数字系统中,根据逻辑功能的不同,数字电路分为组合逻辑电路和时序逻辑电路两大类。上述电路称为组合逻辑电路。本章将着重介绍组合逻辑电路的分析方法及设计方法,讨论组合逻辑电路中出现的竞争-冒险现象的原因及应对方法,最后介绍几种常见的集成组合电路及其应用。

3.1 组合逻辑电路的一般分析方法

对于一个逻辑电路,它的输出状态在任何时刻仅仅取决于同一时刻的输入状态,而与电路原来的状态无关,这种电路称为组合逻辑电路。其输入输出关系如图 3-1 所示。

逻辑关系:$L_i = F_i (A_1, A_2, \cdots, A_n)$,$A_1, A_2, \cdots, A_n$ 为输入变量。

图 3-1 组合逻辑电路的一般框图

组合逻辑电路的结构特点:

(1) 只由门电路组成;
(2) 电路的输入与输出无反馈路径;
(3) 电路中不包含记忆单元;
(4) 电路的输出与原来的状态无关。

下面分别介绍组合逻辑电路的一般分析方法以及组合逻辑电路的设计方法。

3.1.1 组合逻辑电路的分析方法

组合逻辑电路的分析,是指对给定的一个组合逻辑电路,确定其输入与输出之间的逻辑关系,验证和说明该电路逻辑功能的过程。通常组合逻辑电路的分析步骤如下:

(1) 根据组合逻辑电路图，逐级写出逻辑表达式；
(2) 将表达式化简、变换，得到最简单的表达式；
(3) 根据最简表达式，列出真值表；
(4) 由真值表和表达式，找出输入输出关系，确定电路的逻辑功能。

下面以例题形式说明组合逻辑电路的一般分析方法。

3.1.2 组合逻辑电路分析举例

【例 3-1】 分析图 3-2 中电路的逻辑功能。

(1) 根据组合逻辑电路图，逐级写出逻辑表达式：

$$L = \overline{\overline{AB} \cdot A \cdot \overline{AB} \cdot B}$$

(2) 将表达式化简、变换，得到最简单的表达式；

根据德·摩根定理，有

$$L = \overline{\overline{AB} \cdot A \cdot \overline{AB} \cdot B} = \overline{AB} \cdot A + \overline{AB} \cdot B$$
$$= (\overline{A} + \overline{B}) \cdot A + (\overline{A} + \overline{B}) \cdot B = A\overline{B} + \overline{A}B$$

(3) 根据最简表达式，列出真值表，真值表见表 3-1。

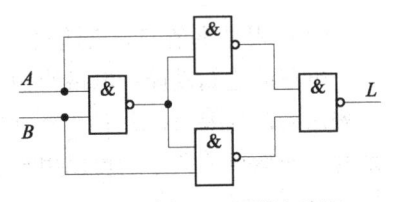

图 3-2 例 3-1 逻辑电路图

表 3-1 例 3-1 真值表

A	B	L
0	0	0
0	1	1
1	0	1
1	1	0

(4) 根据真值表和表达式，确定电路的逻辑功能。

由真值表 3-1 可以看出，当两个输入信号相同时，输出 L 为 0；当输入信号不同时，输出 L 为 1。这种逻辑关系称为异或关系，所以该电路是一个实现异或关系的电路。

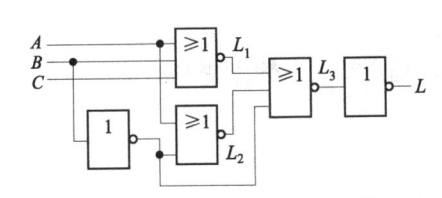

图 3-3 例 3-2 逻辑电路图

【例 3-2】 分析图 3-3 中电路的逻辑功能。

(1) 根据组合逻辑电路图，逐级写出逻辑表达式：

$$L_1 = \overline{A+B+C}, \ L_2 = \overline{A+\overline{B}}, \ L_3 = \overline{L_1 + L_2 + \overline{B}}, \ L = \overline{L_3}$$

(2) 将表达式化简、变换，得到最简表达式 $L = L_1 + L_2 + \overline{B}$。

根据德·摩根定理：$L_1 = \overline{A+B+C} = \overline{A}\,\overline{B}\,\overline{C}$，$L_2 = \overline{A+\overline{B}} = \overline{A}B$，

则：

$$L = \overline{A}\,\overline{B}\,\overline{C} + \overline{A}B + \overline{B} = \overline{A}B + \overline{B} \text{（吸收律）}$$
$$= \overline{A} + \overline{B} \text{（消因子）}$$

(3) 根据最简表达式，列出真值表，真值表见表 3-2。

表 3-2 例 3-2 真值表

A	B	C	L
0	0	0	1
0	0	1	1
0	1	0	1
0	1	1	1
1	0	0	1
1	0	1	1
1	1	0	0
1	1	1	0

（4）根据真值表和表达式，确定电路的逻辑功能。

电路的逻辑功能：电路的输出 L 只与输入 A、B 有关，而与输入 C 无关。L 和 A、B 的逻辑关系为：只要 A、B 中一个为 0，$L=1$；A、B 全为 1 时，$L=0$。所以 L 和 A、B 的逻辑关系为与非运算的关系，可以用与非门来实现该功能。

3.2 组合逻辑电路的设计方法

组合逻辑电路的设计，就是根据逻辑功能的要求，设计出能够实现该功能的电路，其过程跟组合逻辑电路的分析过程相反。电路设计的首要任务是完成逻辑功能要求，在此基础上，还要尽可能优化，如使用指定器件、降低成本、提高响应速度等。根据采用的器件不同，组合逻辑电路设计可采用小规模集成电路设计，也可以采用中、大规模集成电路设计，本书只介绍采用小规模集成电路的设计方法。

3.2.1 组合逻辑电路的设计方法

组合逻辑电路的设计过程一般如下：
（1）根据所给逻辑要求，确定实际问题的逻辑功能，确定输入、输出变量；
（2）根据所给逻辑功能要求，列出真值表；
（3）根据真值表写出逻辑表达式；
（4）简化和变换逻辑表达式；
（5）根据表达式画出逻辑电路图。

下面以例题形式说明组合逻辑电路的设计过程。

3.2.2 组合逻辑电路设计举例

【例 3-3】设计三人表决电路（A、B、C）。每人一个按键，如果同意则按下，不同意则不按。结果用指示灯表示，多数同意时指示灯亮，否则不亮。

（1）根据所给逻辑要求，确定实际问题的逻辑功能，确定输入、输出变量。

逻辑假设输入变量为三个按键 A、B、C，按下时为"1"，不按时为"0"。输出量为 L，多数赞成时是"1"，否则是"0"。

(2）根据所给逻辑功能要求，列出真值表，真值表见表3-3。

表3-3　例3-3真值表

A	B	C	L
0	0	0	0
0	0	1	0
0	1	0	0
0	1	1	1
1	0	0	0
1	0	1	1
1	1	0	1
1	1	1	1

（3）根据真值表写出逻辑表达式：

$$L = \sum m(3,5,6,7)$$

（4）利用卡诺图简化和变换逻辑表达式；

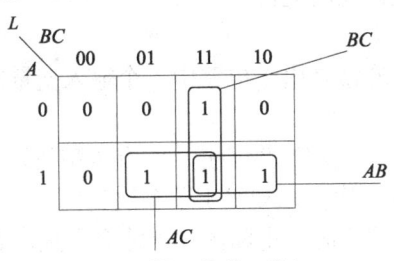

$$L = AB + BC + CA$$

（5）根据表达式画出逻辑电路图，如图3-4（a）所示。

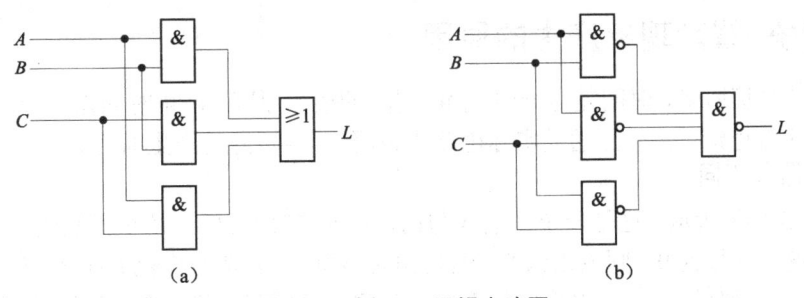

图3-4　例3-3逻辑电路图
（a）根据最简表达式搭建的逻辑电路图；（b）指定与非门搭建的逻辑电路图

对于例题3-3，如果按最简表达式直接画出其逻辑电路图，则需要三个与门，一个或门。在此基础上，如果对表达式进行适当的变换，则可减少门的种类，降低电路成本，达到优化的目的。

由 $L = AB + BC + CA$，得 $L = \overline{\overline{AB + BC + AC}} = \overline{\overline{AB} \cdot \overline{CB} \cdot \overline{AC}}$，可见，电路只要与非门即可实现，具体电路如图3-4（b）所示。

上面介绍的组合逻辑电路设计过程中，对逻辑函数进行化简时，通常采用代数法或卡诺图法，这样得到的最终表达式为与或式。在实际电路设计中，有时需要根据所指定的芯片进行优化，比如例题3-3中，若指定使用与非门实现，则只能采取图3-4（b）中的逻辑电路图，这就需要根据要求对最简式进行变换。通常而言，相同输入端的与非门要比与门、或门的速度快，所以采用与非门的性能要优于与门—或门的组合。

3.3 组合逻辑电路中的竞争-冒险

在门电路学习中提到过逻辑门在实际使用时存在时间延迟，信号从输入到输出是需要一定时间的，而且每个逻辑门的延迟时间并不一致。前面的组合电路分析与设计中，均未考虑时间延迟对电路的影响。下面介绍组合电路中存在的竞争-冒险。

3.3.1 组合逻辑电路中的竞争-冒险现象

在实际的电路中，由于信号从输入到输出过程经过的路径不同，或者各个门电路自身的延时不同，导致各信号到达输出级的时间不同。因此，在信号变化的瞬间，电路的逻辑功能就会与稳态时不同，产生输出错误，这种现象称为电路的竞争-冒险现象。一般将信号的时间差称为"竞争"，由于竞争使逻辑电路产生错误输出，所以被称为"冒险"。组合逻辑电路中的冒险可分为逻辑冒险和功能冒险两类。

1. 逻辑冒险

由逻辑竞争引起的冒险，通常是由于电路中一个输入变量发生变化，引起的输出端出现毛刺的现象。逻辑冒险又可分为：

（1）静态冒险。输出本应不变却发生了变化，有 1 型冒险和 0 型冒险两种。

（2）动态冒险。输出本应一次变化却发生了多次变化。

只有当电路前级产生静态冒险时，电路的输出才会产生动态冒险。

2. 功能冒险

当电路中多个输入变量发生变化时，输出端出现毛刺的现象。

3.3.2 竞争-冒险现象产生的原因

正如本节开篇所讲，时间差是导致竞争-冒险的根本原因。产生时间差的原因有：信号路径不同、器件自身延时。下面通过实际电路来说明竞争-冒险的产生原因。

1. 信号路径不同

如图 3-5（a）所示，这是一个二输入与门，输入信号有 A、B 两个不同的信号。稳态时，只要有一路输入信号为 0，则输出为 0。但是如果出现 A、B 信号变化如图 3-5（b）所示时，输出将会有一小段时间的不稳定输出。不仅是与门，其他门电路也会有这种情况。

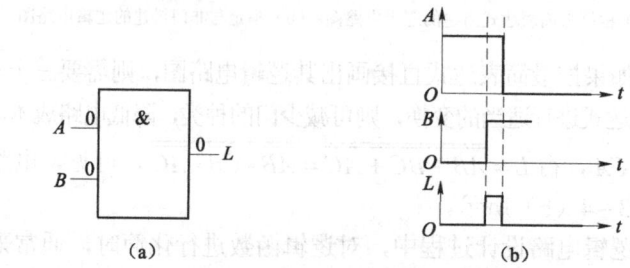

图 3-5 信号延时导致竞争-冒险
(a) 逻辑电路；(b) 工作波形

2. 器件自身延时。如图 3-6（a）所示，由于信号 A 分别是直接、经过非门后加在与门输入端。虽然输入信号只有一个，但是由于门电路的延迟，加在与门上的信号会出现如图 3-6（b）所示的情况，从而导致输出发生一小段时间的错误。

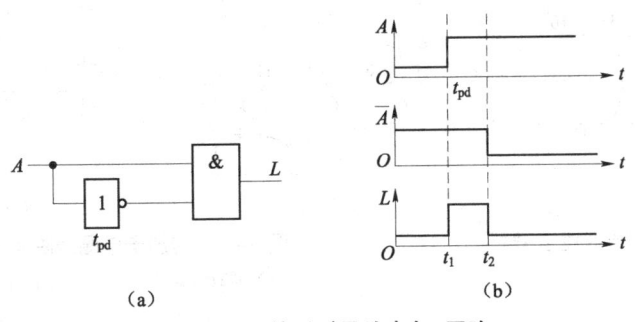

图 3-6 器件延时导致竞争-冒险
（a）逻辑电路；（b）工作波形

由上述例子可以看到，竞争是逻辑电路不可避免的现象。下面介绍竞争-冒险现象的判断。

3.3.3 竞争-冒险现象的判断

电路是否存在竞争-冒险现象，常用代数法、卡诺图两种方法判断。当然也可以采用实验法，用示波器观察输出波形是否有毛刺；或者用计算机辅助分析的手段检查复杂的数字系统，本节重点介绍代数法和卡诺图法。

1. 代数法

检查表达式是否存在某个变量 A，它同时以原变量和反变量的形式出现。如果上述现象存在，则检查表达式是否可在一定条件下成为 $A+\overline{A}$ 或 $A \cdot \overline{A}$ 的形式。若能，则说明与函数表达式对应的电路可能产生竞争-冒险现象。例如 $L=\overline{A}C+\overline{A}B+AC$，式中 A、C 均有互补情况，当 $B=C=1$ 时，A 的变化可能使电路产生竞争-冒险现象。

2. 卡诺图法

观察逻辑函数卡诺图中是否存在"相切"的卡诺圈，若存在，则可能产生竞争-冒险现象。$L = B\overline{C} + A\overline{C} + \overline{A}CD$ 的卡诺图如图 3-7 所示。由于 $\overline{A}BCD$ 和 $\overline{A}B\overline{C}D$ 不在一个卡诺圈内，因此当 $B=D=1$，$A=0$ 时（此时 $L=C+\overline{C}$），电路可能由于 C 的变化而产生竞争-冒险现象。

3.3.4 消除竞争-冒险现象的方法

毛刺会使敏感的电路（如触发器）误动作，因此，设计组合电路时要采取措施加以避免。常用的办法有：

（1）修改逻辑设计，增加冗余项。

在表达式中"加"上多余的"与项"或者"乘"上多余的"或项"，使原函数不可能在某种条件下成为 $A+\overline{A}$ 或者 $A \cdot \overline{A}$ 的形式。

① 利用定理：$L=AC+B\overline{C}$，当 $A=B=1$ 时，$L=C+\overline{C}$ 可能会由于 C 出现竞争-冒险。若利用吸收律将表达式写成 $L=AC+B\overline{C}+AB$，当 $A=B=1$ 时，$L=C+\overline{C}+1=1$，消除了出现竞争-冒险的可能。

② 卡诺图中增加卡诺圈以消除"相切"：$L = \overline{A}C + AB$ 的卡诺图如图 3-8（a）所示，可见有相切的卡诺圈。若增加一个卡诺圈如图 3-8（b）所示，则表达式变为 $L = \overline{A}C + AB + BC$，消除了竞争-冒险的可能性。

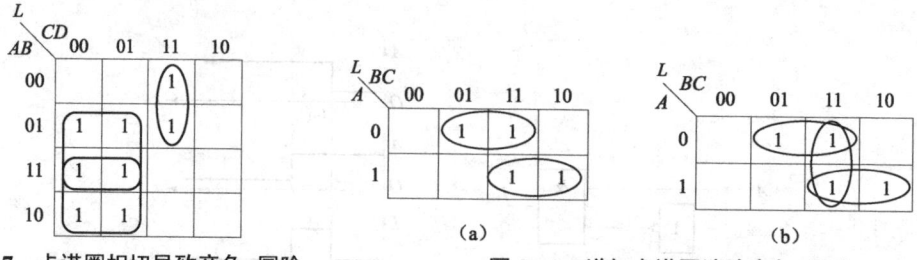

图 3-7 卡诺圈相切导致竞争-冒险

图 3-8 增加卡诺圈消除竞争-冒险
（a）原有卡诺图；（b）修改后卡诺图

（2）增加惯性延时环节。

在电路的输出端连接一个惯性延时环节，通常是 RC 滤波器，如图 3-9（a）所示。使用此方法时要适当选择时间常数（$\tau = RC$），要求 τ 足够大，以便"削平"尖脉冲，如图 3-9（b）所示；但又不能太大，以免使正常的输出发生畸变。

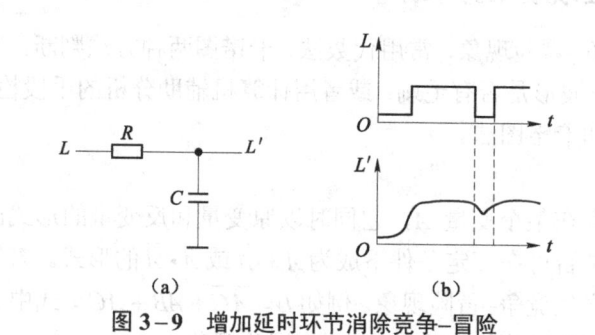

图 3-9 增加延时环节消除竞争-冒险
（a）电路；（b）波形图

（3）加选通脉冲。

在电路的输入端引入选通脉冲，使静态时电路工作，动态时电路封锁。如图 3-10 所示，先使 $E=0$，关闭与非门，等 A、B 信号都来到后，让 $E=1$，得到可靠输出。

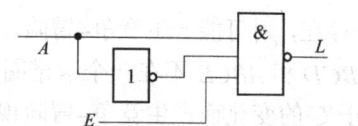

图 3-10 增加选通环节消除竞争-冒险

3.4　常用的集成组合逻辑电路

随着半导体制作工艺的发展，许多常用的组合逻辑电路如全加器、编码器、译码器、数据选择器等以集成芯片的形式出现。这些典型的组合逻辑电路经常被当作基本模块使用，对它们的分析，不再是研究电路中每个元件的作用，而是用其功能表和功能描述，去理解该器件所实现的逻辑功能。下面将介绍几种常见的组合逻辑电路的工作原理及其应用。

3.4.1 加法器

加法器是计算机中不可缺少的组成单元,应用十分广泛。

1. 1位半加器及全加器

能对两个1位二进制数进行相加而求得和及进位的逻辑电路称为半加器。半加器只考虑两个1位二进制数的相加,而不考虑来自低位的进位数。

相对于半加器,全加器指的是能对两个1位二进制数进行相加并考虑低位来的进位,即相当于3个1位二进制数相加,求得和及进位的逻辑电路。

根据全加器的功能,进行变量假设。

A_i、B_i:加数、被加数。C_{i-1}:低位来的进位。S_i:本位的和。C_i:向高位的进位。

全加器真值表见表3-4。

表3-4 全加器真值表

A_i	B_i	C_{i-1}	S_i	C_i
0	0	0	0	0
0	0	1	1	0
0	1	0	1	0
0	1	1	0	1
1	0	0	1	0
1	0	1	0	1
1	1	0	0	1
1	1	1	1	1

根据真值表写出输出变量的表达式:

$$S_i = (A_i\overline{B_i} + \overline{A_i}B_i)\overline{C}_{i-1} + (\overline{A_i}\,\overline{B_i} + A_iB_i)C_{i-1} = A_i \oplus B_i \oplus C_{i-1}$$

$$C_i = (\overline{A_i}B_i + A_i\overline{B_i})C_{i-1} + A_iB_i = (A_i \oplus B_i)C_{i-1} + A_iB_i$$

用基本门器件搭建的逻辑电路如图3-11(a)所示,其图形符号如图3-11(b)所示。

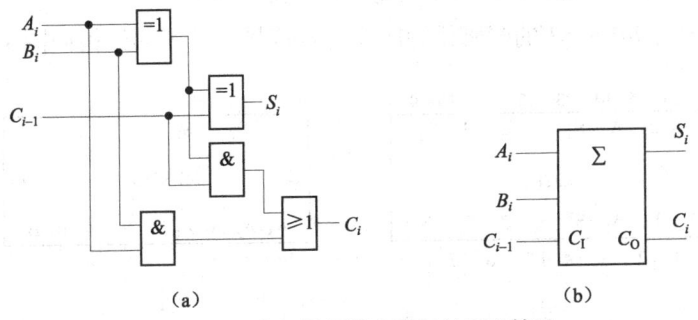

图3-11 全加器逻辑电路及其图形符号
(a)逻辑电路;(b)图形符号

2. 多位串行加法器

由多个 1 位全加器可以构成多位全加器。图 3-12 所示为由四个 1 位全加器构成的四位串行进位全加器。

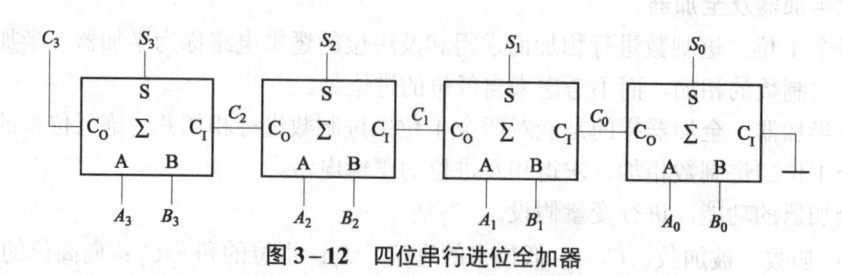

图 3-12 四位串行进位全加器

把 n 位全加器串联起来，低位全加器的进位输出连接到相邻的高位全加器的进位输入。由于高位的相加结果，必须等到低位的进位信号产生后才能建立，所以这种结构称为逐位进行加法器或串行进位加法器。显然，这种加法器的速度并不快。

为了提高运算速度，必须减少由于进位信号传递的时间，也就是并行进位加法器，又称超前进位加法器。

3. 多位并行加法器

并行加法器是在 1 位全加器的基础上，定义两个中间变量 G_i、P_i，将进位信号表述为

$$C_i = P_i C_{i-1} + G_i = (A_i \oplus B_i) C_{i-1} + A_i B_i \tag{3-1}$$

当 $A_i = B_i = 1$ 时，产生进位信号，所以 G_i 称为进位产生项。若 $A_i B_i = 0$，根据式（3-1）可知，$C_i = C_{i-1}$，此时 $P_i = 1$，称为进位传输项。如果仍然要实现四位二进制加法，则对应的四个进位位表达式为

$$\begin{cases} C_0 = A_0 B_0 + (A_0 \oplus B_0) G_I = G_0 + P_0 C_I \\ C_1 = G_1 + P_1 C_0 = G_1 + P_1 G_0 + P_1 P_0 C_I \\ C_2 = G_2 + P_2 C_1 = G_2 + P_2 G_1 + P_2 P_1 G_0 + P_2 P_1 P_0 C_I \\ C_3 = G_3 + P_3 C_2 = G_3 + P_3 G_2 + P_3 P_2 G_1 + P_3 P_2 P_1 G_0 + P_3 P_2 P_1 P_0 C_I \end{cases} \tag{3-2}$$

通过式（3-1）和式（3-2）可见，产生的进位位只与两个加数有关，可以并行产生。74LS283、CD4008 等都是集成二进制 4 位超前进位加法器。

图 3-13 所示为 74LS283 的管脚排列图及逻辑符号，其内部结构如图 3-14 所示。

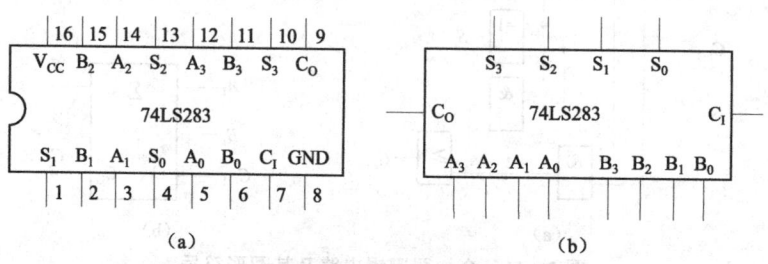

图 3-13 74LS283 的管脚排列图及逻辑符号
(a) 管脚排列图；(b) 逻辑符号

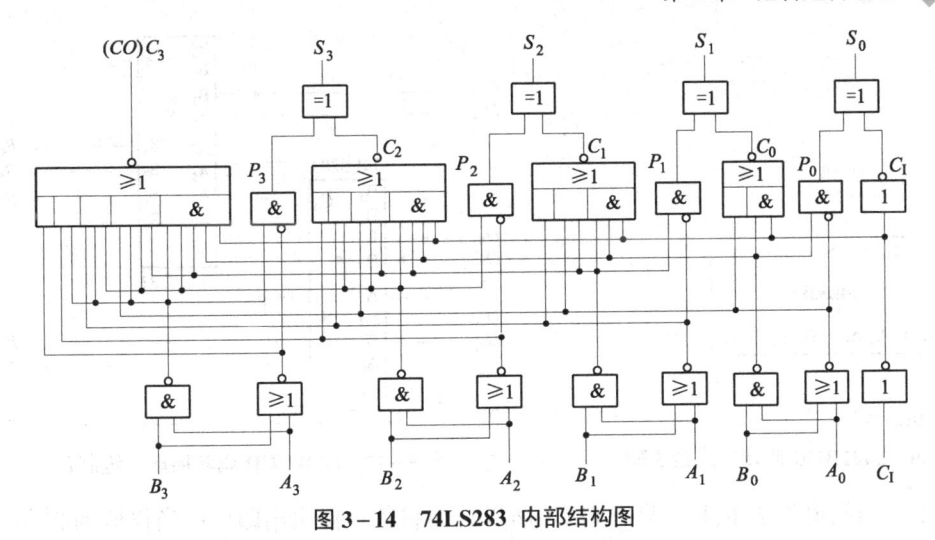

图 3-14 74LS283 内部结构图

从内部结构图 3-14 可以看出，参与运算的只有 4 位二进制加数，进位位由单独的组合门电路产生，相对于串行加法器而言，速度更快。并行加法器的应用如下：

（1）利用两片 74LS283 实现 8 位二进制全加。

用两片 74LS283 组成的 8 位二进制数加法电路如图 3-15 所示。该电路的级联是串行进位方式，低片的进位输出连接到高片的进位输入。这种连接方式的缺点是：当级联数目增加时，运算速度会下降。

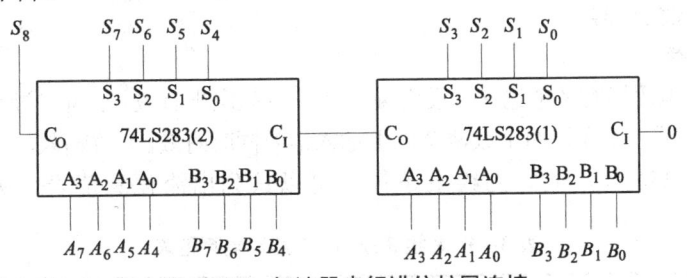

图 3-15 加法器串行进位扩展连接

（2）利用 74LS283 将 8421BCD 码转换成余 3 码。

第 1 章码制变换中学习了余 3 码和 8421BCD 码的关系：余 3 码 = 8421BCD + 0011，根据两者关系搭建电路图，如图 3-16 所示。

（3）用全加器 74LS283 实现 2 位 8421BCD 码向二进制码的转换。

分析：2 位 8421BCD 码按权展开：

$$D = D_{18} \times 80 + D_{14} \times 40 + D_{12} \times 20 + D_{11} \times 10 + D_{08} \times 8 + D_{04} \times 4 + D_{02} \times 2 + D_{01} \times 1 \quad (3-3)$$

式中，80 可以拆为 64+16，40 可以拆为 32+8，20 可以拆为 16+4，10 可以拆为 8+2，则式（3-3）可以写成：

$$D = D_{18} \times 64 + D_{14} \times 32 + (D_{18} + D_{12}) \times 16 + (D_{14} + D_{11} + D_{08}) \times 8 + (D_{12} + D_{04}) \times 4 + (D_{11} + D_{02}) \times 2 + D_{01} \times 1$$

$$= D_{18} \times 2^6 + D_{14} \times 2^5 + (D_{18} + D_{12}) \times 2^4 + (D_{14} + D_{11} + D_{08}) \times 2^3 + (D_{12} + D_{04}) \times 2^2 + (D_{11} + D_{02}) \times 2^1 + D_{01} \times 2^0$$

上式说明，码制变换可以看作是七位二进制数的加法运算。其逻辑电路图如图 3-17 所示。

图 3-16　8421BCD 码转换成余 3 码

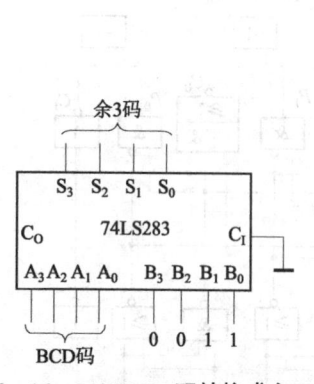

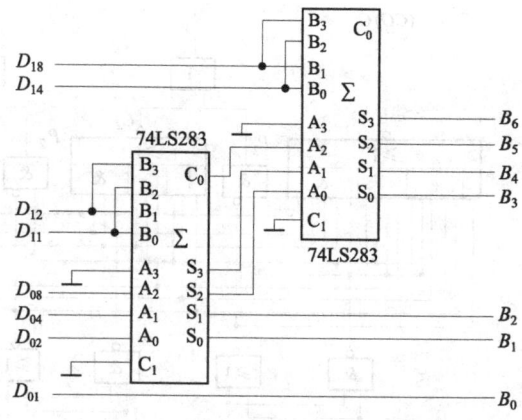

图 3-17　8421BCD 码转换成二进制码

其中，当权值为 2^0 位时，只有 D_{01}，所以只要将其直接引出即可；当权值为 2^1 位时，要进行 D_{11} 和 D_{02} 的加法运算，所以将其接在加法器的最低位上，其余系数以此类推。

3.4.2　编码器

编码是用符号或数字表示特定对象的过程。实现编码操作的电路被称为编码器。数字系统中存储或处理的信息，通常是由二进制码表示的，用一个二进制代码表示特定含义的信息，称为编码。编码器可分为普通编码器、优先编码器和集成编码器。下面分别介绍普通编码器、优先编码器及集成编码器。

1. 普通编码器

8 线/3 线一般编码器有 8 个输入：设为 $A_0 \sim A_7$，且高电平有效。3 位二进制代码输出：设为 L_2、L_1、L_0。约束关系：不允许两个或两个以上输入信号同时有效。8 位输入，其组合为 $2^8 = 256$ 种，真值表应有 256 行，但因为约束条件，可以只列出简化真值表，见表 3-5。

表 3-5　8 线/3 线 $A_i = 1$ 编码器真值表

A_0	A_1	A_2	A_3	A_4	A_5	A_6	A_7	L_2	L_1	L_0
1	0	0	0	0	0	0	0	0	0	0
0	1	0	0	0	0	0	0	0	0	1
0	0	1	0	0	0	0	0	0	1	0
0	0	0	1	0	0	0	0	0	1	1
0	0	0	0	1	0	0	0	1	0	0
0	0	0	0	0	1	0	0	1	0	1
0	0	0	0	0	0	1	0	1	1	0
0	0	0	0	0	0	0	1	1	1	1

由真值表写表达式：

$L_2 = A_4 \overline{A_0} \overline{A_1} \overline{A_2} \overline{A_3} \overline{A_5} \overline{A_6} \overline{A_7} + A_5 \overline{A_0} \overline{A_1} \overline{A_2} \overline{A_3} \overline{A_4} \overline{A_6} \overline{A_7} + A_6 \overline{A_0} \overline{A_1} \overline{A_2} \overline{A_3} \overline{A_4} \overline{A_5} \overline{A_7} + A_7 \overline{A_0} \overline{A_1} \overline{A_2} \overline{A_3} \overline{A_4} \overline{A_5} \overline{A_6}$

$L_1 = A_2 \overline{A_0} \overline{A_1} \overline{A_3} \overline{A_4} \overline{A_5} \overline{A_6} \overline{A_7} + A_3 \overline{A_0} \overline{A_1} \overline{A_2} \overline{A_4} \overline{A_5} \overline{A_6} \overline{A_7} + A_6 \overline{A_0} \overline{A_1} \overline{A_2} \overline{A_3} \overline{A_4} \overline{A_5} \overline{A_7} + A_7 \overline{A_0} \overline{A_1} \overline{A_2} \overline{A_3} \overline{A_4} \overline{A_5} \overline{A_6}$

$$L_0 = A_1\overline{A_0}\,\overline{A_2}\,\overline{A_3}\,\overline{A_4}\,\overline{A_5}\,\overline{A_6}\,\overline{A_7} + A_3\overline{A_0}\,\overline{A_1}\,\overline{A_2}\,\overline{A_4}\,\overline{A_5}\,\overline{A_6}\,\overline{A_7} + A_5\overline{A_0}\,\overline{A_1}\,\overline{A_2}\,\overline{A_3}\,\overline{A_4}\,\overline{A_6}\,\overline{A_7} + A_7\overline{A_0}\,\overline{A_1}\,\overline{A_2}\,\overline{A_3}\,\overline{A_4}\,\overline{A_5}\,\overline{A_6}$$

对于上述表达式,附加约束条件:不允许两个或两个以上输入信号同时有效,即

$$A_0 = \overline{A_1 + A_2 + A_3 + A_4 + A_5 + A_6 + A_7} = \overline{A_1}\,\overline{A_2}\,\overline{A_3}\,\overline{A_4}\,\overline{A_5}\,\overline{A_6}\,\overline{A_7}$$

...

$$A_7 = \overline{A_0 + A_1 + A_2 + A_3 + A_4 + A_5 + A_6} = \overline{A_0}\,\overline{A_1}\,\overline{A_2}\,\overline{A_3}\,\overline{A_4}\,\overline{A_5}\,\overline{A_6}$$

将上述约束条件代入表达式,有 $L_2 = A_4 + A_5 + A_6 + A_7$

$$L_1 = A_2 + A_3 + A_6 + A_7$$

$$L_0 = A_1 + A_3 + A_5 + A_7$$

8 线/3 线编码器逻辑电路如图 3-18 所示。

2. 优先编码器

在多个信息同时输入时,只对输入中优先级别最高的信号进行编码,这种编码器称为优先编码器。在优先编码器中优先级别高的信号排斥级别低的,具有单方面排斥的特性。

某火车站,有特快、快车、普快三种列车请求发车信号,试设计发车信号电路。

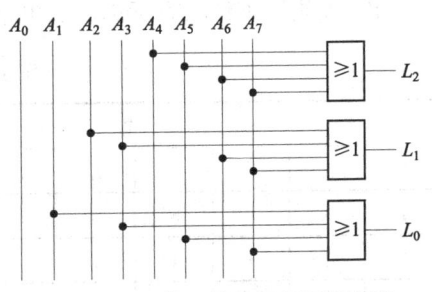

图 3-18 8 线/3 线编码器逻辑电路

分析:该逻辑关系含有输入变量:

特快请求信号 A,高电平有效;

快车请求信号 B,高电平有效;

普快请求信号 C,高电平有效;

输出变量:特快、快车、普快发车信号为 L_2、L_1、L_0,高电平有效。

特快优先级高于快车、普快。

根据逻辑关系,列出发车信号真值表,见表 3-6。

表 3-6 发车信号真值表

A	B	C	L_2	L_1	L_0
0	0	0	0	0	0
0	0	1	0	0	1
0	1	0	0	1	0
0	1	1	0	1	0
1	0	0	1	0	0
1	0	1	1	0	0
1	1	0	1	0	0
1	1	1	1	0	0

由真值表写表达式:

$$L_2 = A$$

$$L_1 = \overline{A}B$$

$$L_0 = \overline{A}\ \overline{B}C$$

发车信号逻辑电路图如图3-19所示。

3. 集成编码器

集成编码器多为优先编码器，常用的中规模集成优先编码器有8线/3线优先编码器74LS148、CD4532，10线/4线优先编码器74LS147、CD40147等。

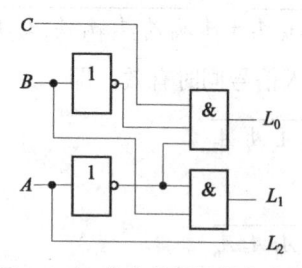

图3-19 发车信号逻辑电路图

下面介绍常用的8线/3线优先编码器74LS148。表3-7所示为74LS148的功能表，74LS148的管脚排列及逻辑符号如图3-20所示。这是一个16管脚的集成芯片，它有8个输入，低电平有效，高位优先；3位输出，反码输出；3个使能端：当$\overline{S}$使能端有效时，允许编码，否则禁止编码；Y_S使能输出端；$\overline{Y_{EX}}$编码器工作状态标志，高电平时本片未编码，否则表示本片已编码。

表3-7 74LS148的功能表

			输	入							输	出	
$\overline{S}$	$\overline{I_0}$	$\overline{I_1}$	$\overline{I_2}$	$\overline{I_3}$	$\overline{I_4}$	$\overline{I_5}$	$\overline{I_6}$	$\overline{I_7}$	$\overline{Y_2}$	$\overline{Y_1}$	$\overline{Y_0}$	$\overline{Y_{EX}}$	Y_S
1	×	×	×	×	×	×	×	×	1	1	1	1	1
0	1	1	1	1	1	1	1	1	1	1	1	1	0
0	×	×	×	×	×	×	×	0	0	0	0	0	1
0	×	×	×	×	×	×	0	1	0	0	1	0	1
0	×	×	×	×	×	0	1	1	0	1	0	0	1
0	×	×	×	×	0	1	1	1	0	1	1	0	1
0	×	×	×	0	1	1	1	1	1	0	0	0	1
0	×	×	0	1	1	1	1	1	1	0	1	0	1
0	×	0	1	1	1	1	1	1	1	1	0	0	1
0	0	×	×	×	×	×	×	×	1	1	1	0	1

图3-20 74LS148的管脚排列及逻辑符号
(a) 管脚排列；(b) 逻辑符号

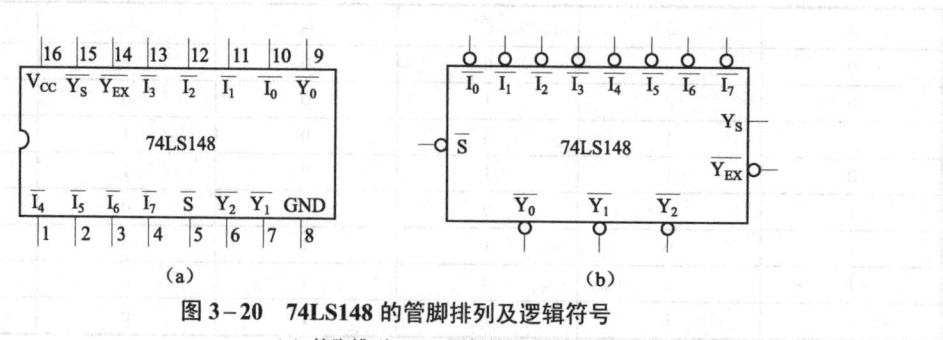

由功能表和管脚排列图可以看出，74LS148可以将8个输入量编码成三位二进制数，输入低电平有效，输出以反码形式出现；其中的$\overline{I_7}$具有最高优先级，$\overline{I_0}$是最低优先级。当具有

较高优先级的信号和具有较低优先级的信号同时出现时,只对较高优先级信号进行编码。

利用 $\overline{S}$ 和 Y_S,可以将多片 74LS148 级联,实现更多信号编码,且不需要外接电路。图 3-21 所示为两片 74LS148 级联后扩展成的 16 线/4 线优先编码器。

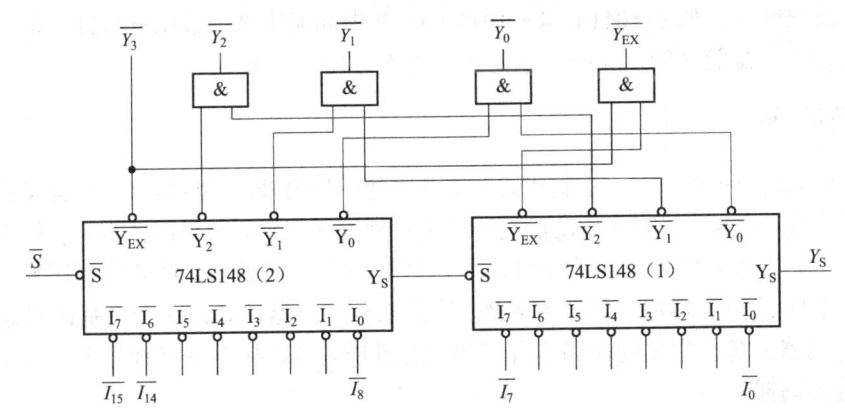

图 3-21 两片 74LS148 级联后扩展成 16 线/4 线优先编码器

工作原理:

当片 2 的输入端没有信号输入,即 $\overline{I_8} \sim \overline{I_{15}}$ 全为 1 时,本片的 $\overline{Y_{EX}}=1$(即 $\overline{Y_3}=1$),$Y_S=0$(即片 1 的 $\overline{S}=0$),片 1 处于允许编码状态。设此时 $\overline{I_5}=0$,则片 1 的输出为 $\overline{Y_2}\,\overline{Y_1}\,\overline{Y_0}=010$,由于片 2 输出 $\overline{Y_2}\,\overline{Y_1}\,\overline{Y_0}=111$,所以总输出 $\overline{Y_3}\,\overline{Y_2}\,\overline{Y_1}\,\overline{Y_0}=1010$。

当片 2 有信号输入,$Y_S=1$(即片 1 的 $\overline{S}=1$)时,片 1 处于禁止编码状态。设此时 $\overline{I_{12}}=0$(即片 2 的 $\overline{I_4}=0$),则片 2 的输出为 $\overline{Y_2}\,\overline{Y_1}\,\overline{Y_0}=011$,且 $\overline{Y_{EX}}=0$。由于片 1 输出 $\overline{Y_2}\,\overline{Y_1}\,\overline{Y_0}=111$,所以总输出 $\overline{Y_3}\,\overline{Y_2}\,\overline{Y_1}\,\overline{Y_0}=0011$。

还可以利用一些门电路和 74LS148 一起组成 8421BCD 编码器,其电路如图 3-22 所示。

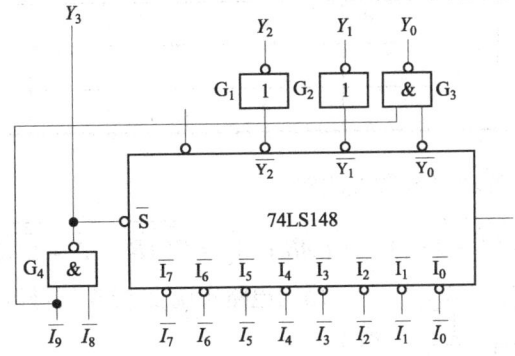

图 3-22 由门电路和 74LS148 组成的 8421BCD 编码器的电路

工作原理:

当 $\overline{I_9}$、$\overline{I_8}$ 无输入(即 $\overline{I_9}$、$\overline{I_8}$ 均为高电平)时,与非门 G_4 的输出 $Y_3=0$,同时使 74LS148 的 $\overline{S}=0$,允许 74LS148 工作,74LS148 对输入 $\overline{I_7} \sim \overline{I_0}$ 进行编码。如果此时 $\overline{I_5}=0$,则 $\overline{Y_2}\,\overline{Y_1}\,\overline{Y_0}=010$,经门 G_1、G_2、G_3 处理后,$Y_2 Y_1 Y_0=101$,所以总输出 $Y_3 Y_2 Y_1 Y_0=0101$ 是 5 的 8421BCD 码。

当 $\overline{I_9}$ 或 $\overline{I_8}$ 有输入(低电平)时,与非门 G_4 的输出 $Y_3=1$,同时使 74LS148 的 $\overline{S}=1$,禁止 74LS148 工作,使 $\overline{Y_2}\,\overline{Y_1}\,\overline{Y_0}=111$。如果此时 $\overline{I_9}=0$,总输出 $Y_3 Y_2 Y_1 Y_0=1001$;如果 $\overline{I_8}=0$,总

输出 $Y_3Y_2Y_1Y_0=1000$，得到 9 和 8 的 8421BCD 码。

除了二进制编码器，编码器还有二—十进制编码器，集成二—十进制编码器常称 10 线/4 线编码器，例如 74LS147。它有 9 个输入端，代表 1～9 九个数字，低位有效，高位优先；4 个输出端，反码输出。如 9→0110，4→1011；1～9 中如无申请，输出→1111，表示数字 0 的编码，即 0 的编码是隐含的，无控制端，扩展时不方便。

3.4.3 译码器

译码，是编码逆过程，将二进制代码的原意"翻译"出来，即将具有特定含义的二进制码转换成对应的输出信号。具有译码功能的逻辑电路称为译码器。若译码器有 n 个输入信号和 N 个输出信号，如果 $N=2^n$，就称为全译码器，常见的全译码器有 2 线/4 线译码器、3 线/8 线译码器、4 线/16 线译码器等。如果 $N<2^n$，称为部分译码器，如二—十进制译码器（也称作 4 线/10 线译码器）等。常见的译码器有三类：变量译码器、码制变换译码器、显示译码器。

1. 变量译码器

对于输入的每一组变量，都有对应的一个输出线有信号表示，即该译码器可以从输出端得到输入变量的状态，下面以 2 线/4 线译码器为例，介绍该译码器的工作原理。

输入变量 A、B 共有四种组合，所以，译码器有四个输出信号，令输出低电平有效。假设输入有使能控制端 $\overline{EI}$，当使能端为 1 时，根据译码规则写出真值表，见表 3-8。

表 3-8 2 线/4 线译码器真值表

输入			输出			
$\overline{EI}$	A	B	$\overline{Y_3}$	$\overline{Y_2}$	$\overline{Y_1}$	$\overline{Y_0}$
1	×	×	1	1	1	1
0	0	0	1	1	1	0
0	0	1	1	1	0	1
0	1	0	1	0	1	1
0	1	1	0	1	1	1

由真值表 3-8 可写出各输出函数表达式：

$$\overline{Y_0}=\overline{\overline{EI}\ \overline{A}\overline{B}}\ ;\quad \overline{Y_1}=\overline{\overline{EI}\ \overline{A}B}\ ;\quad \overline{Y_2}=\overline{\overline{EI}A\overline{B}}\ ;\quad \overline{Y_3}=\overline{\overline{EI}AB}$$

用门电路实现 2 线/4 线译码器的逻辑电路如图 3-23 所示。

常用的集成变量译码器有 2 线/4 线译码器，如：74LS139、CD4556；3 线/8 线译码器有 74LS138，4 线/16 线译码器有 74LS154 等。本书以 74LS138 为例，介绍其功能和应用。

74LS138 是一种典型的二进制译码器。它有 3 个输入端 A_2、A_1、A_0，8 个输出端 $\overline{Y_0}\sim\overline{Y_7}$，所以常称为 3 线/8 线译码器，输出为低电平有效，$\overline{S_1}$、$\overline{S_2}$、$\overline{S_3}$ 为使能输入

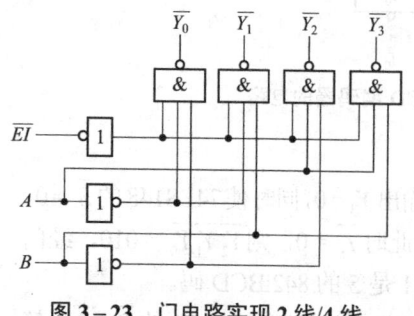

图 3-23 门电路实现 2 线/4 线译码器的逻辑电路

端。图 3-24 所示为 74LS138 的管脚排列及逻辑符号，表 3-9 所示为 74LS138 的功能表。

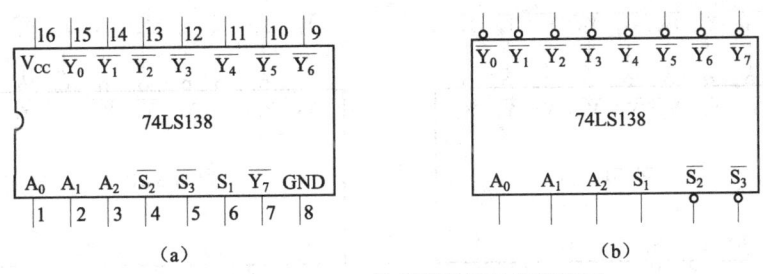

图 3-24 74LS138 的管脚排列及逻辑符号
(a) 管脚排列；(b) 逻辑符号

表 3-9 74LS138 的功能表

S_1	$\overline{S_2}$	$\overline{S_3}$	A_2	A_1	A_0	$\overline{Y_0}$	$\overline{Y_1}$	$\overline{Y_2}$	$\overline{Y_3}$	$\overline{Y_4}$	$\overline{Y_5}$	$\overline{Y_6}$	$\overline{Y_7}$
×	1	×	×	×	×	1	1	1	1	1	1	1	1
×	×	1	×	×	×	1	1	1	1	1	1	1	1
0	×	×	×	×	×	1	1	1	1	1	1	1	1
1	0	0	0	0	0	0	1	1	1	1	1	1	1
1	0	0	0	0	1	1	0	1	1	1	1	1	1
1	0	0	0	1	0	1	1	0	1	1	1	1	1
1	0	0	0	1	1	1	1	1	0	1	1	1	1
1	0	0	1	0	0	1	1	1	1	0	1	1	1
1	0	0	1	0	1	1	1	1	1	1	0	1	1
1	0	0	1	1	0	1	1	1	1	1	1	0	1
1	0	0	1	1	1	1	1	1	1	1	1	1	0

从功能表及逻辑符号可以看出，该芯片有 3 个使能端 S_1、$\overline{S_2}$、$\overline{S_3}$，只要三个使能端之中有一个无效，则没有译码信号输出（有效译码输出信号为低电平）；当 S_1、$\overline{S_2}$、$\overline{S_3}$ 都有效时，3 个变量输入端 A_2、A_1、A_0（有时写作 ABC）的每一种组合，都有 8 个输出端 $\overline{Y_0} \sim \overline{Y_7}$ 中的一个被低译中（低电平有效）。该芯片的典型应用如下：

(1) 译码器的扩展。

利用译码器的使能端可以方便地扩展译码器的容量。如图 3-25 所示，将两片 74LS138 扩展为 4 线/16 线译码器。

其工作原理为：当 $E=1$ 时，两个译码器都禁止工作，输出全 1；当 $E=0$ 时，译码器工作。这时，如果 $A_3=0$，高位片禁止，低位片工作，输出 $\overline{Y_0} \sim \overline{Y_7}$ 由输入二进制代码 $A_2A_1A_0$ 决定；如果 $A_3=1$，低位片禁止，高位片工作，输出 $\overline{Y_8} \sim \overline{Y_{15}}$ 由输入二进制代码 $A_2A_1A_0$ 决定，从而实现了 4 线/16 线译码器功能。

(2) 实现组合逻辑电路。

由译码器功能表可知，译码器的每个输出端分别与一个最小项相对应，因此辅以适当的门电路便可实现组合逻辑函数。

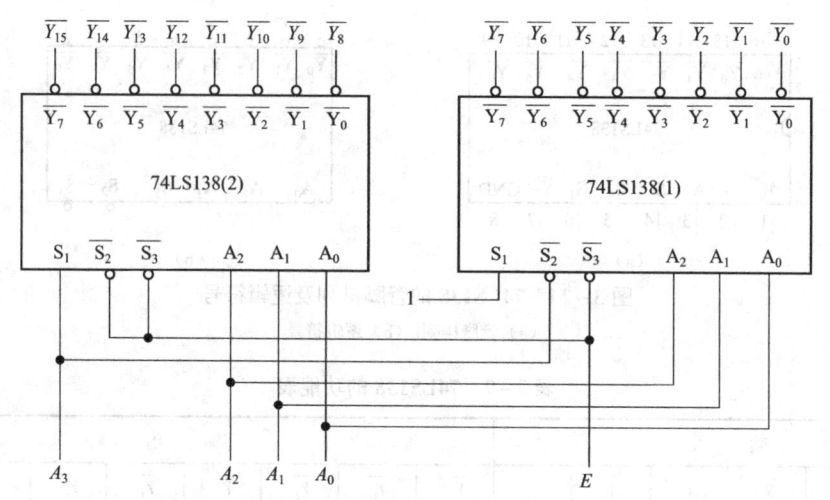

图 3-25 利用 74LS138 实现 4 线/16 线译码器功能

【例 3-4】 试用译码器和门电路实现逻辑函数
$$L = AB + BC + AC$$

解：① 将逻辑函数转换成最小项表达式，再转换成与非—与非形式。
$$L = \overline{A}BC + A\overline{B}C + AB\overline{C} + ABC = m_3 + m_5 + m_6 + m_7$$
$$= \overline{\overline{m_3} \cdot \overline{m_5} \cdot \overline{m_6} \cdot \overline{m_7}}$$

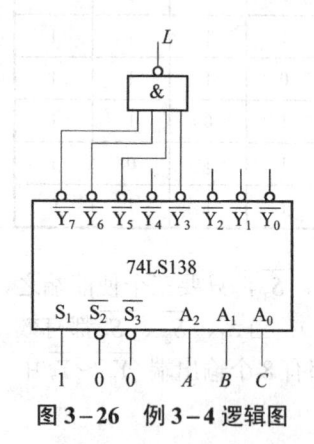

② 该函数有三个变量，所以选用 3 线/8 线译码器 74LS138。

用一片 74LS138 加一个与非门就可实现逻辑函数 L，其逻辑图如图 3-26 所示。

（3）构成数据分配器。

数据分配器是将一路输入数据根据地址选择码分配给多路数据输出中的某一路输出。它的作用与单刀多掷开关相似。

图 3-27 所示为利用 74LS138 实现的 1 线/8 线数据分配器。分析可知，根据地址输入信号 $A_0A_1A_2$ 的不同情况，将数据 D 的状态分配到对应的输出端。例如，当 $A_2A_1A_0=010$，$D=1$，由于此时选通第三通道 $\overline{Y_2}$，且译码器使能端 $\overline{S_2}$ 无效，根据功能表可知，此时 $\overline{Y_2}$ 端数据为 1。当 $D=0$ 时，译码器工作，$\overline{Y_2}$ 端数据为 0。

图 3-26 例 3-4 逻辑图

由于译码器和数据分配器的功能非常接近，所以译码器一个很重要的应用就是构成数据分配器。也正因为如此，市场上没有集成数据分配器产品，只有集成译码器产品。当需要数据分配器时，可以用译码器改接。

（4）做地址分配。

在微机外围电路中，不同的器件需在特定的情况下选通，以便控制器实现不同的功能，其电路如图 3-28 所示。如果要选通 $U_0 \sim U_7$ 器件，微机需要在地址线上送来一组地址信号 $A_7 \sim A_2$，这组信号称为 $U_0 \sim U_7$ 口地址。例如，当 $A_7 \sim A_2 = 100000$ 时，74LS138 对应的使能端有效，地址位为 000，所以选通 U_0 器件，其对应的数据即可进行传递。由于 $A_0 \sim A_1$ 的值可以任取，所以 U_0 对应的口地址为 80H~83H。

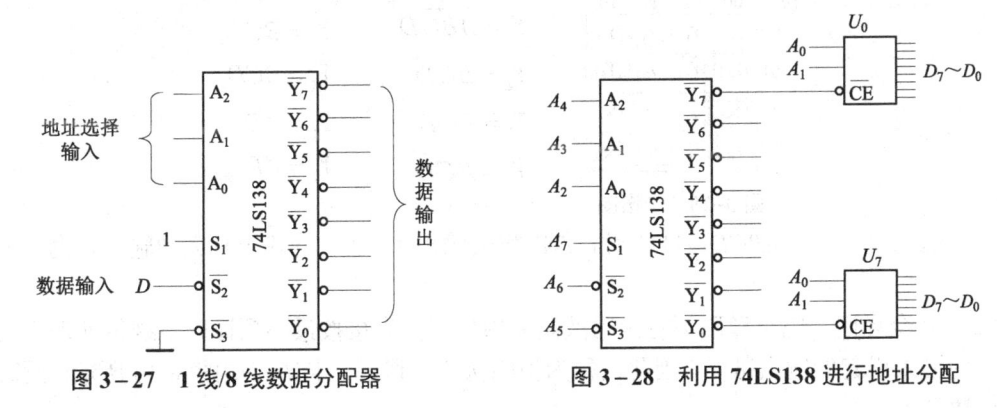

图 3-27　1 线/8 线数据分配器

图 3-28　利用 74LS138 进行地址分配

2. 码制变换译码器

码制变换译码器能将一种码制转换为另一种码制。常见的码制变换译码器有将 8421BCD 码转换为十进制码，将余 3 码转换为十进制码等。日常生活中人们对十进制码较为熟悉，而大部分机器码采用二进制数，所以经常会用到二—十进制译码器。这种译码器有四个输入端，十个输出端，叫作 4 线/10 线译码器。

该译码器输入 4 位二进制数 $ABCD$ 为 8421BCD，输出 10 个数字信号 Y_0~Y_9，高电平有效，其对应的真值表见表 3-10。需要强调是，8421BCD 码和 4 位二进制码相比，有 1010~1111 六组非法码，即这六组编码不该出现，对这六组码处理方式不同，将电路分为部分译码和完全译码电路。

表 3-10　4 线/10 线译码器真值表

输		入						输		出			
A	B	C	D	Y_0	Y_1	Y_2	Y_3	Y_4	Y_5	Y_6	Y_7	Y_8	Y_9
0	0	0	0	1	0	0	0	0	0	0	0	0	0
0	0	0	1	0	1	0	0	0	0	0	0	0	0
0	0	1	0	0	0	1	0	0	0	0	0	0	0
0	0	1	1	0	0	0	1	0	0	0	0	0	0
0	1	0	0	0	0	0	0	1	0	0	0	0	0
0	1	0	1	0	0	0	0	0	1	0	0	0	0
0	1	1	0	0	0	0	0	0	0	1	0	0	0
0	1	1	1	0	0	0	0	0	0	0	1	0	0
1	0	0	0	0	0	0	0	0	0	0	0	1	0
1	0	0	1	0	0	0	0	0	0	0	0	0	1

（1）部分译码：把伪码做无关项处理，利用无关项简化输出函数可减少电路的输入端数和复杂程度。但是当因干扰等原因出现伪码时，电路输出可能出错。因此，部分译码器也称为不拒绝伪输入译码器。

按照上面的处理原则，写出译码器的输出函数表达式，并利用卡诺图（图 3-29）化简如下：

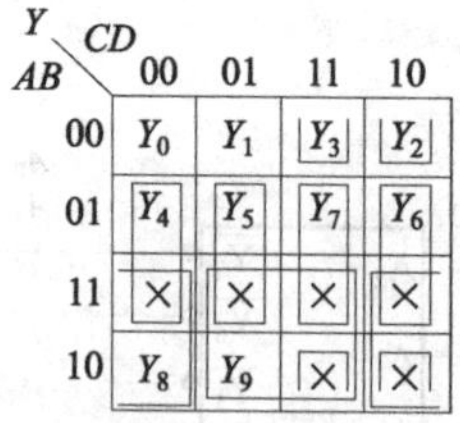

$$Y_0 = \overline{A}\,\overline{B}\,\overline{C}\,\overline{D} \qquad Y_5 = B\overline{C}D$$
$$Y_1 = \overline{A}\,\overline{B}\,\overline{C}D \qquad Y_6 = BC\overline{D}$$
$$Y_2 = \overline{B}C\overline{D} \qquad Y_7 = BCD$$
$$Y_3 = \overline{B}CD \qquad Y_8 = A\overline{D}$$
$$Y_4 = B\overline{C}\,\overline{D} \qquad Y_9 = AD$$

图 3-29　卡诺图

由表达式可知，当 $ABCD = 1111$ 时，$Y_7 Y_9$ 将会输出 1，而这种输出是无效输出，也称为伪输出。

（2）完全译码：完全译码不将伪码做无关项处理，直接按最小项译码，这种处理方式可以避免伪输入引起的输出错误，因此也称为拒绝伪输入译码。卡诺图如图 3-30 所示，此时的输出函数则为

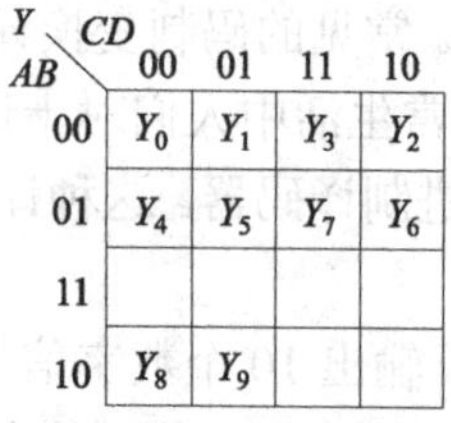

$$Y_0 = \overline{A}\,\overline{B}\,\overline{C}\,\overline{D} \qquad Y_5 = \overline{A}B\overline{C}D$$
$$Y_1 = \overline{A}\,\overline{B}\,\overline{C}D \qquad Y_6 = \overline{A}BC\overline{D}$$
$$Y_2 = \overline{A}\,\overline{B}C\overline{D} \qquad Y_7 = \overline{A}BCD$$
$$Y_3 = \overline{A}\,\overline{B}CD \qquad Y_8 = A\overline{B}\,\overline{C}\,\overline{D}$$
$$Y_4 = \overline{A}B\overline{C}\,\overline{D} \qquad Y_9 = A\overline{B}\,\overline{C}D$$

图 3-30　卡诺图

由表达式可知，当有伪输入出现时，各输出端不会出现有效输出。

集成译码器多采用完全译码方式，如 74LS42、CC4028 等。下面介绍常用的二—十进制译码器 74LS42。

74LS42 有 $A_3 \sim A_0$ 四个输入端，有 $\overline{Y_9} \sim \overline{Y_0}$ 十个输出端。其功能表见表 3-11，图 3-31 所示为它的管脚排列及逻辑符号。

表 3-11　74LS42 功能表

输入 BCD 码				输　出									
A_3	A_2	A_1	A_0	$\overline{Y_0}$	$\overline{Y_1}$	$\overline{Y_2}$	$\overline{Y_3}$	$\overline{Y_4}$	$\overline{Y_5}$	$\overline{Y_6}$	$\overline{Y_7}$	$\overline{Y_8}$	$\overline{Y_9}$
0	0	0	0	0	1	1	1	1	1	1	1	1	1
0	0	0	1	1	0	1	1	1	1	1	1	1	1
0	0	1	0	1	1	0	1	1	1	1	1	1	1
0	0	1	1	1	1	1	0	1	1	1	1	1	1
0	1	0	0	1	1	1	1	0	1	1	1	1	1
0	1	0	1	1	1	1	1	1	0	1	1	1	1
0	1	1	0	1	1	1	1	1	1	0	1	1	1
0	1	1	1	1	1	1	1	1	1	1	0	1	1
1	0	0	0	1	1	1	1	1	1	1	1	0	1
1	0	0	1	1	1	1	1	1	1	1	1	1	0
1010～1111				1	1	1	1	1	1	1	1	1	1

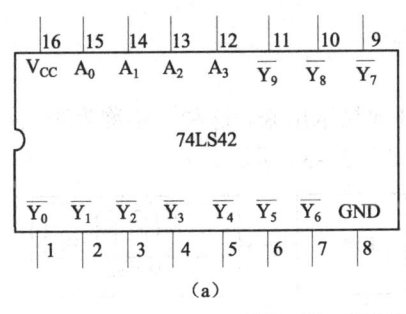

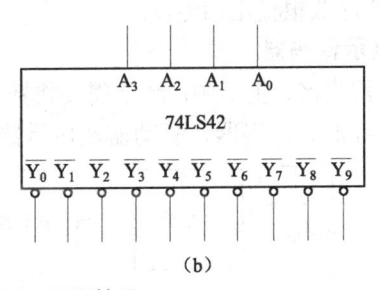

图 3-31　74LS42 管脚排列及逻辑符号

（a）管脚排列；（b）逻辑符号

从功能表及管脚示意图可以看出，译码器输出为低电平有效。当输入端 $A_3\sim A_0$ 为无效输入时，$\overline{Y_9}\sim\overline{Y_0}$ 所有输出电平为高电平。

利用一片 2 线/4 线译码器和四片 4 线/10 线译码器可以组成 5 输入 32 输出的 5 线/32 线译码器。其电路图如图 3-32 所示。

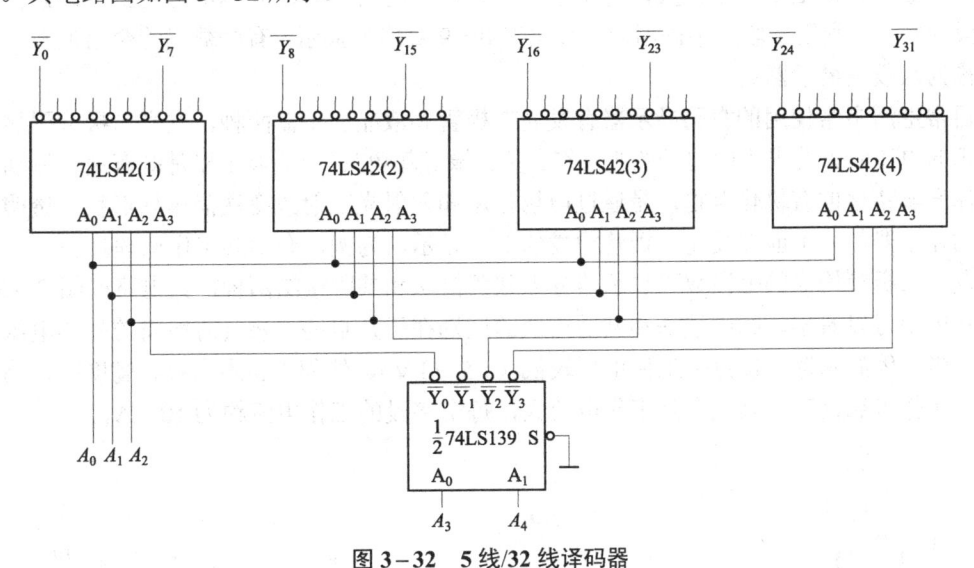

图 3-32　5 线/32 线译码器

工作原理：

（1）当 $A_4A_3=00$ 时，片 1 工作；当 $A_2A_1A_0=000\sim 111$ 时，$\overline{Y_7}\sim\overline{Y_0}$ 有低电平输出，其余输出均为高电平。

（2）当 $A_4A_3=01$ 时，片 2 工作；当 $A_2A_1A_0=000\sim 111$ 时，$\overline{Y_8}\sim\overline{Y_{15}}$ 有低电平输出，其余输出均为高电平。

（3）当 $A_4A_3=10$ 时，片 3 工作；当 $A_2A_1A_0=000\sim 111$ 时，$\overline{Y_{16}}\sim\overline{Y_{23}}$ 有低电平输出，其余输出均为高电平。

（4）当 $A_4A_3=11$ 时，片 4 工作；当 $A_2A_1A_0=000\sim 111$ 时，$\overline{Y_{24}}\sim\overline{Y_{31}}$ 有低电平输出，其余输出均为高电平。

由上面分析可知，利用 2 线/4 线译码器产生四个信号，分别控制每片 74LS42 的 A_3 端，将其作为 74LS42 的片选端使用。这样，每片 74LS42 只做 $A_2A_1A_0$ 三个输入信号的译码，输出端取 0~7 这八根输出信号。

3. 显示译码器

在日常生产、生活中，经常需要将数字量直观地显示出来，这种电路称为数码显示电路，通常由计数器、译码器、驱动器及显示器组成，如图 3-33 所示。

图 3-33 数字显示电路

（1）数码显示器。

数码显示器是指能用来显示数字、文字或符号的器件。按照显示方式分，有字型重叠式、点阵式、分段式等；按发光物质分，有半导体显示器，又称发光二极管（LED）显示器、荧光显示器、液晶显示器等。目前应用最广泛的是七段数码显示器。图 3-34 所示为七段数码显示器字形。它由七个字段组成，每个字段由半导体材料制成，外加电压达到一定条件时，对应段会发光。利用字段的不同组合，可实现 0~9 数字的显示。有些数码管会增加一个小数点，称为八段码显示器。

日常生活中常使用的数码显示器有发光二极管和液晶显示器两种。发光二极管型显示器外加正向电压时，发出不同波长的光（红、黄、绿等颜色）；液晶显示器是既有液体流动性又有晶体光学特性的有机化合物，是通过电场作用和入射光照射改变液晶排列形状、透明度而制成的显示器件。下面以发光二极管构成的七段显示器为例，介绍其工作原理。

发光二极管构成的七段数码显示器分为共阴接法和共阳接法两种，其电路如图 3-35 所示，从图中可以看出，共阳接法和共阴接法的区别在于，点亮二极管时所需的外加电压正好相反。半导体显示器的优点是工作电压较低（1.5~3 V）、体积小、寿命长、亮度高、响应速度快、工作可靠性高。其缺点是工作电流大，每个字段的工作电流约为 10 mA。

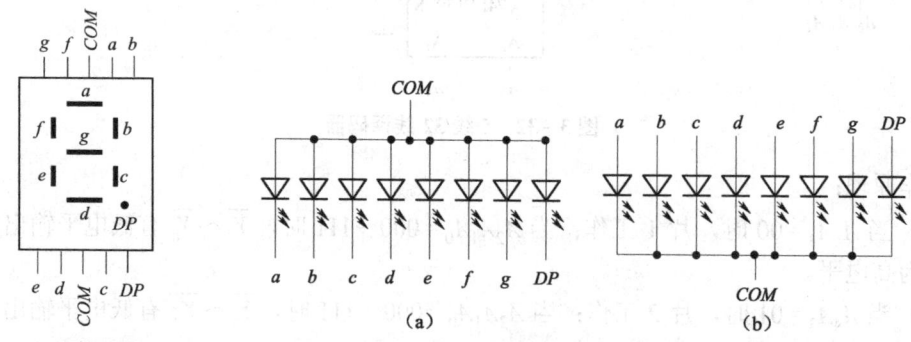

图 3-34 七段数码显示字形

图 3-35 发光二极管构成的七段数码显示器等效电路
(a) 共阳接法；(b) 共阴接法

（2）显示译码器。

为了使数码显示器将数码所代表的数字显示出来，必须先将数码"翻译"成显示器认识的表达方式，然后由驱动电路点亮显示器对应的字段。常用的集成显示译码（驱动）器有 74LS47（共阳）、74LS48（共阴）、CC4511（共阴）等。下面介绍常用的七段显示译码器 74LS48。

七段显示译码器 74LS48 是一种与共阴极数字显示器配合使用的集成译码器，它的功能是将输入的 4 位二进制代码转换成显示器所需要的七个段信号 $a\sim g$。图 3-36 所示为 74LS48 管脚排列及逻辑符号。从图 3-36 中可以看出，除了 4 个输入端和 7 个输出端外，还有三个特殊功能脚：灯测试输入端 $\overline{LT}$、消隐输入 $\overline{BI}/\overline{RBO}$、灭零输入 $\overline{RBI}$。表 3-12 所示为 74LS48 的功能表，从功能表可以看出这三个管脚的作用。

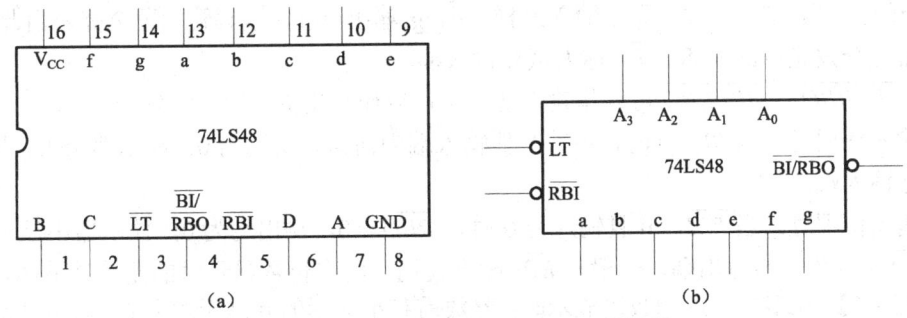

图 3-36 74LS48 的管脚排列及逻辑符号

(a) 管脚排列；(b) 逻辑符号

表 3-12 74LS48 的功能表

十进制或功能	输入 $\overline{LT}$	$\overline{RBI}$	A_3	A_2	A_1	A_0	$\overline{BI}/\overline{RBO}$	输出 Y_a	Y_b	Y_c	Y_d	Y_e	Y_f	Y_g	字形
0	1	1	0	0	0	0	1	1	1	1	1	1	1	0	0
1	1	×	0	0	0	1	1	0	1	1	0	0	0	0	1
2	1	×	0	0	1	0	1	1	1	0	1	1	0	1	2
3	1	×	0	0	1	1	1	1	1	1	1	0	0	1	3
4	1	×	0	1	0	0	1	0	1	1	0	0	1	1	4
5	1	×	0	1	0	1	1	1	0	1	1	0	1	1	5
6	1	×	0	1	1	0	1	0	0	1	1	1	1	1	6
7	1	×	0	1	1	1	1	1	1	1	0	0	0	0	7
8	1	×	1	0	0	0	1	1	1	1	1	1	1	1	8
9	1	×	1	0	0	1	1	1	1	1	0	0	1	1	9
10	1	×	1	0	1	0	1	0	0	0	1	1	0	1	特殊符号
11	1	×	1	0	1	1	1	0	0	1	1	0	0	1	
12	1	×	1	1	0	0	1	0	1	0	0	0	1	1	
13	1	×	1	1	0	1	1	1	0	0	1	0	1	1	
14	1	×	1	1	1	0	1	0	0	0	1	1	1	1	
15	1	×	1	1	1	1	1	0	0	0	0	0	0	0	不显示
消隐	×	×	×	×	×	×	0	0	0	0	0	0	0	0	不显示
脉冲消隐	1	0	0	0	0	0	0	0	0	0	0	0	0	0	不显示
灯测试	0	×	×	×	×	×	1	1	1	1	1	1	1	1	8

① 正常译码显示：当 $\overline{LT}=1$，$\overline{BI}/\overline{RBO}=1$ 时，对 0～15 二进制码（0000～1111）进行译码，产生对应的七段显示码。其中 0～9 为正常数字显示，10～14 为特殊字符，15 不显示。

② 灭零：当输入 $\overline{RBI}=0$，而输入为 0 的二进制码 0000 时，译码器输出 a～g 全 0，使显示器全灭；只有当 $\overline{RBI}=1$ 时，才产生 0 的七段显示码，所以 $\overline{RBI}$ 称为灭零输入端。

③ 试灯：当 $\overline{LT}=0$ 时，无论输入怎样，a～g 输出全 1，数码管七段全亮。由此可以检测显示器七个发光段的好坏，$\overline{LT}$ 称为试灯输入端。

④ $\overline{BI}/\overline{RBO}$：$\overline{BI}/\overline{RBO}$ 可以作输入端，也可以作输出端。

做输入使用时：当 $\overline{BI}=0$ 时，不管其他输入端为何值，均输出 0，显示器全灭，因此 $\overline{BI}$ 称为灭灯输入端。

做输出使用时：当 $\overline{RBI}=0$ 且输入为 0 时，$\overline{RBO}=0$，输出均为 0，显示器不显示 0，所以，$\overline{RBO}$ 又称为灭零输出端，一般与 $\overline{RBI}$ 配合使用，将多位数显示时的无效 0 消隐。

【例 3-5】 在多位十进制数码显示时，整数前和小数后的 0 是无意义的，称为"无效 0"。试分析如图 3-37 所示电路工作原理。

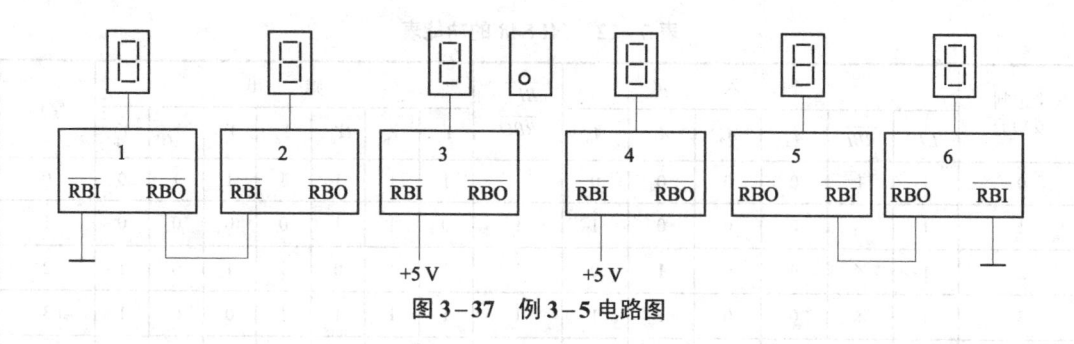

图 3-37 例 3-5 电路图

解：在图 3-37 所示的多位数码显示系统中，由于整数部分 74LS48 除最高位的 $\overline{RBI}$ 接 0、最低位的 $\overline{RBI}$ 接 1 外，其余各位的 $\overline{RBI}$ 均受高位的 $\overline{RBO}$ 输出信号控制。所以整数部分只有在高位是 0 而且被熄灭时，低位才有灭零输入信号。同理，小数部分除最高位的 $\overline{RBI}$ 接 1、最低位的 $\overline{RBI}$ 接 0 外，其余各位均接收低位的 $\overline{RBO}$ 输出信号。所以小数部分只有在低位是 0，而且被熄灭时，高位才有灭零输入信号。从而实现了多位十进制数码显示器的"无效 0 消隐"功能。例如，显示数字为 0.4 时，整数部分最高位由于 $\overline{RBI}$ 为 0，且输入信号为 0，则该位 0 不显示，且 $\overline{RBO}$ 为 0，使得次高位的 $\overline{RBI}$ 的信号为 0，当前欲显示的数字为 0，所以该位不显示，第三位的 $\overline{RBI}$ 为 1，此时即便欲显示数字为 0，因为消隐信号为无效信号，所以该位 0 一定显示。同理，小数部分最靠近小数点的那一位不消零，其他的无效零可以被消去。

3.4.4 数据选择器

1. 数据选择器的作用及原理

（1）数据选择器的作用。

数据选择器：一种根据地址选择码从多路输入数据中选择一路，送到输出端的器件。其功能类似于单刀多掷开关。在数字电路中，当需要进行远距离多路数字传输时，为了减少传输线的数目，发送端常通过一条公共传输线，用多路选择器分时发送数据到接收端，接收端利用多路分配器分时将数据分配给各路接收端，数据选择器及数据分配器的系统结构如图3-38所示。

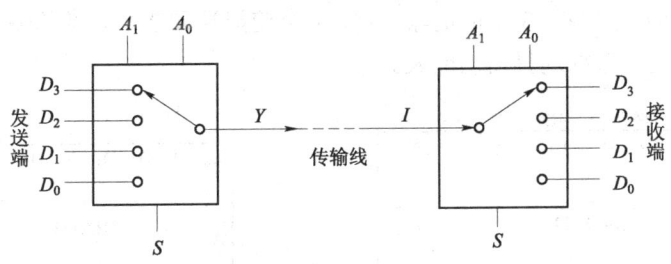

图 3-38 数据选择器及数据分配器的系统结构

（2）数据选择器原理。

一个4选1数据选择器的真值表见表3-13，从表中可以看出，该电路有两个地址端，四个数据输入端和一个输出端。地址端信号选定后，对应的数据输入端信号被送到输出端。根据表3-13得出4选1数据选择器的逻辑表达式为

$$L = \overline{A_1}\,\overline{A_0} D_0 + \overline{A_1} A_0 D_1 + A_1 \overline{A_0} D_2 + A_1 A_0 D_3$$
$$= m_0 \cdot D_0 + m_1 \cdot D_1 + m_2 \cdot D_2 + m_3 \cdot D_3$$

表 3-13 4选1数据选择器真值表

输　　入						输出
地　址		数　据				L
A_1	A_0	D_0	D_1	D_2	D_3	
0	0	a_0	×	×	×	a_0
0	1	×	a_1	×	×	a_1
1	0	×	×	a_2	×	a_2
1	1	×	×	×	a_3	a_3

根据逻辑表达式，用基本门电路可以实现该功能，其逻辑电路如图3-39所示。

2. 集成数据选择器

市场上中规模集成数据选择器种类较多，一般有4、8、16个输入端，1个输出端。数据选择器按输入端数量可分为：4选1数据选择器，如74LS153、74HC153、CC14539；8选1数据选择器，如74LS152、74HC151、CC4512；16选1数据选择器。从内部结构来分，又可以分为TTL型和CMOS型两种。需要注意的是：

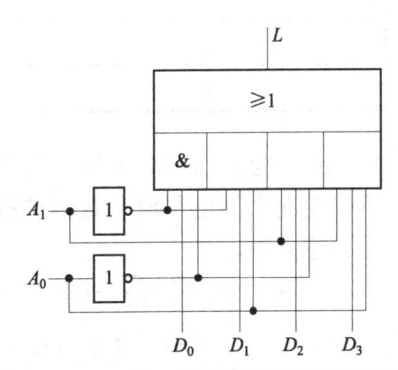

图 3-39 4选1数据选择器的逻辑电路

（1）信号在数据选择器中单向传输，与模拟开关的双向传输不同；

(2) 被传输的是选中输入的逻辑状态（1或0），不同于模拟开关传送的是物理量；

(3) 与门是一个最简单的单通道数据选择器。

现介绍8选1数据选择器74LS151。

74LS151的管脚排列及逻辑符号如图3-40所示。从图3-40中可见，该芯片有16个管脚，其中有8个数据输入端，3个地址输入端，1个使能端和2个互补的输出端。表3-14所示为74LS151—8选1数据选择器功能表。

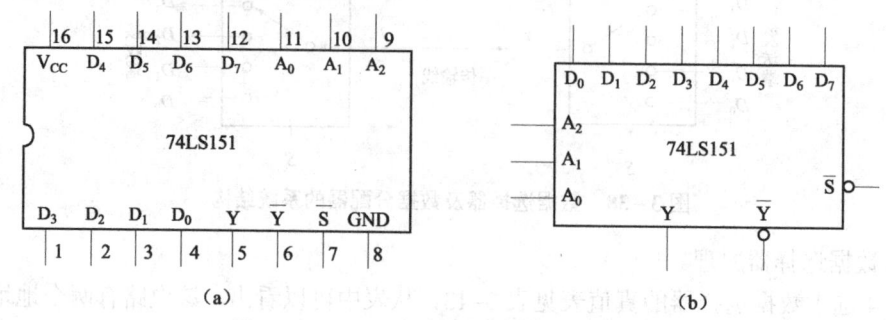

图3-40　74LS151的管脚排列及逻辑符号

(a) 管脚排列；(b) 逻辑符号

表3-14　74LS151—8选1数据选择器功能表

输入				输出	
地址			使能		
A_2	A_1	A_0	$\overline{S}$	Y	$\overline{Y}$
×	×	×	1	0	1
0	0	0	0	D_0	$\overline{D_0}$
0	0	1	0	D_1	$\overline{D_1}$
0	1	0	0	D_2	$\overline{D_2}$
0	1	1	0	D_3	$\overline{D_3}$
1	0	0	0	D_4	$\overline{D_4}$
1	0	1	0	D_5	$\overline{D_5}$
1	1	0	0	D_6	$\overline{D_6}$
1	1	1	0	D_7	$\overline{D_7}$

由功能表3-14可知，当使能端为高电平时，数据选择器禁止工作，输出低电平；当使能端为低电平时，数据选择器正常工作，根据三位地址信号选择对应数据端的信号送到输出端。

当74LS151输入$\overline{S}=0$时，它的输出Y与地址输入及数据输入的关系式为：

$$Y = (\overline{A_2}\,\overline{A_1}\,\overline{A_0}) \cdot D_0 + (\overline{A_2}\,\overline{A_1}A_0) \cdot D_1 + (\overline{A_2}A_1\overline{A_0}) \cdot D_2 + (\overline{A_2}A_1A_0) \cdot D_3 + \\ (A_2\overline{A_1}\,\overline{A_0}) \cdot D_4 + (A_2\overline{A_1}A_0) \cdot D_5 + (A_2A_1\overline{A_0}) \cdot D_6 + (A_2A_1A_0) \cdot D_7 \tag{3-4}$$

3. 数据选择器的应用

（1）数据选择器的通道扩展。

集成数据选择器的最大规模是 16 选 1，如果需要更大规模的数据选择器，就必须进行位数扩展。下面分别介绍有使能端的数据选择器和无使能端的数据选择器的扩展方式。

① 有使能端的数据选择器的扩展。

利用两片 74LS151 和 3 个门电路组成的 16 选 1 的数据选择器，其电路如图 3-41 所示。

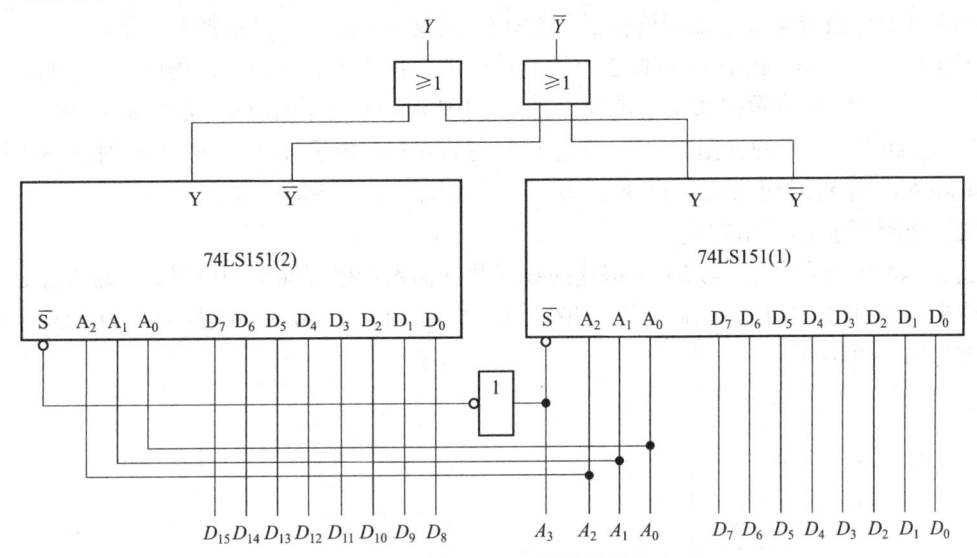

图 3-41 两片 74LS151 的扩展连接方式

工作原理：图 3-41 中两个芯片的使能端信号相反，片 1 的使能信号取地址位的高位信号 A_3，片 2 的使能信号取地址位高位信号的非 $\overline{A_3}$，当地址位为 0×××时，片 1 选择器工作，对应数据 $D_0 \sim D_7$ 被选送出去；当地址位为 1×××时，片 2 选择器工作，对应数据 $D_8 \sim D_{15}$ 被选送出去。例如：地址位 $A_3A_2A_1A_0=0101$ 时，在使能端的作用下，片 1 工作，对应地址 $A_2A_1A_0=101$ 的 D_5 数据被送到或门输入端；片 2 由于使能端无效，输出信号为 0，因此或门的输出信号为 $Y=0+D_5=D_5$，完成了 16 选 1 的任务。

这种扩展属于字扩展，如果需要选择多位数组时，可由几个一位数据选择器并联组成，这样就可以输出多位了。图 3-42 所示为两个 74LS151 组成的 16 选 2 电路。

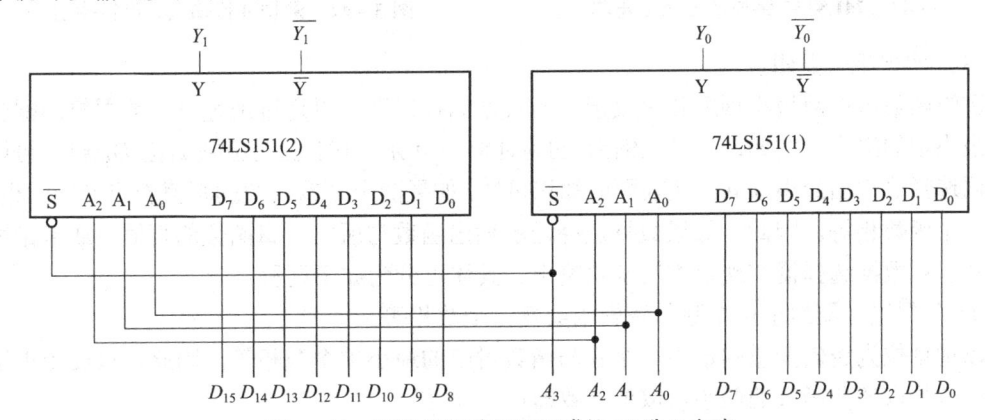

图 3-42 两位数据选择器组成的 16 选 2 电路

工作原理：当 $A_3=0$ 时，使能端 $\overline{S}$ 有效，两片 74LS151 均能工作。当地址位信号确定时，每片的对应数据被送到输出端。例如：当地址位 $A_2A_1A_0=101$ 时，片 1 的 D_{13}，片 2 的 D_5 被同时选中，输出端得到两位输出数据，实现 16 选 2 功能。如果需要进一步扩充位数，只需继续并联 74LS151 即可。

② 不使用使能端或无使能端的数据选择器扩展。

不使用使能端或无使能端的数据选择器扩展，一般采用先输出，再选择的方式进行扩展。图 3-43 所示为由双 4 选 1 数据选择器 74LS153 组成的 8 选 1 数据选择器电路。

工作原理：先由 74LS153 将低 2 位地址对应的数据输出到复合门，再由最高位地址进行选择输出。例如：8 位数据如果地址位 $A_2A_1A_0=101$ 时，应该输出 D_5，先由 $A_1A_0=01$ 将两位数据位 D_{11} 和 D_{01} 对应的数据 D_5、D_1 送至与或门输入端，由于 $A_2=1$，所以 Y_1 对应的数据 D_5 是有效输入，而 Y_0 对应的数据 D_1 被屏蔽，至此实现了输入端的扩展。

（2）实现数据的并串转换。

图 3-44 所示为利用 74LS151 搭建的数据并行输入转串行输出的电路。地址发生器按照一定周期产生 000～111 的地址信号，加在地址位 $A_2A_1A_0$ 端，输入端数据 D_0～D_7 就会从输出端周期性串行输出。

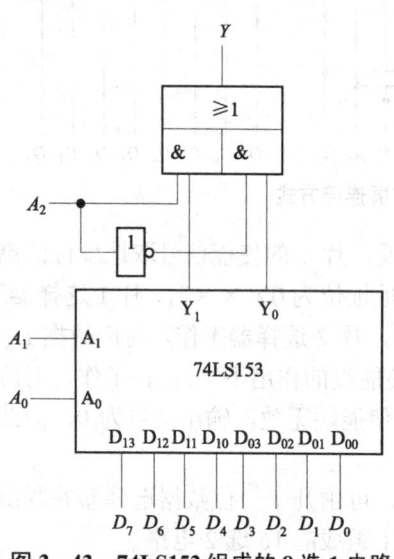

图 3-43　74LS153 组成的 8 选 1 电路 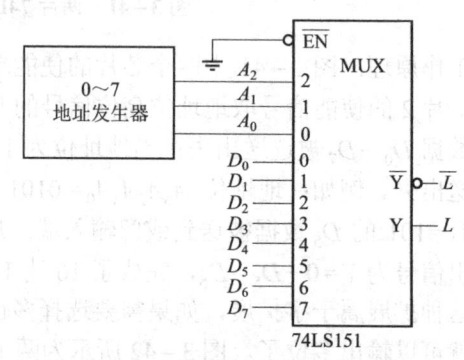　　　图 3-44　数据并行输入转串行输出

（3）实现组合逻辑函数。

逻辑函数可以用最小项之和来表示。而数据选择器则可以通过地址位和数据位的配合来实现最小项的组合。例如，当 74LS151 的地址位 $A_2A_1A_0=101$ 且对应数据位 $D_5=1$，可以认为数据选择器输出最小项 m_5。从前面的知识可知，如果两个逻辑函数的真值表或卡诺图相同，则这两个函数相等。因此，如果数据选择器的输出函数与所给逻辑函数的真值表或卡诺图一致，就能用数据选择器实现该逻辑函数输出。具体可分为如下两种：

① 数据选择器地址位个数与逻辑函数变量个数相等。

以地址位为逻辑变量的最小项个数与函数对应的最小项个数相等，因此，只要令地址位对应的数据取值和函数的最小项取值一致即可。

【例 3-6】 用 74LS151 实现函数 $L = A \oplus B \oplus C = \sum m(1, 2, 4, 7)$。

分析：74LS151 是 8 选 1 数据选择器，其地址端有 3 位，而给定的逻辑函数变量也有 3 个。

给定函数 $L = \sum m(1,2,4,7) = \overline{A}\,\overline{B}C + \overline{A}B\overline{C} + A\overline{B}\,\overline{C} + ABC$

$L = \overline{A}\,\overline{B}\,\overline{C} \cdot 0 + \overline{A}\,\overline{B}C \cdot 1 + \overline{A}B\overline{C} \cdot 1 + \overline{A}BC \cdot 0 + A\overline{B}\,\overline{C} \cdot 1 + A\overline{B}C \cdot 0 + AB\overline{C} \cdot 0 + ABC \cdot 1$

将它与式 (3-4) 比较，将输入变量接选择线，$A_2 = A$，$A_1 = B$，$A_0 = C$，将数据线接常数 $D_1 = D_2 = D_4 = D_7 = 1$、$D_0 = D_3 = D_5 = D_6 = 0$，$Y = L$，则数据选择器的输出即为所需的逻辑函数。用一片 74LS151 实现该函数的逻辑图如图 3-45 所示。

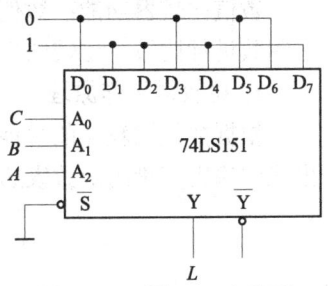

② 数据选择器地址位个数少于逻辑函数输入变量个数。

这种情况有两种解决方式：第一种，利用数据选择器的通道扩展方式，将数据选择器地址位扩展为与逻辑变量个数相同；第二种，采用降维法，将逻辑函数卡诺图维数降到与数据选择器卡诺图维数一致。

图 3-45 例 3-6 电路图

【例 3-7】 用 74LS153 实现函数 $L = A \oplus B \oplus C = \sum m(1, 2, 4, 7)$。

分析：74LS153 是双 4 选 1 数据选择器，其地址位只有两位，而所给函数有 A、B、C 三个输入变量。

方法一：利用由 74LS153 和门电路构成的 8 选 1 数据选择器，令地址位与逻辑变量对应，且数据位中 $D_1 = D_2 = D_4 = D_7 = 1$ 即可。其电路如图 3-46 (a) 所示。

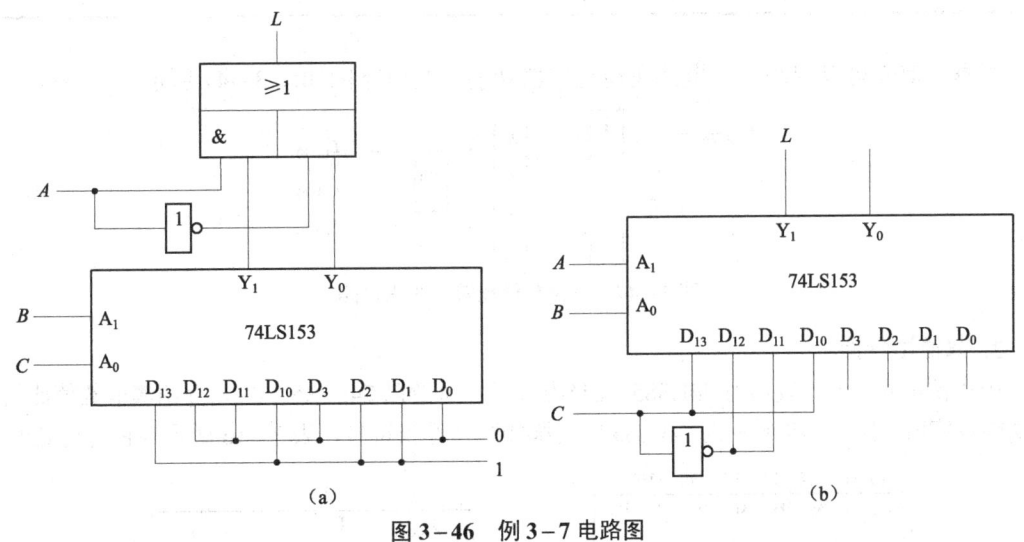

图 3-46 例 3-7 电路图
(a) 方法一；(b) 方法二

方法二：4 选 1 数据选择器的输入输出关系为：
$Y = \overline{A_1}\,\overline{A_0}D_0 + \overline{A_1}A_0D_1 + A_1\overline{A_0}D_2 + A_1A_0D_3$，若 $A_1 = A$，$A_0 = B$，则

$$Y = \overline{A}\,\overline{B}D_0 + \overline{A}BD_1 + A\overline{B}D_2 + ABD_3 \tag{3-5}$$

给定的逻辑函数为

$$L = \overline{A}\overline{B}C + \overline{A}B\overline{C} + A\overline{B}\overline{C} + ABC \tag{3-6}$$

比较式（3-5）和式（3-6），令 $D_0 = D_3 = C, D_1 = D_2 = \overline{C}$，如图 3-46（b）所示。

需要说明的是，利用数据选择器实现单输出函数比较方便。对于多输出函数而言，由于每个输出均需要一个数据选择器，因此一般不用数据选择器来实现。

3.4.5 数值比较器

数值比较器功能：数值比较器用来比较两个数字大小。可以对两组二进制数或者二—十进制数进行比较，比较结果有">""<"和"="三种结果。

1. 比较器工作原理

根据数值比较器的功能可以列出一位数值比较器的真值表，见表 3-15。根据真值表写出三位输出变量的函数表达式：

$$L_{(A>B)} = A\overline{B}, \quad L_{(A<B)} = \overline{A}B, \quad L_{(A=B)} = \overline{A}\overline{B} + AB$$

表 3-15 一位数值比较器的真值表

输	入		输	出
A	B	$L_{(A>B)}$	$L_{(A<B)}$	$L_{(A=B)}$
0	0	0	0	1
0	1	0	1	0
1	0	1	0	0
1	1	0	0	1

根据真值表可以用基本门电路实现比较器功能，其电路图如图 3-47 所示。

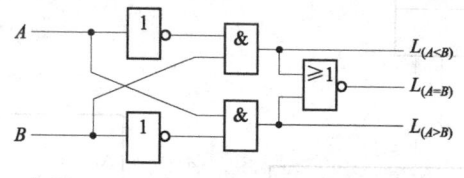

图 3-47 一位数值比较器逻辑电路

2. 数值比较器

中规模集成数值比较器有 74LS85、CD4063 等。本章以 74LS85 为例，介绍集成数值比较器的功能及应用。图 3-48 所示为 74LS85 的管脚排列及逻辑符号，表 3-16 所示为它的功能表。

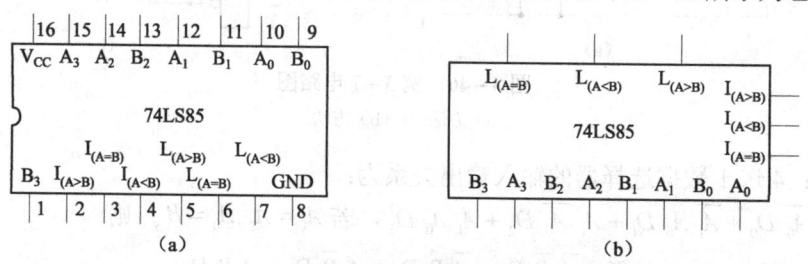

图 3-48 74LS85 的管脚排列及逻辑符号

(a) 管脚排列；(b) 逻辑符号

该比较器除了有两组数据输入端外,还有级联信号输入端,便于多片级联实现多位数据比较。三位输出信号分别代表输入数据比较的最终结果。

表 3-16　74LS85 比较器功能表

输 入								输 出		
$A_3\ B_3$	$A_2\ B_2$	$A_1\ B_1$	$A_0\ B_0$	$I_{(A>B)}$	$I_{(A<B)}$	$I_{(A=B)}$		$L_{(A>B)}$	$L_{(A<B)}$	$L_{(A=B)}$
>	×	×	×	×	×	×		1	0	0
<	×	×	×	×	×	×		0	1	0
=	>	×	×	×	×	×		1	0	0
=	<	×	×	×	×	×		0	1	0
=	=	>	×	×	×	×		1	0	0
=	=	<	×	×	×	×		0	1	0
=	=	=	>	×	×	×		1	0	0
=	=	=	<	×	×	×		0	1	0
=	=	=	=	1	0	0		1	0	0
=	=	=	=	0	1	0		0	1	0
=	=	=	=	0	0	1		0	0	1

从表 3-16 可以看出,该比较器是高位优先的。当最高位已经比较出大小时,就给出比较结果;当四位比较结果都相等时,考虑是否有级联信号。

3. 数值比较器的扩展方式

(1) 串联扩展。

图 3-49 所示为由两片 74LS85 构成的 8 位数据比较电路。片 0 的级联端信号由 010 提供,低片的比较结果送到高片的级联信号端,高片的输出信号就是两组数据比较的结果。

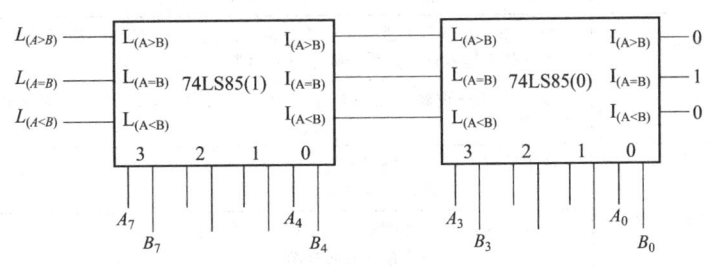

图 3-49　串联扩展的 8 位数据比较电路

工作过程:采用从高到低的比较方式,先比较高片(片 1)的结果,如果两组数据相等,再比较低片数据。例如:当 $A_0 \sim A_7 = 01000000$,$B_0 \sim B_7 = 00100000$ 时,A_7 与 B_7 相等,接着比较 A_6 与 B_6,此时,$A_6 > B_6$,因此输出结果 $L_{(A>B)} = 1$。

(2) 并联扩展。

当参与比较数据较多,且有一定速度要求时,可采用并行方式扩展。图 3-50 所示为利用 4 片 74LS85 构成的 16 位数据比较电路。将 16 位数据按高低位划分为 4 组,在每片内同时比较，比较的结果按高低顺序连接到另一片 74LS85 上。相较于串联扩展方式这种方式比较速度快。

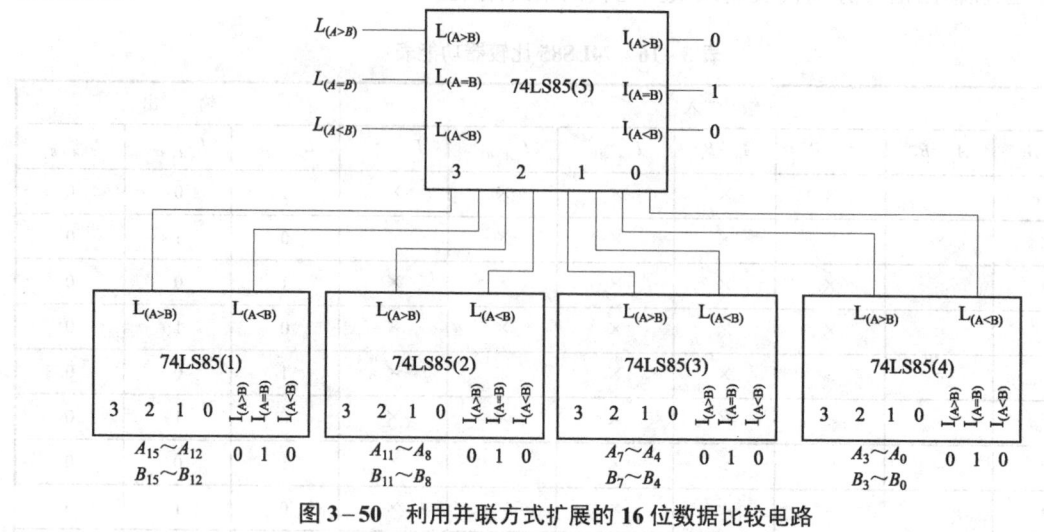

图 3-50 利用并联方式扩展的 16 位数据比较电路

本章小结

通过本章学习，了解组合逻辑电路的特点，竞争-冒险现象产生的原因、判断方法、消除方法，熟练掌握组合逻辑电路的分析、设计方法，掌握常用组合逻辑器件的功能，会应用集成器件设计常用电路。本章内容总结见表 3-17。

表 3-17 本章内容总结

组合逻辑电路特点	1. 只由门电路构成，不包含存储元件； 2. 输入、输出之间没有反馈； 3. 下一时刻的输出与上一时刻的输入无关	
组合逻辑电路分析方法	逻辑图→逐级写出逻辑表达式→将表达式化简、变换→得到最简单的表达式→列出真值表→找出输入输出关系→确定电路的逻辑功能	
组合逻辑电路设计方法	设计要求→逻辑抽象→列出真值表→写出逻辑表达式→简化和变换逻辑表达式→逻辑图	
组合逻辑电路中的竞争-冒险	产生原因：1. 信号路径不同； 2. 器件自身延时	
	消除方法：1. 修改逻辑设计，增加冗余项； 2. 增加惯性延时环节； 3. 增加选通脉冲	
常见组合逻辑电路	加法器	74LS183、74LS283 等
	编码器	74LS148、CD4532、74LS147、CD40147 等
	译码器	变量译码器：74LS139、CD4556、74LS138、74LS154 等
		码制变换译码器：74LS42、CC4028 等
		显示译码器：74LS47、74LS48、CC4511 等
	数据选择器	74LS151、74LS153 等
	数值比较器	74LS85、CD4063 等

第 4 章

时序逻辑电路

● 案例引入

十字路口交通灯倒计时，每次时间减 1 秒。如果不知道上一时刻的时间，那么能否判断还剩多少时间？如果没有倒计时显示，我们是不会知道下一时刻是什么时间的。

乘坐楼房电梯时，假设请求人在 5 楼，想要去 1 楼，电梯到 5 楼是不是一定会停下来载请求人下去？事实上，电梯能不能停下来接请求人，取决于在你按下向下键之前，电梯处于什么状态。（上还是下？高于还是低于 5 楼？）

通过这两个问题我们可以看出，这些电路任何时刻的稳定输出，不仅与当前时刻输入有关，还与电路原来的状态有关，这就是本章要介绍的时序逻辑电路。

4.1 时序逻辑电路的基本概念

数字逻辑电路按工作特点可分为组合逻辑电路（简称组合电路）和时序逻辑电路（简称时序电路）。其中组合电路当前输出仅仅与当前的输入有关，与之前的输出无关；而时序逻辑电路的输出，不仅取决于当前的输入信号，还与电路上一时刻的输出有关，要想实现这种功能，必须有电路能记忆上一时刻的电路状态并将其作为输入信号引入。由此可见，时序逻辑电路与组合逻辑电路在结构和组成上不同。

4.1.1 时序逻辑电路的结构

时序逻辑电路的一般结构如图 4-1 所示。

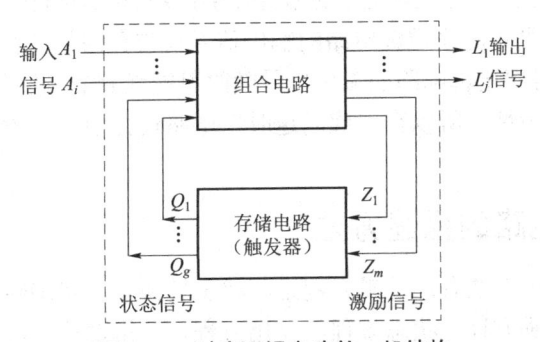

图 4-1 时序逻辑电路的一般结构

1. 结构特点

（1）含有存储单元：电路中不仅含有完成逻辑运算的组合电路，还必须有用来记忆电路之前状态的存储电路，我们之前学过的触发器可用来做存储电路。

（2）引入反馈：时序逻辑电路中输入和输出间至少有一条反馈路径。

2. 电路信号

（1）输入信号 A_1，A_2，…，A_i：是外部输入信号。

（2）输出信号 L_1，L_2，…，L_j：是外部输出信号。

（3）激励信号 Z_1，Z_2，…，Z_m：也称为驱动信号，是存储电路（触发器）的输入信号、内部信号。

（4）状态信号 Q_1，Q_2，…，Q_g：也称为状态变量，是存储电路（触发器）的输出信号，也是内部信号。一般用 Q 表示存储电路的现态，Q^{n+1} 表示次态。

电路工作过程可表述如下：状态变量 Q 被反馈到组合电路的输入端，和输入信号 A 一起决定输出信号 L，并产生存储电路的输入信号 Z，从而决定下一时刻的电路状态 Q^{n+1}。

3. 电路方程

（1）输出方程 $L = F(A, Q)$：表示输出信号与输入信号、状态变量的关系。

（2）激励方程 $Z = G(A, Q)$：表示激励信号与输入信号、状态变量的关系。

（3）状态方程 $Q^{n+1} = H(Z, Q)$：表示存储电路次态与现态、激励信号的关系。

4.1.2 时序逻辑电路的分类

1. 按存储电路是否有统一时钟分类

（1）同步时序逻辑电路：存储电路有统一时钟脉冲（CP），电路的状态变更与 CP 同步。这种电路一般采用边沿触发器作为存储电路，因此，当时钟脉冲过后，电路将锁定在新的状态。

（2）异步时序逻辑电路：存储电路时钟脉冲没有接在统一 CP 上，因此这种电路的状态更新不是同时发生的。

同步时序逻辑电路与异步时序逻辑电路相比，不仅较少发生因状态转换不同步而引起的输出状态不稳定的情况，而且同步时序逻辑电路可以按照周期的时钟脉冲分解为序列步进，每一个步进都可以通过输入信号、触发器状态进行单独分析，因此同步时序逻辑电路结构使用较为广泛。

2. 按输入输出信号关系分类

（1）米里（mealy）型：时序逻辑电路的输出信号不仅与存储状态有关，还与外部输入有关。

（2）莫尔（moor）型：时序逻辑电路的输出信号仅与存储状态有关，与外部输入无关。

相比而言，米里型时序逻辑电路的输出信号随时可能受到非时钟同步的输入信号的影响，从而影响电路输出的同步性。所以在现代高速时序电路设计中，一般尽量采用莫尔型时序逻辑电路设计。

4.1.3 时序逻辑电路的描述方法

时序逻辑电路的描述方法有：逻辑方程组、状态转换表、状态转换图、逻辑图、时序图等。逻辑方程组包含激励方程、状态方程、输出方程，一组逻辑方程可以确定时序电路的功能，但是由于方程不易判断电路逻辑功能，且在电路设计时很难直接写出逻辑方程组，所以，常采用状态转换表、状态转换图、逻辑图来描述时序电路。

1. 状态转换表

(1) 状态转换表的作用。

状态转换表是反映时序电路的输入 A、输出 L、现态 Q、次态 Q^{n+1} 之间的逻辑关系和状态转换规律的表格，简称为状态表。

(2) 状态转换表的列写。

状态表的列写类似于组合逻辑电路的真值表，将现态 Q、输入 A 作为输入量，然后根据逻辑方程组中的各个方程计算出次态 Q^{n+1} 及输出量 L。

表 4-1 所示为可控计数器的状态表，其中 A 是控制信号，$A=0$ 时为减计数，$A=1$ 时为加计数。表 4-1 中第一列为现态，第二列为减计数模式下的次态及输出信号（有借位时输出 1，无借位时输出 0），第三列为加计数模式下的次态及输出信号（有进位时输出 1，无进位时输出 0）。状态表与真值表不同之处在于输入中必须包括现态。

表 4-1 可控计数器的状态表

Q_1Q_0 \ $Q_1^{n+1}Q_0^{n+1}$ \ A	0	1
00	11/1	01/0
01	00/0	10/0
10	01/0	11/0
11	10/0	00/1

2. 状态转换图

(1) 状态转换图的作用。

状态转换图是表示时序电路的状态、状态转换条件、转换方向及转换规律的图形，简称为状态图。相比于状态表，状态图可以更直观形象地表示出时序电路运行中的全部状态、状态间的转换关系、转换条件及结果。

(2) 状态图的画法。

状态图有三个要素：状态、方向、条件。用圆圈表示时序电路的状态，每一个圆圈中标出状态标志；用带箭头的有向线表示转换方向，由现态指向次态，若状态保持不变时，有向线的起点和终点均在同一个圆圈上；转换条件写在有向线上，以分式的形式表现，分子表示输入条件，分母表示转换前的输出量。图 4-2 所示为状态图的组成。图 4-3 所示为表 4-1 所对应的状态图。

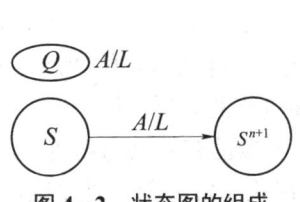

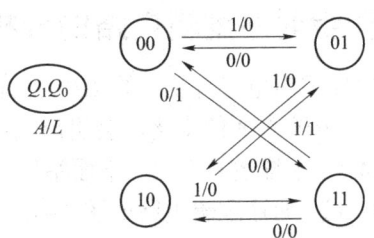

图 4-2 状态图的组成　　图 4-3 可控计数器的状态图

3. 时序图

（1）时序图的作用。

时序图是反映时序电路的输入、输出信号在时间上对应关系的波形图。它在时序电路调试时可用来检查逻辑功能是否正确。

（2）时序图的绘制及特点。

按照状态表或状态图，以时间为横轴，分别绘制每个时钟节拍下电路状态及输出并用高低电平表示，即得到了时序图。

时序逻辑电路在结构、功能和分类上都体现了两个特点：时间、顺序。因此在讨论时序逻辑电路时，一定要看清动作的顺序和动作的时间。下面将结合具体的电路学习时序逻辑电路的分析方法，并逐步掌握其设计方法。

4.2 时序逻辑电路的分析

时序逻辑电路的分析，是在给定电路图的基础上，分析电路的工作状态、输入输出信号在时钟信号作用下的关系，从而找出电路的逻辑功能和工作特性的过程。与组合电路不同的是，时序逻辑电路的内部状态会随着时间的推移和外部输入而变化。因此，分析时序逻辑电路的关键就是确定电路内部变化规律，规律一旦确定，时序逻辑电路的分析就可以认为是不同状态下的组合电路的分析了。

4.2.1 时序逻辑电路的一般分析方法

分析时序逻辑电路的一般步骤

（1）分析电路组成：确定组合电路部分和存储电路部分。

（2）列写每个触发器的激励方程：由给定的逻辑图写出触发器输入信号的逻辑函数式。

（3）列写每个触发器的状态方程：把得到的激励方程代入相应触发器的特性方程，得到每个触发器的状态方程。

（4）列写输出方程：根据逻辑图写出电路的输出方程。

（5）列状态转换表、状态转换图或时序图。

（6）分析逻辑功能。

在实际电路分析中，根据实际电路的特点，可以在上述步骤的基础上适当进行调整。

时序逻辑电路可分为同步时序逻辑电路及异步时序逻辑电路两类，下面分别介绍两种电路的分析方法。

4.2.2 同步时序逻辑电路的分析

同步时序逻辑电路有统一的 CP、状态的更新在 CP 的上升沿（↑）或下降沿（↓）；无 CP 时，如有外输入 A 的变化，会引起输出信号的变化，但存储电路的状态不变。

根据 4.2.1 中描述的方法，下面举例介绍同步时序电路的分析方法。

【例 4-1】 时序逻辑电路如图 4-4 所示，假设触发器的初始状态均为 0，写出电路的激励方程、状态方程、输出方程，列出状态转换表，画出状态转换图、时序图，说明电路的逻辑功能。

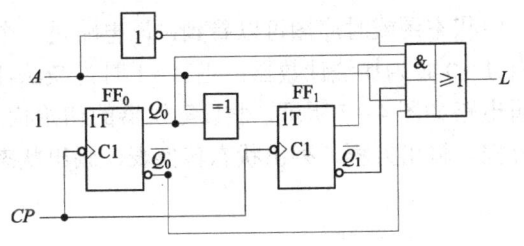

图 4-4　例 4-1 时序逻辑电路

解：(1) 时序电路的结构分析：该时序电路由两个 T 触发器、一个非门、一个与或门和一个异或门组成，两个触发器时钟信号一致，所以是一个米里型同步时序电路，电路的存储部分由两个 T 触发器构成，组合部分为门电路。

(2) 写出每个触发器的激励方程：$\begin{cases} T_0 = 1 \\ T_1 = A \oplus Q_0 \end{cases}$

(3) 写出每个触发器的状态方程：$\begin{cases} Q_0^{n+1} = T_0 \oplus Q_0 = 1 \oplus Q_0 = \overline{Q_0} \\ Q_1^{n+1} = T_1 \oplus Q_1 = A \oplus Q_0 \oplus Q_1 \end{cases}$

(4) 写出时序电路的输出方程：$L = \overline{A} Q_1 Q_0 + A \overline{Q_1} \overline{Q_0}$

(5) 列状态表，作状态图、时序图：

① 状态表见表，4-2。

表 4-2　例 4-1 状态表

输入	现　态		次　态		输出
A	Q_1	Q_0	Q_1^{n+1}	Q_0^{n+1}	L
0	0	0	0	1	0
0	0	1	1	0	0
0	1	0	1	1	0
0	1	1	0	0	1
1	0	0	1	1	1
1	0	1	0	0	0
1	1	0	0	1	0
1	1	1	1	0	0

② 例 4-1 的状态图如图 4-5 所示。

③ 例 4-1 的时序图如图 4-6 所示。

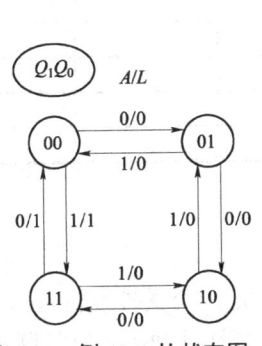

图 4-5　例 4-1 的状态图

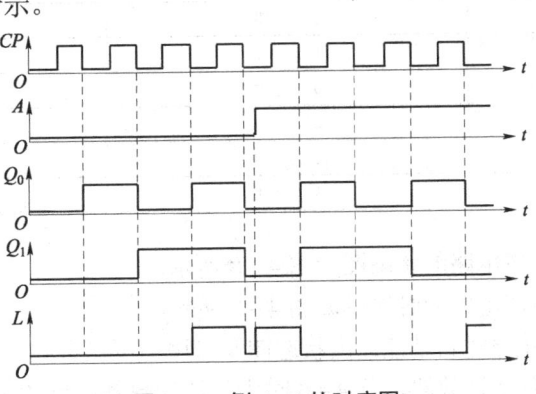

图 4-6　例 4-1 的时序图

(6) 电路逻辑功能：由状态图或时序图可以看到，该电路是一个受外部输入信号 A 控制的二进制加减计数器，当 A=0 时为加法计数器；当 A=1 时为减法计数器。

【例 4-2】 时序逻辑电路如图 4-7 所示，假设触发器的初始状态均为 0，写出时序逻辑电路的激励方程、状态方程、输出方程，列出状态转换表，画出状态转换图、时序图，说明该电路的逻辑功能。

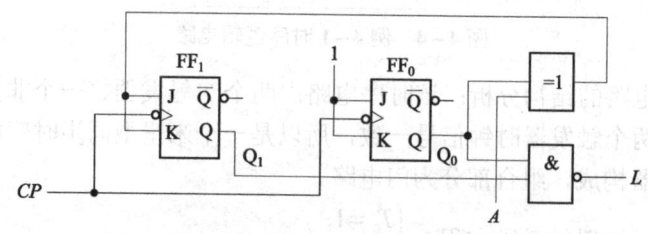

图 4-7 例 4-2 时序逻辑电路

(1) 分析电路组成：该电路由与非门、异或门和 JK 触发器组成。两个 JK 触发器的时钟脉冲均由 CP 提供，所以该电路为莫尔型同步时序电路。电路的存储部分由两个 JK 触发器组成。

(2) 写出每个触发器的激励方程：$\begin{cases} J_0 = K_0 = 1 \\ J_1 = K_1 = Q_0 \oplus A \end{cases}$

(3) 写出每个触发器的状态方程：

$$\begin{cases} Q_0^{n+1} = J_0 \cdot \overline{Q_0} + \overline{K_0} \cdot Q_0 = \overline{Q_0} \\ Q_1^{n+1} = J_1 \cdot \overline{Q_1} + \overline{K_1} \cdot Q_1 = (Q_0 \oplus A) \cdot \overline{Q_1} + \overline{Q_0 \oplus A} \cdot Q_1 = Q_0 \oplus A \oplus Q_1 \end{cases}$$

(4) 写出电路的输出方程：$L = \overline{Q_1 \cdot Q_0}$

(5) 列状态表，作状态图、时序图。

① 状态表见表 4-3。

表 4-3 例 4-2 状态表

输入	现态		次态		输出
A	Q_1	Q_0	Q_1^{n+1}	Q_0^{n+1}	L
0	0	0	0	1	1
0	0	1	1	0	1
0	1	0	1	1	1
0	1	1	0	0	0
1	0	0	1	1	1
1	0	1	0	0	1
1	1	0	0	1	1
1	1	1	1	0	0

② 时序电路的状态图如图 4-8 所示。

③ 时序电路的时序图如图 4-9 所示。

(6) 电路逻辑功能：由状态图及时序图可以看到，该电路是一个受外部输入信号 A 控制的二进制加减计数器，当 A=0 时为加法计数器；当 A=1 时为减法计数器。但与例 4-1 不同的是，输出 L 仅与触发器的状态有关，属于莫尔型时序电路。

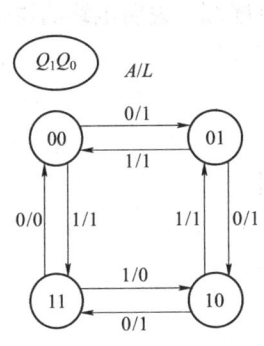

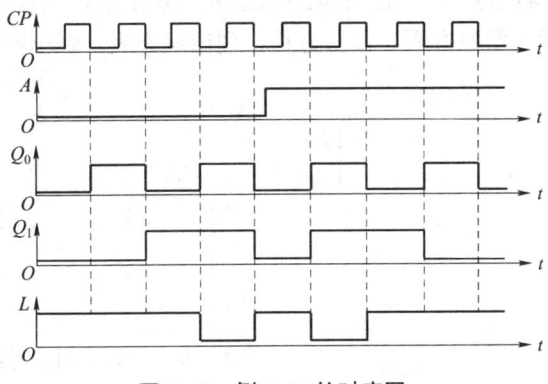

图 4-8　例 4-2 的状态图

图 4-9　例 4-2 的时序图

4.2.3　异步时序逻辑电路的分析

1. 分析异步时序逻辑电路的注意事项

（1）写出各触发器的时钟方程，注意存储电路的状态转换条件。

由于异步时序逻辑电路中各个触发器的时钟脉冲不统一，每个触发器的状态只有在自己的时钟信号有效时才改变，因此在分析电路时，尽管 CP 时钟信号不是一个逻辑变量，但它参与各个转换方程的逻辑运算。所以必须确定触发器是上升沿触发还是下降沿触发，有效触发的电路，CP 做 1 处理。

（2）分析要从输入信号触发的第一个触发器开始。

同步时序逻辑电路分析可以从任意一个触发器开始分析。而异步时序逻辑电路由于时钟脉冲不一致，所以电路分析时必须从第一级触发器开始，由第一级触发器状态变化，写出下一级触发器的 CP 状态进而分析本级触发器的状态转换，由此递推至最后一级触发器。待状态全部导出后，写出状态表，作出状态图、时序图等。

（3）电路存在时间延迟。

异步时序逻辑电路由于时钟脉冲不同步，因此现态和次态之间会有一段由于触发器状态改变不同步而造成的"不稳定"时间，只有当全部触发器的状态都更新完毕，电路才真正进入次态。因此，电路的输入信号必须等电路进入稳态时才能发生改变，否则电路将由于"不稳定"状态而发生未知性错误。

根据时序电路输入信号可将电路分为脉冲异步时序电路（输入信号以脉冲有无表示）和电位异步时序电路（输入信号以电位的高低来表示）。

2. 分析异步时序逻辑电路的步骤

（1）分析电路结构：确定组合电路部分和存储电路部分。

（2）写出每个触发器的激励方程：由给定的逻辑图可写出，注意将 CP 信号作为逻辑量代入方程。

（3）写出每个触发器的状态方程：把激励方程代入相应触发器的特性方程即可得到。

（4）写出电路的输出方程：根据逻辑图可写出。

（5）列状态表，作状态转换图、时序图。

(6) 找出电路的逻辑功能。

【例4-3】 时序逻辑电路如图4-10所示，假设触发器的初始状态均为0，写出电路的激励方程、状态方程、输出方程，列出状态表，画出状态图、时序图，说明电路的逻辑功能。

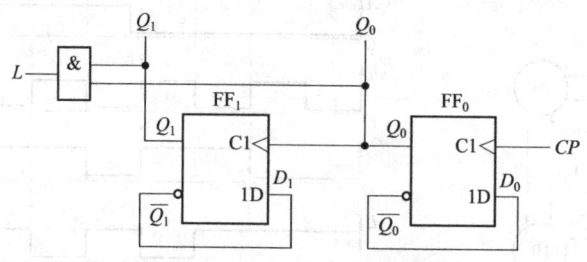

图4-10 例4-3时序逻辑电路

解：(1) 结构分析：该电路由两个 D 触发器和一个与门构成，D 触发器的时钟信号不统一，因此属于异步时序电路。存储电路由两个 D 触发器组成。

(2) 写激励方程及触发器的时钟方程：

$D_0 = \overline{Q_0}$，$CP_0 = CP$，时钟脉冲源的上升沿触发。

$D_1 = \overline{Q_1}$，$CP_1 = Q_0$，当 Q_0 由 0→1 时，Q_1 才可能改变状态，否则 Q_1 将保持原状态不变。

(3) 状态方程：$Q_0^{n+1} = D_0 = \overline{Q_0}$ $Q_1^{n+1} = D_1 = \overline{Q_1}$

(4) 输出方程：$L = Q_1 Q_0$

(5) 列状态表，作状态图、时序图。

① 写出电路的状态表，见表4-4。

表4-4 例4-3电路的状态表

现态		次态		输出	时钟脉冲	
Q_1	Q_0	Q_1^{n+1}	Q_0^{n+1}	L	CP_1	CP_0
0	0	1	1	0	↑	↑
1	1	1	0	1	0	↑
1	0	0	1	0	↑	↑
0	1	0	0	0	0	↑

② 时序电路的状态图如图4-11所示。

③ 时序电路的时序图如图4-12所示。

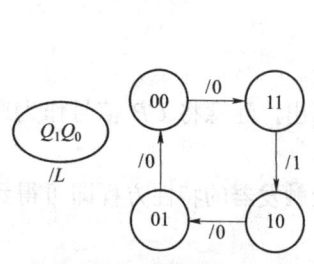

图4-11 例4-3的状态图

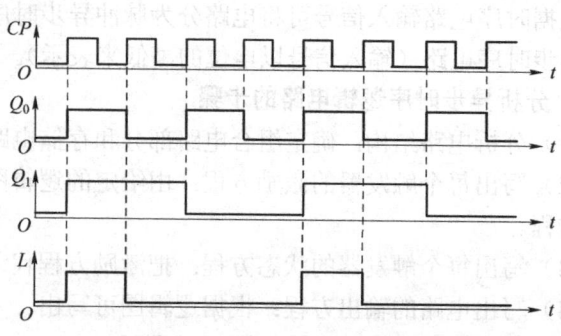

图4-12 例4-3的时序图

（6）电路的逻辑功能：该电路一共有 4 个状态 00、11、10、01，在时钟脉冲作用下，按照减 1 规律循环变化，所以是一个四进制减法计数器，L 是借位信号。

通过本节的内容，可以看出时序逻辑电路的分析步骤大致相同，只是在分析异步时序逻辑电路时要注意时钟信号对电路的影响。

时序逻辑电路按通用性功能可分为典型时序逻辑电路（如移存器、计数器）和一般时序逻辑电路。

4.3　典型时序逻辑电路

4.3.1　寄存器和移位寄存器

1. 寄存器

（1）作用：存储一组二值代码，一组二值代码一般为 4 位或 8 位，也称为数码寄存器。

（2）电路结构：由基本电路及附加控制电路组成。基本电路由触发器构成，完成寄存功能。一个触发器可以存储一位二进制数，如果需要存储 4 位二进制数，就需要 4 个触发器，它们需要相同的时钟控制。附加控制电路完成清零、输入控制、输出控制等功能。

（3）数据输入及输出方式：输入和输入数据并行方式，各位代码同时输入或输出。

图 4-13 所示为由 4 个 D 触发器构成的 4 位寄存器基本电路。若想存 1001，先在数据 $D_3D_2D_1D_0$ 处准备好数据 1001，由于 $Q^{n+1}=D$，当加入 CP 脉冲上升沿时，$Q_3Q_2Q_1Q_0 = D_3D_2D_1D_0 = 1001$，这时 CP 也称为存数指令。

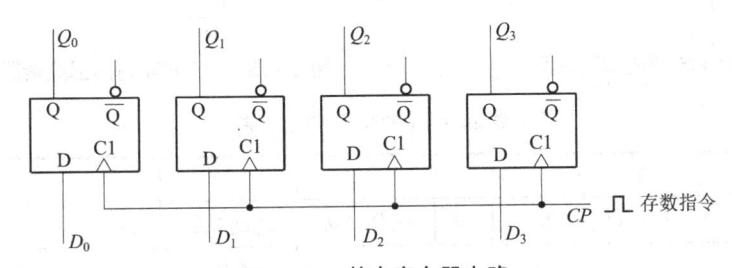

图 4-13　基本寄存器电路

（4）集成芯片 74LS175、CC4076。

① 74LS175：图 4-14 所示为 TTL 集成寄存器 74LS175 的内部逻辑图，CP 为上升沿时，$Q_3Q_2Q_1Q_0 = D_3D_2D_1D_0$，4 位数据并行输入、并行输出储存起来。74LS175 除有寄存 4 位数据功能外，还有清零功能。当 $\overline{R_D}$ 为低电平时，输出 $Q_3Q_2Q_1Q_0$ 端异步清零。

② CC4076：图 4-15 所示为 CMOS 集成寄存器 CC4076 的内部逻辑图，它具有寄存、清零、保持、高阻四种功能。它的功能见表 4-5。

2. 移位寄存器

（1）作用：存储代码、移位。移位是指寄存器里的代码在移位脉冲作用下左移或右移。代码移位可以完成循环移位、数据串并行转换、数值运算、数据处理等功能。

（2）电路结构：由基本电路及附加控制电路组成。基本电路由触发器构成，完成寄存功能。附加控制电路完成清零、保持、数据串并行输入、左右移等功能。

（3）数据输入及输出方式：串入串出、串入并出、并入串出、并入并出四种形式。

图 4-14　74LS175 的内部逻辑图

图 4-15　CC4076 的内部逻辑图

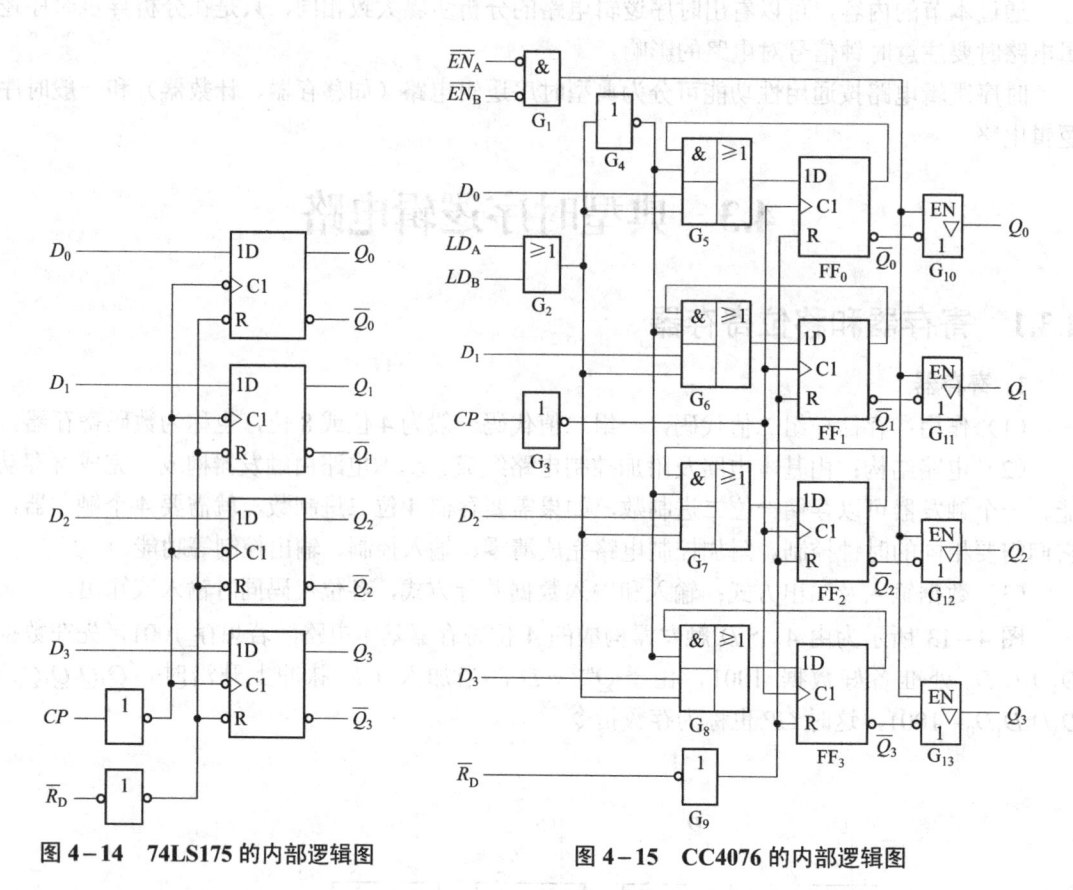

表 4-5　CC4076 的功能表

输入					输出	功　能
$\overline{EN_A}+\overline{EN_B}$	$\overline{R_D}$	LD_A+LD_B	CP	$D_3D_2D_1D_0$	$Q_3Q_2Q_1Q_0$	
1	×	×	×	×	高阻	高阻（三态门关闭）
0	0	×	×	×	0000	异步清零
0	1	0	×	×	$Q_3Q_2Q_1Q_0$	保持
0	1	1	↓	$D_3D_2D_1D_0$	$D_3D_2D_1D_0$	寄存（并行输入、并行输出）

图 4-16 所示为用 D 触发器构成的移位寄存器，数据由 D_I 端串行输入，在移位脉冲作用下，依次右移。输出可以由 $Q_3Q_2Q_1Q_0$ 端并行输出，也可以由 D_O 端串行输出。设 $Q_3Q_2Q_1Q_0$ 的初始状态为×，输入端 D_I 的数据依次为 $D_3D_2D_1D_0$，在四个脉冲作用下，电路的输出状态变化过程见表 4-6。

思考题：如何实现从 D_O 端串行输出？

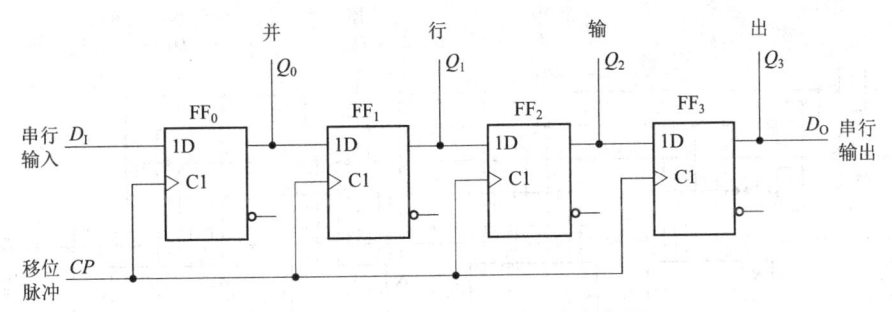

图 4-16 D 触发器构成的移位寄存器

表 4-6 电路的输出状态变化过程

输 入		输 出			
CP 及顺序	D_I	Q_0	Q_1	Q_2	Q_3
0	×	×	×	×	×
1 ↑	D_3	D_3	×	×	×
2 ↑	D_2	D_2	D_3	×	×
3 ↑	D_1	D_1	D_2	D_3	×
4 ↑	D_0	D_0	D_1	D_2	D_3

(4) 集成芯片 74LS194A、CC40194。

74LS194A 与 CC40194 的功能相同，可互换使用，它们的管脚排列及逻辑符号如图 4-17 所示。图 4-18 所示为 4 位双向移位寄存器 74LS194A 的内部逻辑图，它具有寄存、清零、保持、左移、右移五种功能，其功能见表 4-7。

当 $\overline{R_0}=0$ 时，$Q_i=0$，不受 CP 控制，异步置 0；当 $\overline{R_0}=1$ 时，若 $S_1S_0=00$，每个与或非门的最右边与门打开，触发器输入 $S_i=Q_i$，电路处于保持状态；若 $S_1S_0=01$，每个与非门最左边的与门打开，触发器输入 $S_i=Q_{i-1}$，电路完成右移功能；若 $S_1S_0=10$，每个与非门右边第二个与门打开，触发器输入 $S_i=Q_{i+1}$，电路完成左移功能；若 $S_1S_0=11$，每个与非门左边第二个与门打开，触发器输入 $S_i=D_i$，电路完成并行输入功能。

需要注意的是，右移方向是由 $Q_0 \to Q_3$，左移方向是由 $Q_3 \to Q_0$。

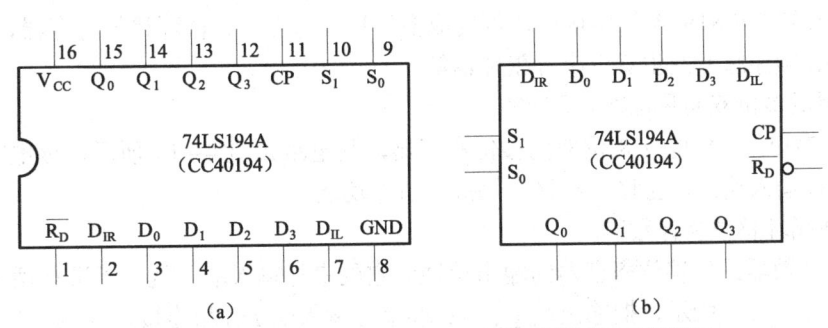

图 4-17 74LS194A（CC40194）的管脚排列及逻辑符号
(a) 管脚排列；(b) 逻辑符号

图 4-18 74LS194A 的内部逻辑图

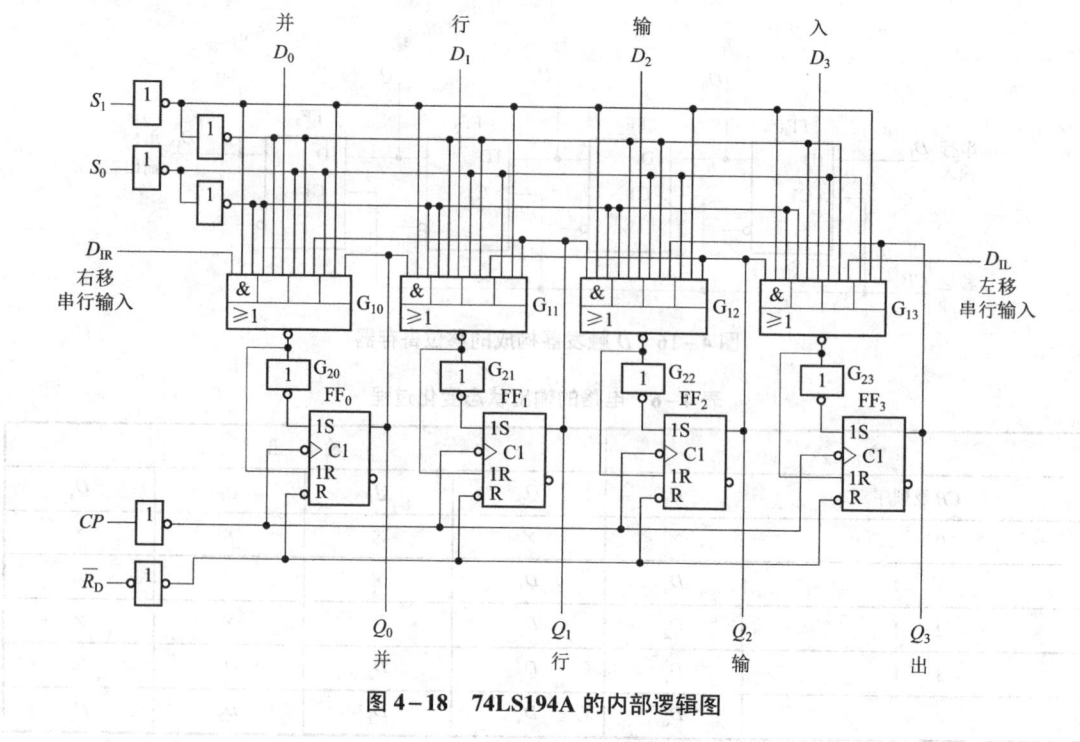

表 4-7 74LS194A 的功能表

$\overline{R_D}$	CP	S_1	S_0	D_{IR}	D_{IL}	D_0	D_1	D_2	D_3	Q_0	Q_1	Q_2	Q_3	功能
0	×	×	×	×	×	×	×	×	×	0	0	0	0	清零
1	↓	×	×	×	×	×	×	×	×	Q_0	Q_1	Q_2	Q_3	保持
1	↑	0	0	×	×	×	×	×	×	Q_0	Q_1	Q_2	Q_3	保持
1	↑	0	1	D_{IR}	×	×	×	×	×	D_{IR}	Q_0	Q_1	Q_2	右移
1	↑	1	0	×	D_{IL}	×	×	×	×	Q_1	Q_2	Q_3	D_{IL}	左移
1	↑	1	1	×	×	a	b	c	d	a	b	c	d	寄存

（5）移位寄存器 74LS194A 应用举例。

移位寄存器 74LS194A 应用很广，可构成多位移位寄存器、循环移位寄存器、串行/并行数据转换器、顺序脉冲发生器、串行累加器等。

① 扩展成多位双向移位寄存器。

用两片 74LS194A 构成 8 位双向移位寄存器，其电路如图 4-19 所示，该电路可完成 8 位数据的并行输入输出、左移、右移、保持、清零功能。

② 构成循环移位型计数器。

a. 环形计数器：把移位寄存器的输出反馈到它的串行输入端，就可以进行循环移位。

如图 4-20（a）所示，把输出端 Q_3 和右移串行输入端 D_{IR} 相连接，令 $S_0=1$，预置数状态 $D_0D_1D_2D_3=1000$，则 S_1 加入启动指令后，在时钟脉冲作用下 $Q_0Q_1Q_2Q_3$ 从 1000 开始依次变为 0100→0010→0001→1000→0100→⋯，状态表见表 4-8，可见它是一个具有四个有效状态的计数器。如果将输出 Q_0 与左移串行输入端 D_{IL} 相连接，令 $S_1S_0=10$，可完成左移循环移位。

环形计数器各个输出端输出在时间上有先后顺序的脉冲，可作为顺序脉冲发生器使用。

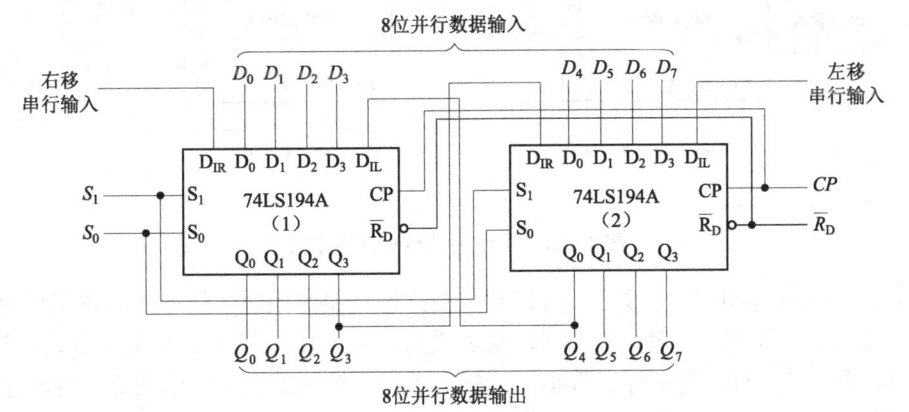

图 4-19 两片 74LS194A 构成 8 位双向移位寄存器的电路

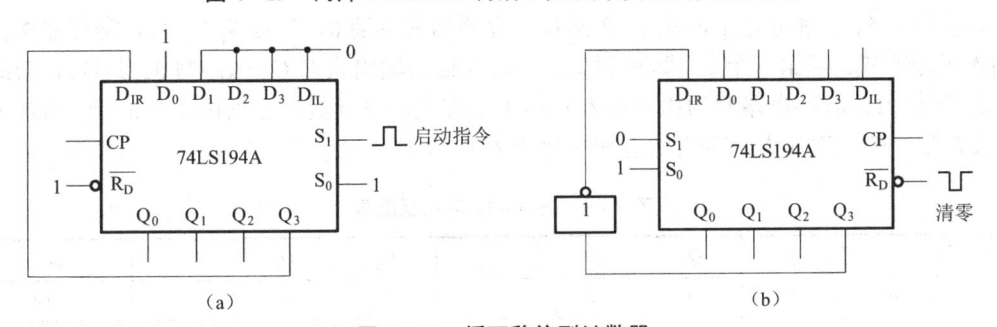

图 4-20 循环移位型计数器
（a）环形计数器；（b）扭环形计数器

表 4-8 图 4-20 状态表

CP	Q_0	Q_1	Q_2	Q_3
0	1	0	0	0
1	0	1	0	0
2	0	0	1	0
3	0	0	0	1

b. 扭环形计数器：把移位寄存器的输出反相后接到串行输入端，构成扭环形计数器。

如图 4-20（b）所示，把输出端 Q_3 和右移串行输入端 D_{IR} 相连接，令 $S_1S_0=01$，在清零信号加入时，$Q_0Q_1Q_2Q_3$ 状态为 0000，然后在时钟脉冲作用下 $Q_0Q_1Q_2Q_3$ 将依次变为 1000→1100→1110→1111→0111→0011→0001→0000→1000…，可见它是一个具有八个有效状态的计数器。扭环形计数器增加了有效计数状态。

③ 串行/并行转换器。

串行/并行转换是指串行输入的数码，经转换电路之后变换成并行输出。

图 4-21 所示为用两片四位双向移位寄存器 74LS194A 组成的七位串行/并行数据转换电路。

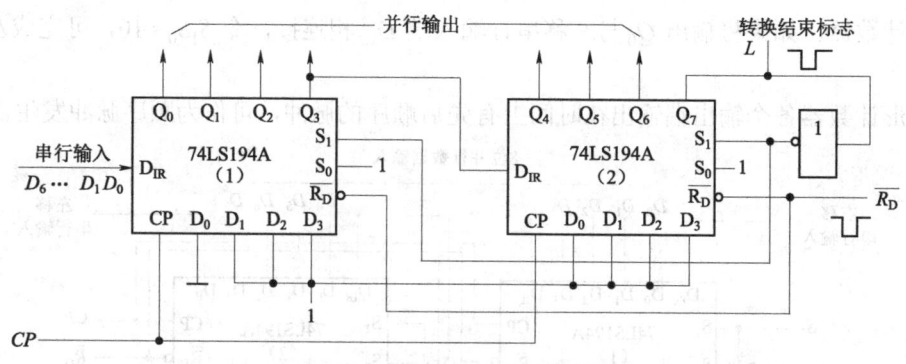

图 4-21 七位串并行转换器电路

电路中 S_0 端接高电平 1，S_1 受 Q_7 控制，两片寄存器连接成串行输入右移工作模式。Q_7 是转换结束标志。当 $Q_7=1$ 时，S_1 为 0，使之成为 $S_1S_0=01$ 的串入右移工作方式；当 $Q_7=0$ 时，$S_1=1$，有 $S_1S_0=11$，则串行送数结束，标志着串行输入的数据已转换成并行输出了。

串行/并行转换的具体过程如下：

转换前，$\overline{R_D}$ 端加低电平，使 1、2 两片寄存器的内容清 0，此时 $S_1S_0=11$，寄存器执行并行输入工作方式。当第一个 CP 脉冲到来后，寄存器的输出状态 $Q_0 \sim Q_7$ 为 01111111，与此同时 S_1S_0 变为 01，转换电路变为执行串入右移工作方式，串行输入数据由 1 片的 D_{IR} 端加入。随着 CP 脉冲的依次加入，输出状态的变化见表 4-9。

表 4-9　图 4-21 电路状态表

CP	Q_0	Q_1	Q_2	Q_3	Q_4	Q_5	Q_6	Q_7	说明
0	0	0	0	0	0	0	0	0	清零
1	0	1	1	1	1	1	1	1	存数
2	D_0	0	1	1	1	1	1	1	
3	D_1	D_0	0	1	1	1	1	1	
4	D_2	D_1	D_0	0	1	1	1	1	
5	D_3	D_2	D_1	D_0	0	1	1	1	右移操作七次
6	D_4	D_3	D_2	D_1	D_0	0	1	1	
7	D_5	D_4	D_3	D_2	D_1	D_0	0	1	
8	D_6	D_5	D_4	D_3	D_2	D_1	D_0	0	
9	0	1	1	1	1	1	1	1	存数

由表 4-9 可见，右移操作七次之后，Q_7 变为 0，S_1S_0 又变为 11，说明串行输入结束。这时，串行输入的数码已经转换成了并行输出了。

当再来一个 CP 脉冲时，电路又重新执行一次并行输入，为第二组串行数码转换做好了准备。

④ 并行/串行转换器。

并行/串行转换器是指并行输入的数码经转换电路之后，换成串行输出。

图 4-22 所示为用两片 74LS194A 组成的七位并行/串行转换电路，它比图 4-21 多了两只与非门 G_1 和 G_2，电路工作方式同样为右移。

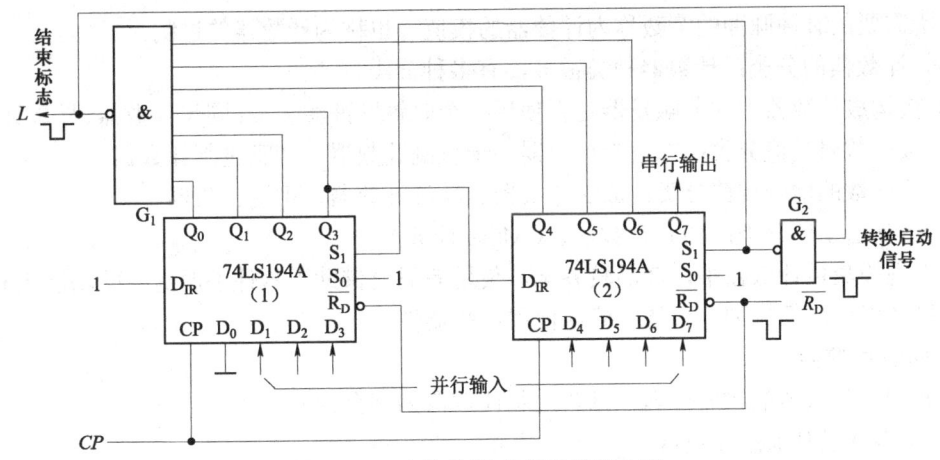

图 4-22 七位并行/串行转换器电路

寄存器清零后，加一个转换启动信号（负脉冲）。此时，由于方式控制 S_1S_0 为 11，转换电路执行并行输入操作。当第一个 CP 脉冲到来后，$Q_0Q_1Q_2Q_3Q_4Q_5Q_6Q_7$ 的状态为 $0D_1D_2D_3D_4D_5D_6D_7$，并行输入数码存入寄存器。从而使得 G_1 输出为 1，G_2 输出为 0，结果，S_1S_2 变为 01，转换电路随着 CP 脉冲的加入开始执行右移串行输出，随着 CP 脉冲的依次加入，输出状态依次右移，待右移操作七次后，$Q_0 \sim Q_6$ 的状态都为高电平 1，与非门 G_1 输出为低电平，G_2 门输出为高电平，S_1S_2 又变为 11，表示并行/串行转换结束，且为第二次并行输入创造了条件。转换过程见表 4-10。

表 4-10 转换过程

CP	Q_0	Q_1	Q_2	Q_3	Q_4	Q_5	Q_6	Q_7（串行输出）	结束标志 L
0	0	0	0	0	0	0	0	0	1
1	0	D_1	D_2	D_3	D_4	D_5	D_6	D_7	1
2	1	0	D_1	D_2	D_3	D_4	D_5	D_6	1
3	1	1	0	D_1	D_2	D_3	D_4	D_5	1
4	1	1	1	0	D_1	D_2	D_3	D_4	1
5	1	1	1	1	0	D_1	D_2	D_3	1
6	1	1	1	1	1	0	D_1	D_2	1
7	1	1	1	1	1	1	0	D_1	1
8	1	1	1	1	1	1	1	0	0
9	0	D_1	D_2	D_3	D_4	D_5	D_6	D_7	1

4.3.2 计数器

1. 计数器概述

（1）计数器的作用：计数器是一个用以实现计数功能的时序部件，它不仅可用来累计输入脉冲的个数，还常用作数字系统的定时、分频、产生节拍脉冲、脉冲序列、执行数字运算以及其他特定的逻辑功能。

（2）计数器的模：计数器是一个周期性的时序电路，其状态图有一个闭合环，闭合环循环一次所需要的时钟脉冲的个数称为计数器的模值，也称为计数器的进制。

（3）计数器的分类：计数器种类很多，有多种分类方法。

① 按构成计数器中的各触发器是否使用一个时钟脉冲源分类：同步计数器、异步计数器。

② 按计数器模值分类：二进制计数器、十进制计数器、任意进制计数器。

③ 按计数的增减规律分类：加法计数器、减法计数器、可逆计数器。

④ 按制造工艺分类：TTL 计数器、CMOS 计数器。

在中规模集成计数器中，产品较齐全，使用者只要借助于器件手册提供的功能表和工作波形图以及引出端的排列，就能正确地使用这些器件。

2. 同步计数器

（1）同步计数器的构成原理（以八进制计数器为例介绍）。

① 同步八进制加法计数器。

八进制加法计数器需要 3 个触发器，它们的状态即计数规律，见表 4–11。

表 4–11 八进制加法计数器的计数规律

CP 的顺序	触发器现态			触发器次态		
	Q_2	Q_1	Q_0	Q_2^{n+1}	Q_1^{n+1}	Q_0^{n+1}
0	0	0	0	0	0	1
1	0	0	1	0	1	0
2	0	1	0	0	1	1
3	0	1	1	1	0	0
4	1	0	0	1	0	1
5	1	0	1	1	1	0
6	1	1	0	1	1	1
7	1	1	1	0	0	0

由状态表 4–11 可以看出它的构成规律：最低位 Q_0 总是处于翻转状态，次低位 Q_1 在低位为 1 时翻转，最高位 Q_2 是低于本位数据全为 1 时翻转。

如果用 3 个上升沿 JK 触发器构成，则 $J_0 = K_0 = 1$；$J_1 = K_1 = Q_0$；$J_2 = K_2 = Q_0 Q_1$，其电路如图 4–23 所示。

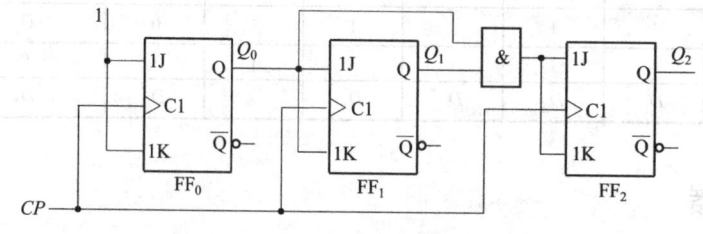

图 4–23 八进制加法计数器的电路

设各触发器的初始状态均为 0，八进制加法计数器电路的时序图如图 4–24 所示。由时序图 4–24 可知，如果以 Q_0 为输出，频率为 1/2 CP 频率；以 Q_1 为输出，频率为 1/4 CP 频率；以 Q_2 为输出，频率为 1/8 CP 频率，分别称为 2 分频、4 分频、8 分频，所以计数器又称为分频器。

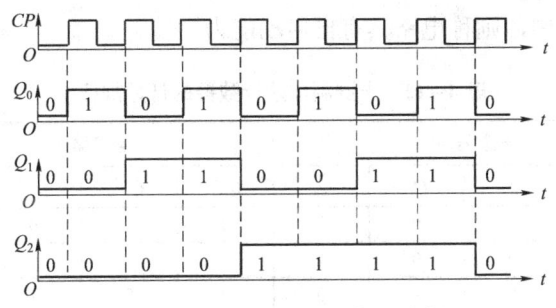

图 4-24 八进制加法计数器时序图

② 同步八进制减法计数器。

八进制减法计数的规律与加法计数规律的方向相反，最低位 Q_0 总是处于翻转状态，次低位 Q_1 在低位为 0 时翻转，最高位 Q_2 是低于本位数据全为 0 时翻转。

如果用 3 个上升沿 JK 触发器构成，则 $J_0=K_0=1$；$J_1=K_1=\overline{Q_0}$；$J_2=K_2=\overline{Q_0}\,\overline{Q_1}$，其电路图如图 4-25 所示。

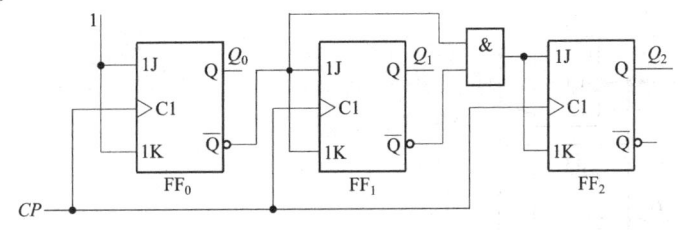

图 4-25 八进制减法计数器的电路

③ 同步十六进制加法计数器。

十六进制加法计数器需要 4 个触发器，它的计数规律与表 4-11 类似，用 4 个下降沿 JK 触发器构成的电路如图 4-26 所示。4 个触发器状态变化规律是：最低位 Q_0 总是处于翻转状态，高位是低于本位数据全为 1 时翻转，进位输出信号 $C=Q_3Q_2Q_1Q_0$，$Q_3Q_2Q_1Q_0$ 在 1111 状态时进位输出信号 C 为 1。

（2）同步十进制计数器。

① 同步十进制加法计数器。

十进制加法计数器需要 4 个触发器，它的计数规律见表 4-12。

由表 4-12 可以看出它的构成规律：最低位 Q_0 总是处于翻转状态，次低位 Q_1 在低位为 1 且 Q_3 为低位时翻转，其他位是低于本位数据全为 1 时翻转，当 $Q_3Q_2Q_1Q_0$ 为 1001 时，下一个状态为 0000，且在此状态输出进位信号 $C=1$。

用 4 个 JK 触发器构成的十进制加法计数器的电路如图 4-27（a）所示，它的状态转换图如图 4-27（b）所示。当 $Q_3Q_2Q_1Q_0$ 为 1010～1111 时，经过 1～2 个

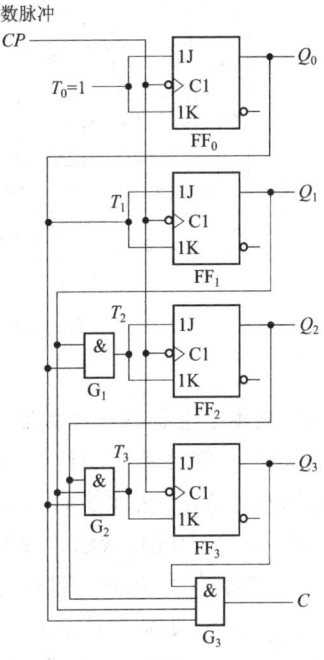

图 4-26 十六进制加法计数器电路原理图

脉冲能回到有效循环当中，则称电路具有自启动能力。

表 4-12　十进制加法计数器的计数规律

CP 的顺序	触发器现态				触发器次态				进位输出
	Q_3	Q_2	Q_1	Q_0	Q_3^{n+1}	Q_2^{n+1}	Q_1^{n+1}	Q_0^{n+1}	C
0	0	0	0	0	0	0	0	1	0
1	0	0	0	1	0	0	1	0	0
2	0	0	1	0	0	0	1	1	0
3	0	0	1	1	0	1	0	0	0
4	0	1	0	0	0	1	0	1	0
5	0	1	0	1	0	1	1	0	0
6	0	1	1	0	0	1	1	1	0
7	0	1	1	1	1	0	0	0	0
8	1	0	0	0	1	0	0	1	0
9	1	0	0	1	0	0	0	0	1

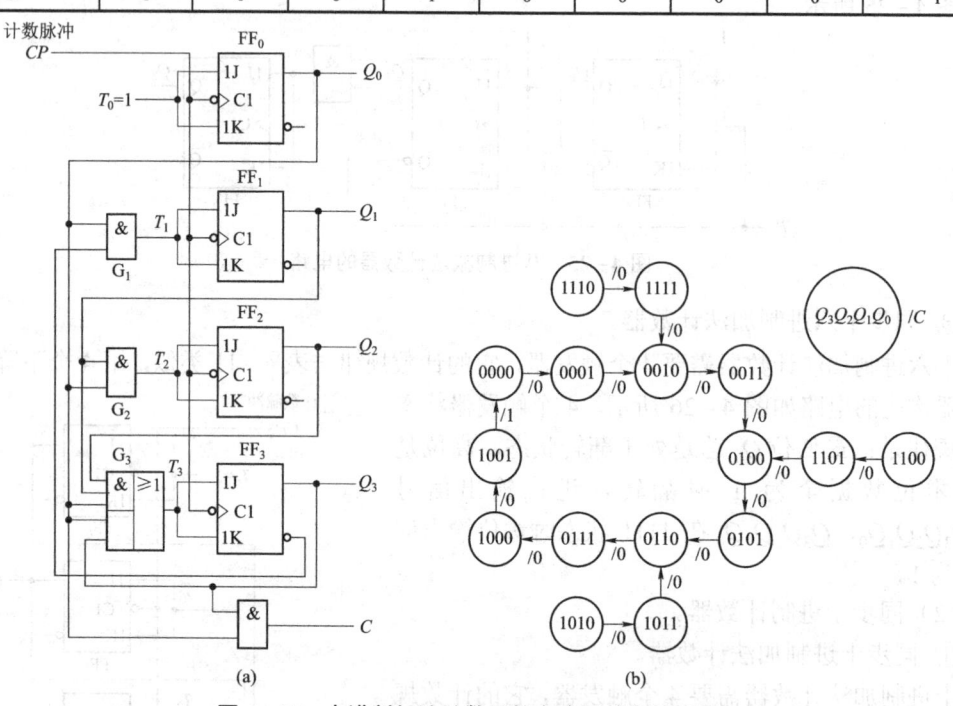

图 4-27　十进制加法计数器的电路及状态转换图
(a) 电路；(b) 状态转换图

② 同步十进制减法计数器

十进制减法计数器的计数规律与表 4-12 方向相反，最低位 Q_0 总是处于翻转状态，Q_1 在 Q_0 为 0 且 $Q_3Q_2Q_1$ 至少有一个 1 时翻转。Q_2 在 $Q_1+Q_0=0$ 且 $Q_3+Q_2=1$ 时翻转，Q_3 在低位都为 0 时翻转。十进制减法计数器电路图及状态转换图如图 4-28 所示，当 $Q_3Q_2Q_1Q_0$ 为 0000 时，下一个状态为 1001，且在此状态输出借位信号 $B=1$。电路具有自启动能力。

(3) 同步计数器集成芯片。

① 同步十六进制计数器 74LS161。

74LS161 的内部逻辑图、管脚排列及逻辑符号如图 4–29 所示，它的功能见表 4–13，具有异步清零、同步置数、保持数据、加法计数功能。输出有 0000～1111 十六个状态，在 1111 时产生高电平进位信号。

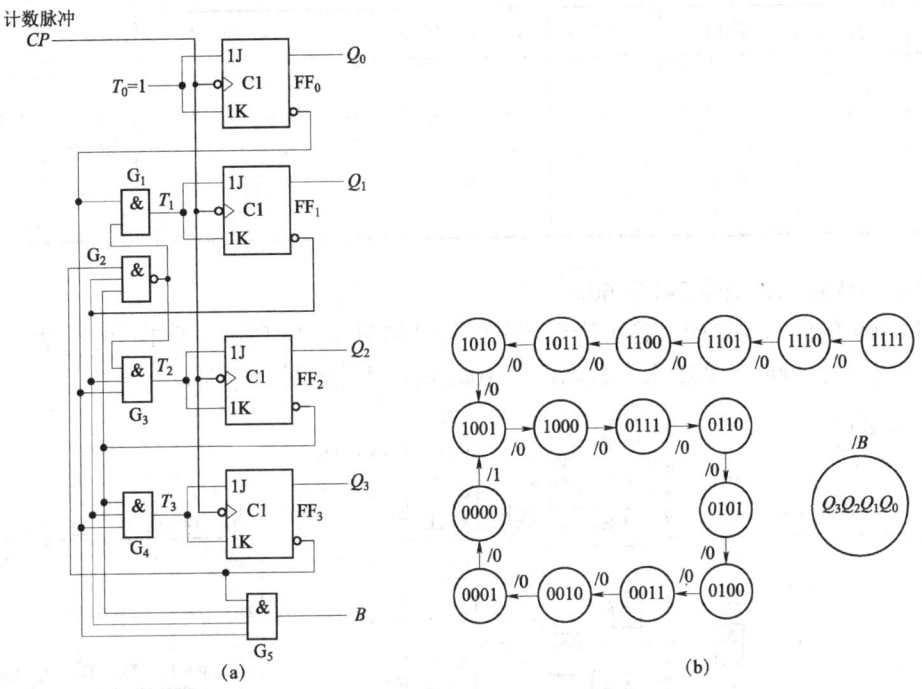

图 4–28 十进制减法计数器电路原理图及状态转换图
（a）电路原理图；（b）状态转换图

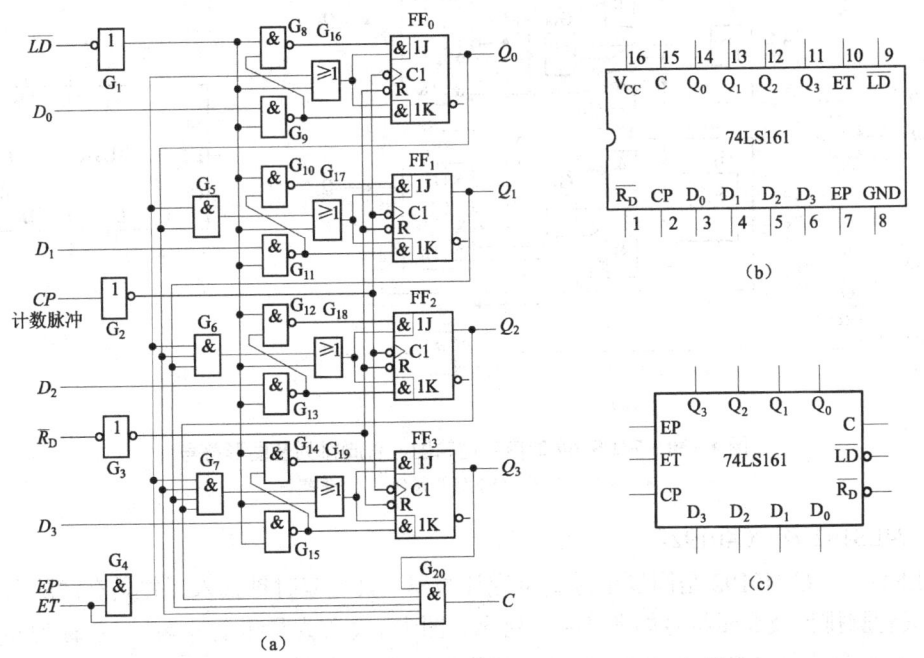

图 4–29 74LS161 的内部逻辑图、管脚排列及逻辑符号
（a）内部逻辑图；（b）管脚排列；（c）逻辑符号

表 4-13 74LS161 的功能

清零 $\overline{R_D}$	预置 $\overline{LD}$	使能 EP ET	时钟 CP	预置数据输入 D_3 D_2 D_1 D_0	输出 Q_3 Q_2 Q_1 Q_0	功能
0	×	× ×	×	× × × ×	0 0 0 0	异步清零
1	0	× ×	↑	d_3 d_2 d_1 d_0	d_3 d_2 d_1 d_0	同步并行置数
1	1	0 1	×	× × × ×	保持	数据保持（C 不变）
1	1	× 0	×	× × × ×	保持	数据保持（C=0）
1	1	1 1	↑	× × × ×	计数	加法计数

② 同步十进制计数器 74LS160。

74LS160 的内部逻辑图、管脚排列及逻辑符号如图 4-30 所示，它的功能与表 4-13 相同，但输出只有 0000～1001 十个状态，在 1001 时产生进位输出信号。

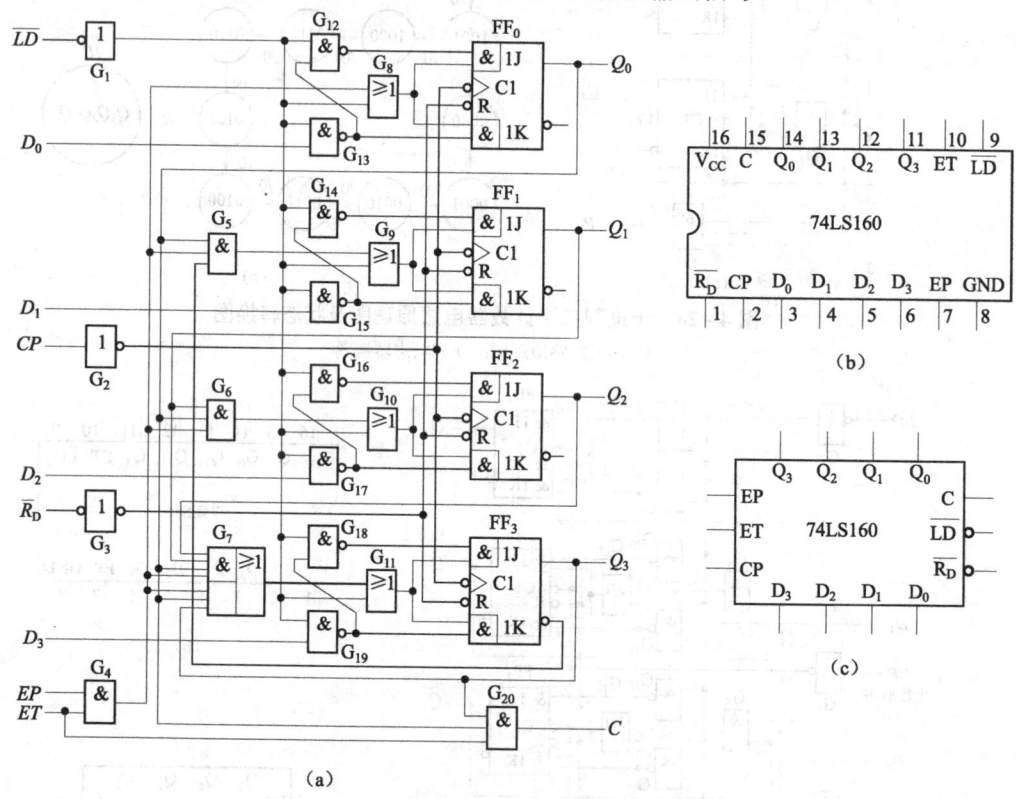

图 4-30 74LS160 的内部逻辑图、管脚排列及图形符号
(a) 内部逻辑图；(b) 管脚排列；(c) 逻辑符号

③ 74LS192 及 CC40192。

74LS192 及 CC40192 是同步十进制可逆计数器，具有双时钟输入，并具有清除和置数等功能，其管脚排列及逻辑符号如图 4-31 所示，图中 CR 称为异步清零端，$\overline{LD}$ 称为异步置数控制端，CP_U 称为加计数脉冲输入端，CP_D 称为减计数脉冲输入端，$\overline{CO}$ 称为进位输出端，$\overline{BO}$ 称为借位输出端，D_0、D_1、D_2、D_3 为计数器预置数输入端，Q_0、Q_1、Q_2、Q_3 为数据输出端。

它们的功能见表 4-14。

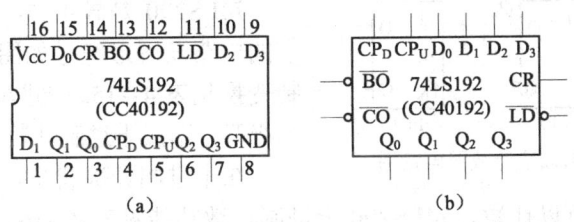

图 4-31　74LS192 和 CC40192 的管脚排列及逻辑符号

(a) 管脚排列；(b) 逻辑符号

表 4-14　74LS192 和 CC40192 的功能

输入								输出				功能
CR	$\overline{LD}$	CP_U	CP_D	D_3	D_2	D_1	D_0	Q_3	Q_2	Q_1	Q_0	
1	×	×	×	×	×	×	×	0	0	0	0	异步清零
0	0	×	×	d	c	b	a	d	c	b	a	异步置数
0	1	↑	1	×	×	×	×	加计数				加计数
0	1	1	↑	×	×	×	×	减计数				减计数

当清除端 CR 为高电平"1"时，计数器直接清零；CR 置低电平则执行其他功能。

当 CR 为低电平，置数端 $\overline{LD}$ 也为低电平时，数据直接从置数端 D_0、D_1、D_2、D_3 置入计数器。当 CR 为低电平，$\overline{LD}$ 为高电平时，执行计数功能。执行加计数时，减计数端 CP_D 接高电平，计数脉冲由 CP_U 输入；在计数脉冲上升沿进行 8421 码十进制加法计数。执行减计数时，加计数端 CP_U 接高电平，计数脉冲由减计数端 CP_D 输入。

3. 异步计数器

(1) 异步计数器构成原理（以八进制计数器为例进行讲解）。

① 异步八进制加法计数器。

八进制加法计数器的计数规律见表 4-11。

由表 4-11 可以看出它的构成规律：最低位 Q_0 总是处于翻转状态，Q_1 是在 Q_0 由 1→0 时翻转，Q_2 是在 Q_1 由 1→0 时翻转。

如果用 3 个下降沿 T' 触发器构成，则 $J_0=K_0=J_1=K_1=J_2=K_2=1$。$Q_0$ 的 CP 由外部时钟 CP_0 给，Q_1 的 CP_1 由 Q_0 给，Q_2 的 CP_2 由 Q_1 给，则：Q_0、Q_1、Q_2 均是在时钟条件满足时翻转，电路图如图 4-32 所示。

思考题：如果用上升沿 JK 触发器，电路如何连接？

② 异步八进制减法计数器。

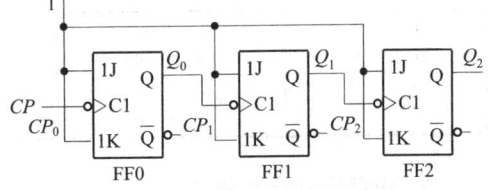

图 4-32　异步八进制加法计数器电路图

八进制减法计数器的计数规律与表 4-11 方向相反，它的构成规律：最低位 Q_0 总是处于翻转状态，Q_1 是在 Q_0 由 0→1 时翻转，Q_2 是在 Q_1 由 0→1 时翻转。用上升沿 JK 触发器构成的电路图如图 4-33 所示。

思考题：如果用下降沿 JK 触发器，电路如何连接？

（2）异步计数器集成芯片 74LS290。

74LS290 是异步二—五—十进制计数器，它的电路及图形符号如图 4-34 所示。它的进制变换见表 4-15。二进制计数器与五进制计数器级联，形成十进制计数器。

在十进制计数状态，电路可以异步清零，也可以异步置 9，也可以计数，74LS290 十进制计数功能见表 4-16。

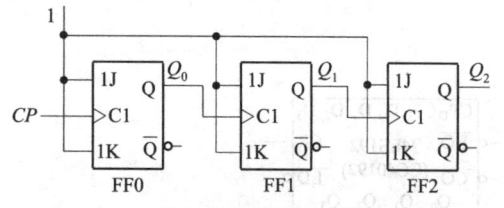

图 4-33 异步八进制减法计数器电路图

图 4-34 74LS290 的电路及图形符号
(a) 电路；(b) 图形符号

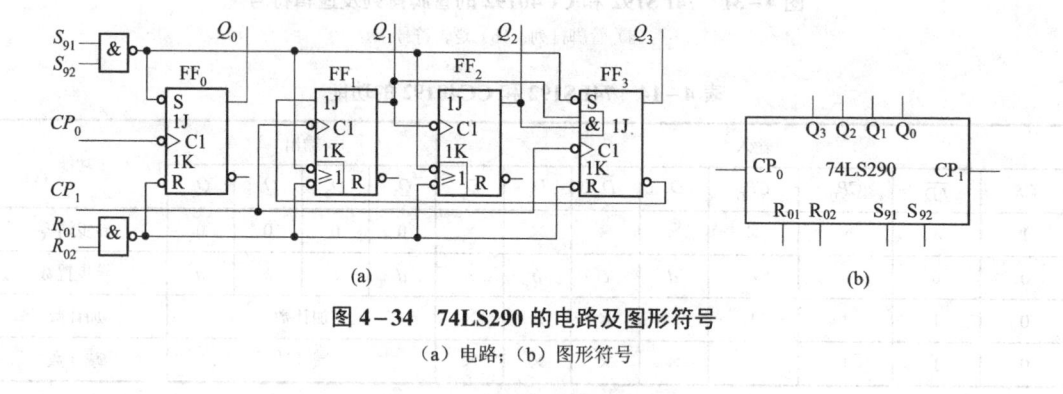

表 4-15 74LS290 进制变换

CP 输入端	输出端	进制	输出状态	分频端
CP_0	Q_0	二	0、1	Q_0 为二分频端
CP_1	$Q_3Q_2Q_1$	五	000～100	Q_3 为五分频端
CP_0 且 Q_0 与 CP_1 相连	$Q_3Q_2Q_1Q_0$	十	0000～1001	Q_3 为十分频端

表 4-16 74LS290 十进制计数功能

复位输入 R_{01} R_{02}	置位输入 S_{91} S_{92}	时钟 CP	输出 Q_3 Q_2 Q_1 Q_0	功能
1 1	0 × × 0	×	0 0 0 0	异步清零
0 × × 0	1 1	×	1 0 0 1	异步置 9
0 × 0 × × 0 × 0	0 × × 0 0 × × 0	↓ ↓ ↓ ↓	计数 计数 计数 计数	加法计数

3. 任意进制计数器

在集成的计数器芯片中，大多为十进制或多位二进制的产品。人们在实际应用计数器时，需要的计数器模多种多样。如时钟电路中，秒转换为分、分转换为小时需要六十进制计数器，小时转换为日需要二十四进制计数器，日转换为周需要七进制计数器，日转换为月需要二十八、三十、三十一进制计数器。这样我们需要自己根据现有的集成产品设计任意进制的计数器。

假设现在有 N 进制计数器产品，但需要 M 进制计数器，怎么设计？

（1）$M<N$，这时只需要一片 N 进制计数器。在计数器进程中，设法跳过（$N-M$）个状态，怎么连接？

① 置零法：计数器从全零状态 S_0 开始计数，计满 M 个状态后产生清零信号，使计数器恢复到初态 S_0，然后再重复上述过程。

a. 异步清零法：针对有异步清零的集成芯片应用，如 74LS160、74LS161。

原理：N 进制计数器从全零状态 S_0 开始→接收 M 个计数脉冲→进入 S_M 状态→清零控制端 $R_D=1$ 或 $\overline{R_D}=0$→立刻返回 S_0→跳过了 $N-M$ 状态。其状态转换图如图 4-35（a）所示。

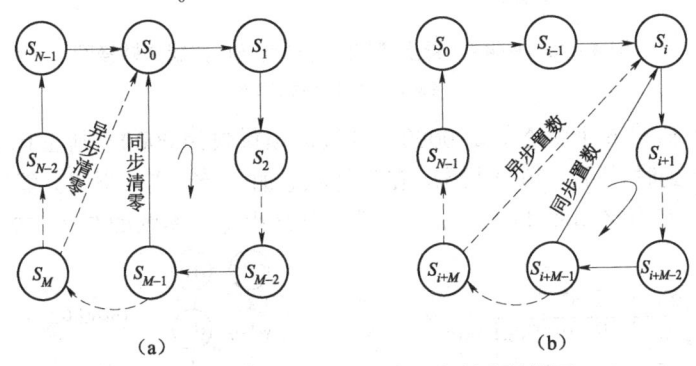

图 4-35 设计 M 进制计数器的状态转换图
（a）异步清零法；（b）同步置数法

电路进入 S_M 状态后，立即又被置成 S_0 状态，S_M 状态仅在极短的瞬时出现，在稳定的循环中不包含 S_M 状态。

b. 同步清零法：针对有同步清零的集成芯片应用，如 74LS163。

与异步清零法类似，只是在 S_{M-1} 状态产生清零信号→等待下一个 CP 到来→返回 S_0。

注意同步与异步的区别：一是产生清零的控制信号起作用时是否受时钟脉冲控制，二是产生清零的信号状态是否为稳定状态。

② 置数法：它可以通过预置功能使计数器从某个预置状态 S_i 开始计数，计满 M 个状态后产生置数信号，使计数器又进入预置状态 S_i，然后再重复上述过程。

a. 同步置数法：针对有同步置数的集成芯片应用，如 74LS160、74LS161。

原理：N 进制计数器从任一状态 S_i 开始→接收 M 个计数脉冲→进入 S_{i+M-1} 状态→置数控制端 $LD=1$ 或 $\overline{LD}=0$→等待下一个 CP 到来→返回 S_i→跳过了 $N-M$ 状态。其状态转换图如图 4-35（b）所示。

b. 异步置数法：针对有异步置数的集成芯片应用，如 74LS193。

原理：从任一状态 S_i 开始→在 S_{i+M} 状态→置数控制端 $LD=1$ 或 $\overline{LD}=0$→立刻返回 S_i。

置数法和清零法区别：计数状态不一定从全零状态开始，置数操作可以在任意状态进行。

【例 4-4】 用同步十六进制计数器 74LS161 构成六进制计数器。74LS161 的逻辑图如图 4-29 所示，它的功能表见表 4-13。

解：74LS161 有异步清零端和同步置数端，所以可以用异步清零法和同步置数法设计。

异步清零法：必须包含全零状态，所以 6 个状态可以是 0000~0101，应该在 0110 时产生清零信号，这个状态不是稳定状态。在其他状态时，经过若干脉冲，能够回到有效状态，具有自启动功能,其电路如图4-36(a)所示,其电路状态转换图如图4-36(b)所示。

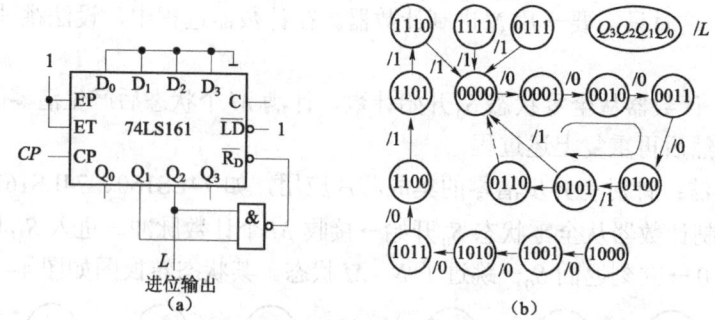

图4-36 例4-4 异步清零法的电路及电路状态转换图
(a) 电路；(b) 电路状态转换图

同步置数法:假设6个状态仍是0000~0101,预置数为0000,则在0101时产生置数信号,下一个脉冲来到时,回到0000状态。在其他状态时,经过若干脉冲,能够回到有效状态,具有自启动功能,其电路如图4-37(a)所示,电路状态转换图如图4-37(b)所示。

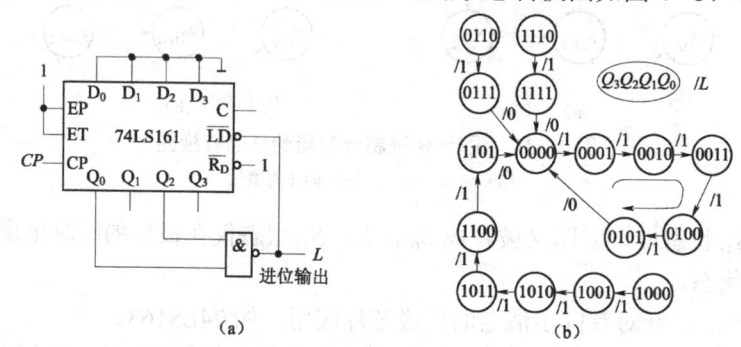

图4-37 例4-4 同步置数法的电路及电路状态转换图

思考题:置数端可以为任意状态,有无其他设计方法?

总结:采用清零法或置数法设计任意模值计数器都经过三个步骤:

第一步:选择模M计数器的计数范围,确定初态和末态;

第二步:确定产生清零或置数信号的反馈状态,然后根据反馈状态设计反馈电路;

第三步:画出模M计数器的逻辑电路。

(2) $M>N$,这时需要多片N进制计数器。

① M可以分解为两个小于N的因数相乘,即$M=N_1\times N_2$,多级之间连接方式如下。

a. 串行进位方式:用低位计数器的进位输出信号L作为高位计数器的时钟信号,各级计数器的使能端始终处于有效状态。低位计数器的模就是两片之间的进位关系。

b. 并行进位方式:各级计数器的CP端接到一起,用低位计数器的进位输出信号L控制高位计数器的使能端EP、ET。低位计数器的模就是两片之间的进位关系。

c. 整体置数法:多片N进制计数器先用并行进位方式接成$M_1=N\times N$进制的计数器,然后用置数法设计成M进制的计数器。根据使用芯片的功能,选择同步置数或异步置数。

d. 整体清零法:多片N进制计数器先用并行进位方式接成$M_1=N\times N$进制的计数器,然后用清零法设计成M进制的计数器。根据使用芯片的功能,选择同步清零或异步清零。

【例4-5】用同步十进制计数器74LS160构成四十八进制计数器,并说明设计电路的状态。74LS160 的逻辑图如图 4-30 所示，它的功能表见表 4-13。

解：首先分析 100＞48＞10，所以要用 2 片 74LS160 设计。然后分析 48 可以进行分解为 6×8，先将 74LS160 用同步置数法一个设计为六进制，另一个设计为八进制，两级之间连接方式是可以并行进位、串行进位。

本题也可以这样分析：先用 2 片 74LS160 通过并行进位方式设计成百进制计数器，然后用整体置数法或整体清零法设计成四十八进制计数器。

串行进位方式电路如图 4-38（a）所示，前级为八进制计数器，后级为六进制计数器。电路的状态用 $Q_3Q_2Q_1Q_0(2) \ Q_3Q_2Q_1Q_0(1)$ 表示为：0000 0000→0000 0001→0000 0010→…→0000 0111→0001 0000→0001 0001→…→0001 0111→0010 0000→0010 0001→…→0010 0111→0011 0000→0011 0001→…→0011 0111→0100 0000→0100 0001→…→0100 0111→0101 0000→0101 0001→…→0101 0111→0000 0000，共 48 个稳定状态。

思考题：进位信号是低电平还是高电平？两级中间与非门什么作用？哪级是低位？哪级是高位？前后级可以调换吗？

并行进位方式电路如图 4-38（b）所示，前级为八进制计数器，后级为六进制计数器。48 个状态与串行进位方式相同。

思考题：两级中间为什么加入一个非门？前后级可以调换吗？

整体置数法电路如图 4-38（c）所示，电路输出的状态值是 1～48。

思考题：四十八进制计数器为什么反馈状态是 48？

整体清零法电路如图 4-38（d）所示，电路输出的状态值是 0～47。

② M 为素数，不能分解为两个小于 N 的因数相乘，只能采用整体置数法和整体清零法。

【例 4-6】 用同步十六进制计数器 74LS161 构成二十三进制计数器。

解：首先分析 23＞16，所以要用 2 片 74LS161 设计。其次分析 23 是素数，不能被分解，所以只能用整体置数法或整体清零法设计。如果设计的有效状态是 0～22，用 74LS161 设计，两片之间是 16 进制的，所以产生反馈置数的状态是 16H，产生异步清零的状态是 17H。

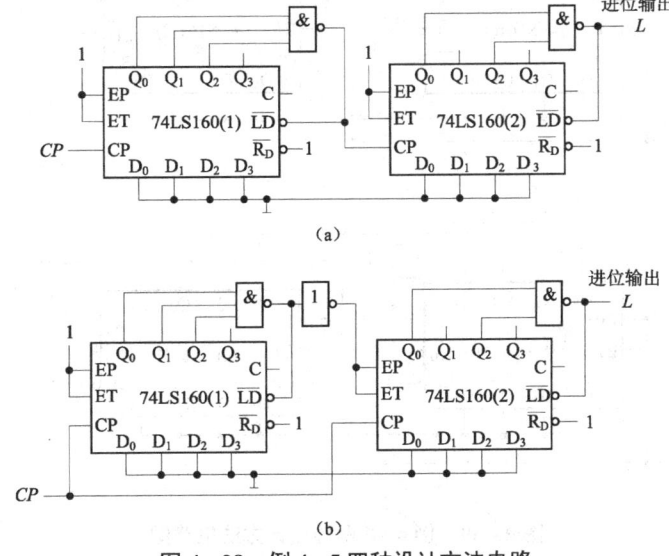

图 4-38 例 4-5 四种设计方法电路
（a）串行进位方式电路；（b）并行进位方式电路

(c)

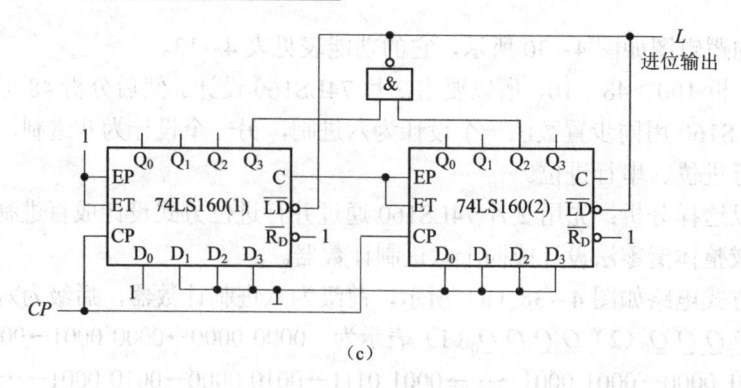

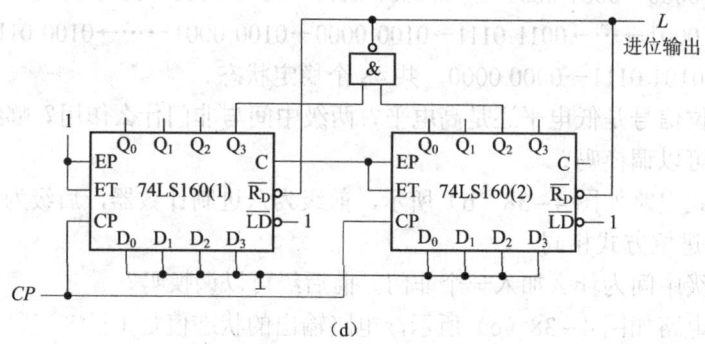

(d)

图 4-38 例 4-5 四种设计方法电路图（续）
（c）整体置数法电路；（d）整体清零法电路

整体置数法电路如图 4-39（a）所示，整体清零法电路如图 4-39（b）所示。

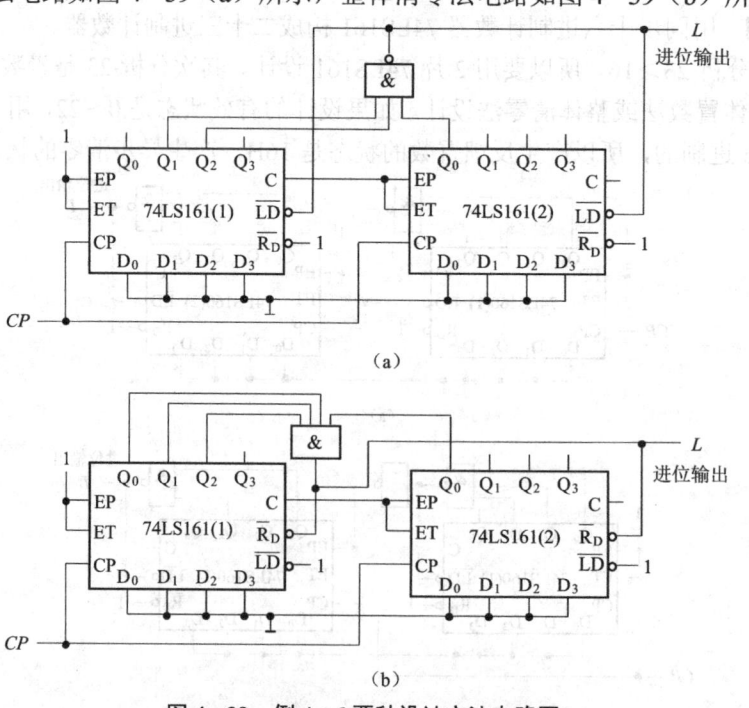

(a)

(b)

图 4-39 例 4-6 两种设计方法电路图
（a）整体置数法电路；（b）整体清零法电路

4.4 时序逻辑电路的设计

时序逻辑电路的设计与分析是相反的过程,即给出具体逻辑问题,求出实现这一逻辑功能的电路,结果应力求简单。

都有哪些设计方法?随着电子器件的不断发展更新,设计方法也是不断变化。目前常用的时序电路设计方法有:

(1) 用小规模集成电路设计,要求所用的触发器和门电路最少,输入端数目也最少。
(2) 用中、大规模集成电路设计,要求所用器件数目最少、种类最少、连线最少。
(3) 用可编程逻辑器件设计,本书不做介绍。

4.4.1 时序逻辑电路的一般设计方法

用小规模集成电路设计时序逻辑电路的一般方法及步骤如下:

(1) 逻辑抽象,画出原始状态转换图。

逻辑抽象就是将用语言表述的要求实现的逻辑功能转换为时序逻辑函数,以便画出电路图。一般不能直接得到逻辑函数,可以先转换为状态转换表或状态转换图。

① 分析给定的逻辑问题,确定输入变量、输出变量、电路的状态。
② 定义输入逻辑状态、输出逻辑状态、电路状态的含义,确定电路状态编号。
③ 依照题意列出电路状态转换表或画出原始状态转换图。

(2) 状态化简,画出最简状态转换图。

原始状态图(表)通常不是最简的,往往可以消去一些多余状态。消去多余状态的过程叫作状态化简。

若两个电路状态在相同的输入下有相同的输出,并且转换到相同的次态,则称这两个状态是等价状态或等效状态。等价状态是重复的,可以合并为一个。所有的状态都不重复时的状态图称为最简状态图。电路的状态数越少,设计的电路越简单。

(3) 状态分配,列状态编码表。

状态分配又称状态编码,就是给每个状态赋予一个二进制代码。每一位二进制代码是一个状态变量,假设状态变量数为 n 个,每一个状态变量可以取 0、1,则所有状态变量的组合数为 2^n。电路的状态数 M 应满足:$2^{n-1} < M \leq 2^n$,将这些状态变量组合赋给电路状态,得到编码状态表。当 $M < 2^n$ 时,状态分配的方案不唯一,结果会有电路简单或复杂的区分。例如两个状态变量有 00、01、10、11 四种组合,而状态有三个 S_0、S_1、S_2,会有一个多种组合,所以分配的方案有多种。

(4) 确定触发器的数量及类型。

实际电路中,一个状态变量由一个触发器完成,触发器的个数就是状态变量的个数 n。一般选边沿结构的 D 触发器或 JK 触发器。触发器的类型选得合适,可以简化电路结构。

(5) 写输出方程和激励方程。

根据编码状态表以及触发器的逻辑功能,求出电路的输出方程和激励方程。

(6) 画出逻辑图。

根据输出方程和激励方程画出逻辑图。

(7) 检查电路能否自启动。

检查多余状态在若干时钟脉冲作用后次态及输出，看能否回到有效循环中。如果能回到有效循环中，电路具有自启动能力，如果不能回到有效循环中，电路没有自启动能力，要修改设计。

【例 4-7】 设计一个串行数据检测器。该检测器有一个输入端，它的功能是对输入信号进行检测。当连续输入三个及三个以上 1 时，该电路输出 1，否则输出 0。

解：(1) 逻辑抽象。

设输入变量为 A，可以为 1 或 0；输出变量为 L，当输入为 3 个及 3 个以上 1 时，$L=1$，否则 $L=0$。

根据设计要求设定状态，S_0——初始状态即没有收到 1 时的状态；S_1——收到一个 1 后的状态；S_2——连续收到两个 1 后的状态；S_3——连续收到三个及三个以上 1 后的状态。

根据题意可画出如图 4-40（a）所示的原始状态图。

(2) 状态化简。

在图 4-40（a）中，S_2 和 S_3 在相同输入时，次态相同，输出相同，所以 S_2 和 S_3 是等价状态，将 S_2 和 S_3 合并，并用 S_2 表示，图 4-40（b）所示为最简状态图。

(3) 状态分配，列状态转换编码表。

三个状态 S_0、S_1、S_2，至少用两位编码表示。令 $S_0=00$、$S_1=01$、$S_2=11$，得到如图 4-40（c）所示的编码形式状态图。

由图 4-40（c）的状态图得到编码后的状态表，见表 4-17。

表 4-17 编码后的状态表

S \ S^{n+1}/L \ A	0	1
0 0	00/0	01/0
0 1	00/0	11/0
1 1	00/0	11/1

(4) 选择触发器。

两位的编码，就是两个状态变量，选 2 个边沿结构的 D 触发器，特性方程为 $Q^{n+1}=D$。

(5) 求状态方程、激励方程和输出方程。

根据表 4-17，将触发器输出作为状态变量，令：$S=Q_1Q_0$，$S^{n+1}=Q_1^{n+1}Q_0^{n+1}$，画出电路的次态和输出总卡诺图，如图 4-40（d）所示。再将其拆开，画出输出卡诺图及两个触发器的次态卡诺图，如图 4-40（e）、(f)、(g) 所示。

由输出卡诺图得电路的输出方程：$L=AQ_1$。

由次态卡诺图得状态方程：$Q_1^{n+1}=AQ_0$，$Q_0^{n+1}=A$。

将状态方程与触发器特征方程比较，得电路的激励方程：$D_1=AQ_0$，$D_0=A$。

(6) 画逻辑图。

电路由两个边沿 D 触发器为主，根据激励方程和输出方程，画出电路逻辑图如图 4-40（h）所示。

图 4-40 例 4-7 图

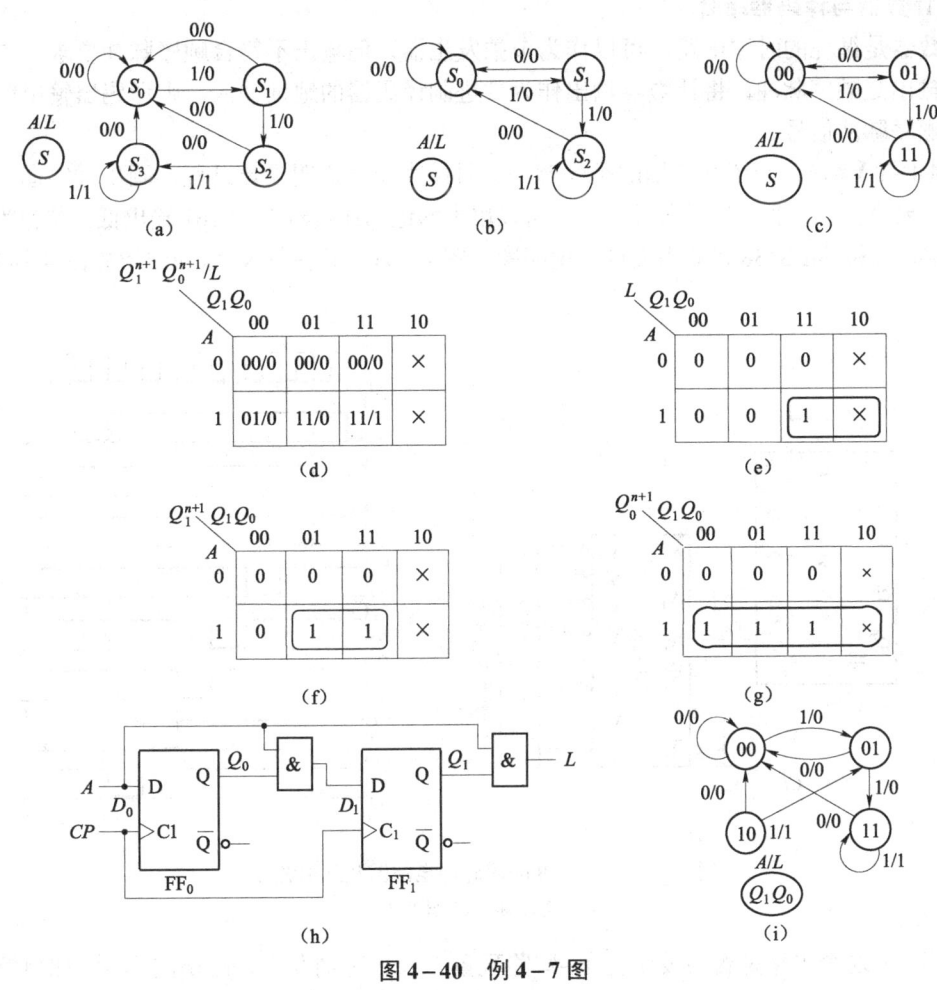

(a) 原始状态图；(b) 最简状态图；(c) 编码形式状态图；(d) 次态及输出总卡诺图；
(e) 输出卡诺图；(f) Q_1 次态卡诺图；(g) Q_0 次态卡诺图；(h) 电路逻辑图；(i) 完整的状态转换图

（7）检查自启动。

将多余状态 $S = Q_1Q_0 = 10$ 代入触发器的状态方程及输出方程，当 $A = 0$ 时，次态及输出 $Q_1^{n+1}Q_0^{n+1}/L$ 为 00/0；当 $A = 1$ 时，次态及输出 $Q_1^{n+1}Q_0^{n+1}/L$ 为 01/1，完整的状态转换图如图 4-40（i）所示。由图 4-40（i）可知，电路能够自启动。

思考题：如果用边沿结构的 JK 触发器设计，电路逻辑图是什么？能否自启动？

4.4.2 顺序脉冲发生器设计

顺序脉冲发生器是能够发出一组在时间上有一定先后顺序的脉冲信号的电路。在一些数字系统中，需要系统按照事先规定的顺序进行一系列操作时，就需要顺序脉冲信号。如何产生顺序脉冲信号呢？

1. 环形计数器

双向移位寄存器 74LS194 可以构成环形计数器。当环形计数器初始状态为 1000 时，就可以作为四节拍的顺序脉冲发生器。它的优点是结构简单，但节拍较少。

2. 计数器与译码器结合

计数器是循环的时序电路，可以作为节拍发生器，但输出不符合顺序脉冲要求。二进制译码器输出是顺序脉冲，将计数器输出作为二进制译码器的地址输入，则译码器输出就是周期性的顺序脉冲信号。

【例 4-8】 设计一个八节拍的顺序脉冲信号发生器。说明设计过程，画出线路图。

解： 要产生八节拍的顺序脉冲信号，可以用十六进制计数器 74LS161 输出低三位作为八节拍发生器，后接 74LS138 译码器完成。电路图如图 4-41（a）所示，脉冲波形如图 4-41（b）所示。

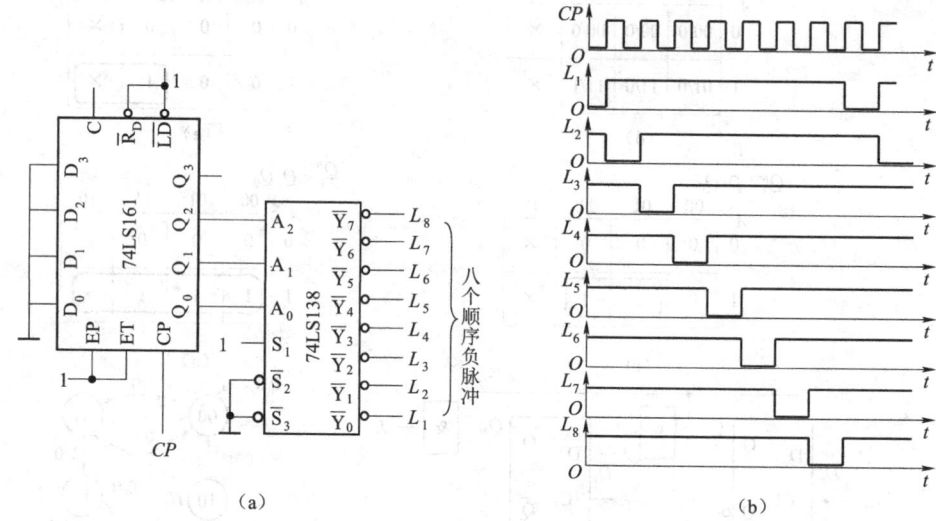

图 4-41 例 4-8 顺序脉冲电路图及脉冲波形
（a）电路图；（b）脉冲波形

思考题： 这个电路是否会发生竞争-冒险现象？什么时刻发生？画出波形图。如何解决？

4.4.3 序列信号发生器设计

在数字信号的传输和数字系统的测试中，有时需要用到一组特定的周期性串行数字信号，这种周期性的串行数字信号称为序列信号。产生序列信号的电路称为序列信号发生器。

序列信号发生器电路的构成方法有很多种，比较简单的方法是用计数器和数据选择器组成电路。

由计数器和数据选择器组成序列信号发生器的原则是：根据周期性串行数据的个数选择计数器的模值，由串行数据的数值确定数据选择器的规模及数据端状态。有时会有灵活多样的方案。

【例 4-9】 设计一个序列信号发生器，使之在一系列 CP 信号作用下，周期性地输出"1110010100"序列信号。选用什么器件设计完成？说明设计过程，画出电路图。

解：（1）选器件。

给定的周期序列数据长度是 10 位，应该选用十进制计数器作为节拍发生器，但数据选择器中，常用的是八选一数据选择器。分析给定的序列数据，最后两个都是 0，可以利用八选一数据选择器 74LS151 的片选端无效时输出 0 的功能实现。这样，选用十进制的计数器

74LS160 就可以了。

（2）电路设计：首先将十进制计数器 74LS160 接成计数的工作状态，低三位输出作为八进制计数器的输出，接到八选一数据选择器 74LS151 的地址输入端，74LS151 的数据端按给定的串行序列信号前八位。用 74LS160 输出的最高位控制 74LS151 的使能端，使最后两个序列信号为 00。

（3）电路图：如图 4-42 所示。

思考题：还有其他的设计方案吗？

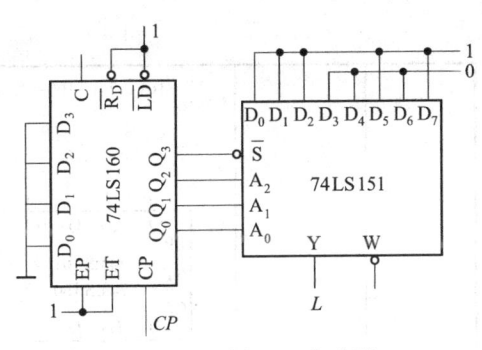

图 4-42 例 4-9 电路图

本章小结

通过本章学习，应理解时序逻辑电路的结构、分类，异步时序逻辑电路分析，时序逻辑电路的一般设计方法，掌握时序逻辑电路的描述方法，熟练掌握同步时序逻辑电路的分析方法，会用寄存器、移位寄存器、计数器芯片，会设计任意进制计数器、顺序脉冲发生器、序列信号发生器等电路。本章内容总结见表 4-18。

表 4-18 本章内容总结

时序逻辑电路基本概念	时序逻辑电路	电路的状态及输出与当前的输入信号有关，还与电路上一时刻的状态有关	
	时序结构特点	含有存储单元（触发器）且输出与输入之间有反馈	
	时序逻辑电路信号	输入信号、输出信号、激励信号（驱动信号）、状态信号（状态变量）	
	时序逻辑电路方程	输出方程、激励方程、状态方程	
	时序逻辑电路分类	按存储电路时钟分类	同步时序逻辑电路、异步时序逻辑电路
		按输入输出信号分类	米里（mealy）型、莫尔（moor）型
	时序逻辑电路描述方法	逻辑方程组、状态转换表、状态转换图、时序图	
时序逻辑电路分析	逻辑图→时钟方程（异步）、激励方程、输出方程→状态方程→状态转换表→状态转换图和时序图→逻辑功能		
时序逻辑电路一般设计方法	设计要求→逻辑抽象→原始状态转换图→状态化简→状态分配→选触发器→次态及输出卡诺图→激励方程、输出方程→逻辑图→检查自启动能力		
集成器件	数码寄存器	74LS175、CC4076：存储数据	
	移位寄存器	74LS194A：存储数据、移位、串并行转换、环形计数器、顺序脉冲发生器	

S_1	S_0	功能
0	0	保持
0	1	右移
1	0	左移
1	1	寄存

续表

集成器件	计数器	74LS161、74LS160：用于累计输入时钟脉冲的个数，还能用于分频、定时 {colspan}				
			$\overline{R_D}$	$\overline{LD}$	EP ET	功能
			0	×	× ×	异步清零
			1	0	× ×	同步置数
			1	1	0 1	保持（C 不变）
			1	1	× 0	保持（$C=0$）
			1	1	1 1	加法计数
		74LS192 {colspan}				
			CR	$\overline{LD}$	CP_U	CP_D	功能
			1	×	×	×	异步清零
			0	0	×	×	异步置数
			0	1	↑	1	加计数
			0	1	1	↑	减计数
		74LS290：能进行二—五—十进制变换，可以直接置 0 和 9 {colspan}				
集成器件应用	设计任意进制计数器（设有 N 进制计数器，需要 M 进制计数器）	$M<N$	需要一片 N 进制计数器	置数法	同步置数、异步置数 {colspan}	
				清零法	同步清零、异步清零 {colspan}	
		$M>N$	需要多片 N 进制计数器	$M=N_1 \times N_2$	多片并行进位、多片串行进位 {colspan}	
				M 不能分解	整体置数、整体清零 {colspan}	
	设计顺序脉冲发生器	计数器+二进制译码器、移位寄存器 {colspan=5}				
	设计序列信号发生器	计数器+数据选择器 {colspan=5}				

第 5 章

脉冲波形的产生与变换

●案例引入

前面章节介绍过的时序逻辑电路，需要时钟脉冲支持；当冰箱温度达到设定标准后，压缩机会自动启动或停止；街道上的霓虹灯，会变幻出各种图形组合……这些都是不同的脉冲波形在实际中的应用。

所谓脉冲，一般是指突然变化的电压或电流。脉冲波形是一种离散信号，与普通模拟信号相比，脉冲信号的波形之间在时间轴不连续，但具有一定的周期性。脉冲信号可以用来表示信息、用来载波、作为时序电路的时钟信号、用作定时信号等。

数字电路中常用的脉冲波形一般为矩形波。脉冲波形的获取一般有两种方法：
（1）用脉冲信号产生电路直接产生；
（2）将已有信号通过波形转换电路获得。

本章介绍常见的脉冲整形与产生电路：单稳态触发器、施密特触发器、多谐振荡器。重点介绍这三种电路的特点、电路组成、工作原理、主要参数和应用。

5.1 单稳态触发器

第 2 章介绍过的触发器，有 0、1 两个稳定状态，这种触发器称为双稳态触发器。相对于双稳态触发器，单稳态触发器只有一个稳定的状态：0 或 1。

5.1.1 单稳态触发器的特点

单稳态触发器的工作特点如下：
（1）它有稳态和暂态两个不同的工作状态。能长久保持的状态称为稳态，不能长久保持的状态称为暂态。
（2）在外加脉冲作用下，触发器能从稳态翻转到暂态。
（3）在暂态维持一段时间后，将自动返回稳态，暂态维持时间的长短取决于电路本身的参数，与外加触发信号无关。

单稳态触发器可以由门电路搭建，也可以选择集成单稳态触发器。门电路构成的单稳态触发器电路简单，可分为积分型、微分型两类。但这类触发器输出脉冲宽度的稳定性较差，调节范围小，而且触发方式单一。在 TTL 和 CMOS 集成电路中，生产了多种型号的单片集成触发器。这些器件使用时只需外接很少的元件和连线，使用十分方便。由门电路构成的单稳态触发器可以参考其他文献，本书重点介绍集成单稳态触发器。

5.1.2 集成单稳态触发器

集成单稳态触发器分为可重复触发和不可重复触发两大类。

（1）不可重复触发型单稳态触发器：该电路在触发进入暂态期间，如果电路再次受到触发，暂态不会重新开始计时，后出现的触发信号对原暂态时间没有影响，输出脉冲宽度 t_w 仍从第一次触发开始计算。

（2）可重复触发型单稳态触发器：该电路在触发进入暂态期间如果电路再次被触发，电路会以最后一次触发信号为起点，在原有暂态时间的基础上再展宽 t_w，即暂态的维系时间会随着触发次数的增加在最初开始计时的基础上不断延长。二者的区别如图 5-1 所示。

图 5-1 单稳态触发器的工作波形
（a）不可重复触发型单稳态触发器；（b）可重复触发型单稳态触发器

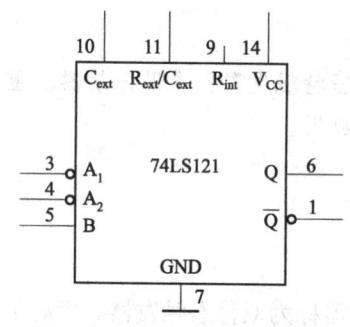

图 5-2 74LS121 的逻辑符号

常见的集成单稳态触发器一般分 TTL 系列和 CMOS 系列。TTL 系列有 74LS122、74LS121，CMOS 系列有 74HC123、CC14098、CC14528 等。本节将介绍 74LS121 和 CC14528 两种集成单稳态触发器。

1. 74LS121——不可重复型触发单稳态触发器

74LS121 属于 TTL 系列，是一种不可重复触发的集成单稳态触发器，它既可采用上升沿触发，又可采用下降沿触发，其内部还设有定时电阻 R_{int}（约为 2 kΩ）。74LS121 的逻辑符号如图 5-2 所示，其功能表见表 5-1。

表 5-1 74LS121 的功能表

输 入			输 出	
A_1	A_2	B	Q	$\overline{Q}$
0	×	1	0	1
×	0	1	0	1
×	×	0	0	1
1	1	×	0	1
1	↓	1	⊓	⊔
↓	1	1	⊓	⊔

续表

输 入			输 出	
A_1	A_2	B	Q	$\overline{Q}$
↓	↓	1	⎍	⎎
0	×	↑	⎍	⎎
×	0	↑	⎍	⎎

由功能表 5-1 可知，74LS121 有两种触发方式：

（1）若 $B=1$，可以利用 A_1 或者 A_2 实现下降沿触发。

（2）若 A_1 和 A_2 中有 0，可以利用 B 实现上升沿触发。其工作波形如图 5-3 所示。

在 A 段中，由于 A_1 和 A_2 均为 0，当 B 出现上升沿时，触发器被有效触发，输出由稳态 0 跳变为暂态 1，时间到后，输出状态由暂态 1 返回稳态 0；

在 B 段中，由于 $B=1$，当 A_2 下降沿到来时，触发器输出由稳态 0 跳变为暂态 1，时间到后，输出状态由暂态 1 返回稳态 0；

在 C 段中，由于 $B=1$，当 A_1 下降沿到来时，触发器输出由稳态 0 跳变为暂态 1，时间到后，输出状态由暂态 1 返回稳态 0。

74LS121 的实际应用电路有两种，如图 5-4 所示：

图 5-4（a）中采用外接电阻 $R=R_{\text{ext}}$（1.4～40 kΩ），触发方式为下降沿触发。

图 5-4（b）中采用内部电阻 $R=R_{\text{int}}$（约为 2 kΩ），触发方式为上升沿触发。

图 5-3 74LS121 的工作波形

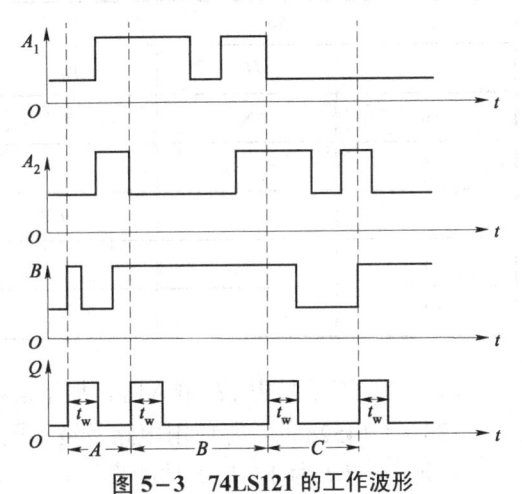

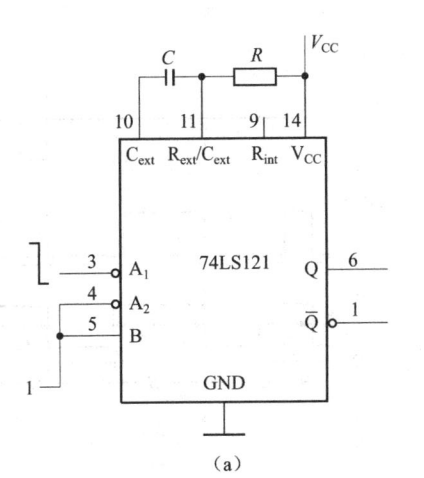

图 5-4 74LS121 的实际应用电路
(a) 下降沿触发方式；(b) 上升沿触发方式

输出脉冲宽度：$t_w \approx 0.7RC_{ext}$。外接电容 C_{ext} 一般取值范围为 10 pF～10 μF，在精度要求不高的情况下最大值可达 1 000 μF。

2. CC14528——可重复型触发单稳态触发器

CC14528 是 CMOS 集成器件，不同于 74LS121，该器件可以实现重复触发。其逻辑符号如图 5-5 所示，其功能表见表 5-2。

由功能表 5-2 可知，CC14528 电路实现单稳功能时，R 端应置高电平。

（1）当触发信号由 TR_- 输入时，属上升沿触发，此时要求 $TR_+ = 1$。

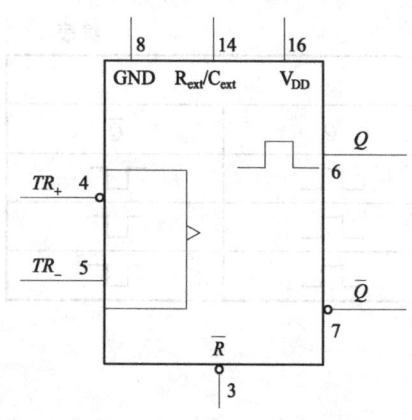

图 5-5 CC14528 的逻辑符号

表 5-2 CC14528 的功能表

输 入			输 出		功能
$\overline{R}$	TR_+	TR_-	Q	$\overline{Q}$	
0	×	×	0	1	清除
×	1	×	0	1	禁止
×	×	0	0	1	禁止
1	1	↑	⊓	⊔	单稳
1	↓	0	⊓	⊔	单稳

（2）当触发信号由 TR_+ 输入时，属下降沿触发，此时 TR_- 应为 0。

（3）CC14528 的实际应用电路及波形图如图 5-6 所示。

A 段中，TR_+ 为 1，根据功能表可知，当 TR_- 出现上升沿时，单稳态触发器输出由稳态 0 跳变为暂态 1，持续 t_w 时间后，返回稳态 0。

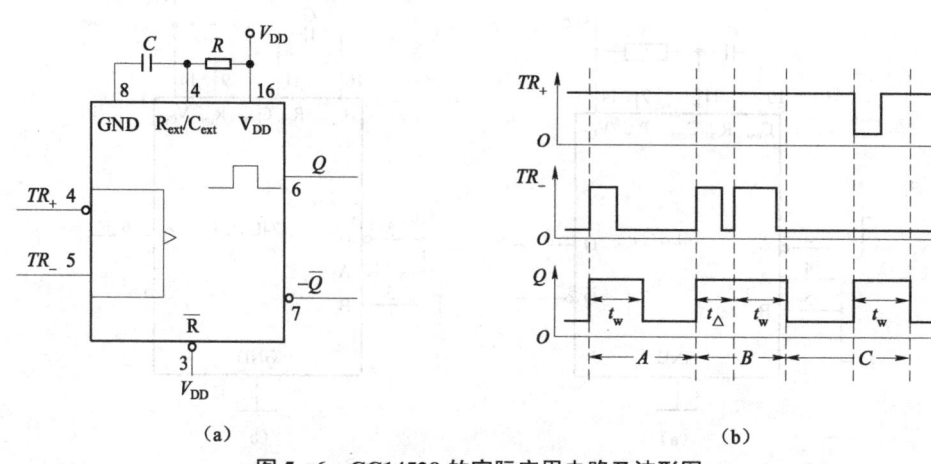

(a)   (b)

图 5-6 CC14528 的实际应用电路及波形图
(a) 实际应用电路；(b) 波形图

B 段中，CC14528 仍为上升沿触发方式，与 A 段不同的是，B 段出现两个触发信号，由图 5-6（b）可见，CC14528 在暂态过程中如果再次受到触发，暂态持续时间会在已有暂态持续时间 $t_△$ 基础上延续一个 t_w 时间，即可以将暂态时间延长。

C 段中 TR_- 为 0，由功能表可知，此时当 TR_+ 出现下降沿时，单稳态触发器输出由稳态 0 跳变为暂态 1，持续 t_w 时间后，返回稳态 0。

比较 74LS121 和 CC12458 工作波形可知 74LS121 收到触发信号后，在暂态过程中无法再次触发，而 CC12458 则可以实现重复触发，可以将暂态时间延长。

5.1.3 单稳态触发器的应用

1. 延时

如果需要延迟脉冲的触发时间，可利用单稳电路来实现。

脉冲延时的电路及波形如图 5-7 所示。经过两级单稳态触发器，最终 v_O 的上升沿比 v_I 的上升沿延迟了 t_1 时间。这种方式一般用作时序控制。

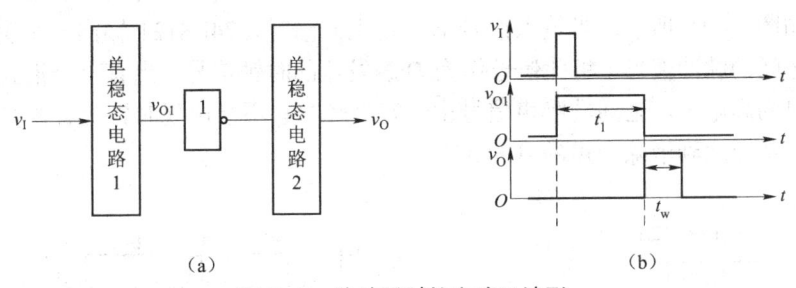

图 5-7 脉冲延时的电路及波形
（a）电路；（b）波形

2. 定时

单稳态触发器能够产生一定宽度 t_w 的矩形脉冲，利用这个脉冲去控制某一电路，则可使它在 t_w 时间内动作（或者不动作）。如图 5-8 所示，输入信号经过单稳电路与脉冲信号一起加在与门输入端，则在与门输出端得到时间宽度为 t_w 的脉冲信号。

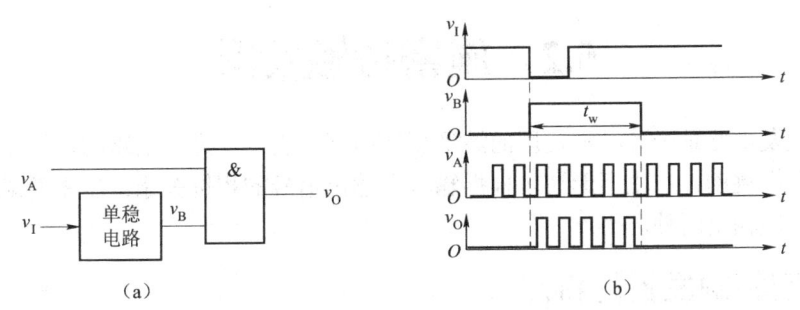

图 5-8 脉冲定时的电路及波形
（a）电路；（b）波形

3. 整形

单稳态触发电路可产生一定宽度的脉冲。如图 5-9 所示，输入信号 v_I 是一组宽窄不均、幅度不一的信号，经过单稳态触发电路后，整形成一组幅值相等、固定宽度的脉冲输出。

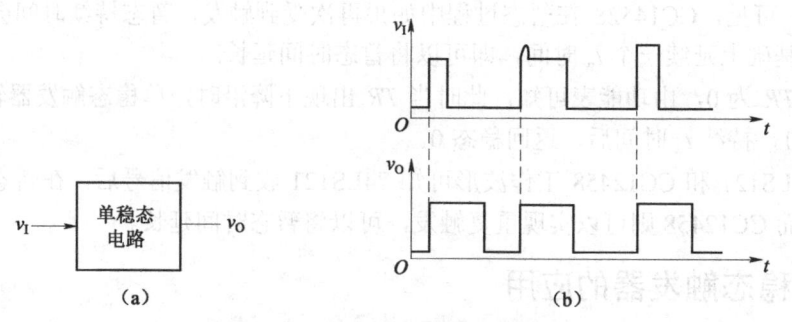

图 5-9 脉冲整形的电路及波形
(a) 电路；(b) 波形

4. 组成噪声消除电路

噪声消除电路又称脉冲鉴别电路。通常噪声多表现为尖脉冲，宽度较窄，而有用的信号都具有一定宽度。利用单稳态电路，将输出脉宽调节到大于噪声宽度而小于信号脉宽，即可消除噪声。如图 5-10 所示，当输入信号 v_I 出现上升沿时，74LS121 输出一个宽度介于噪声和有效信号之间的脉冲波形，将此信号作为 D 触发器的时钟信号，当有上升沿且 v_I 信号为高电平时，输出为高电平。之间的噪声信号由于宽度较窄，不会出现时钟上升沿与 v_I 信号同时有效的情况，从而达到消除噪声的目的。

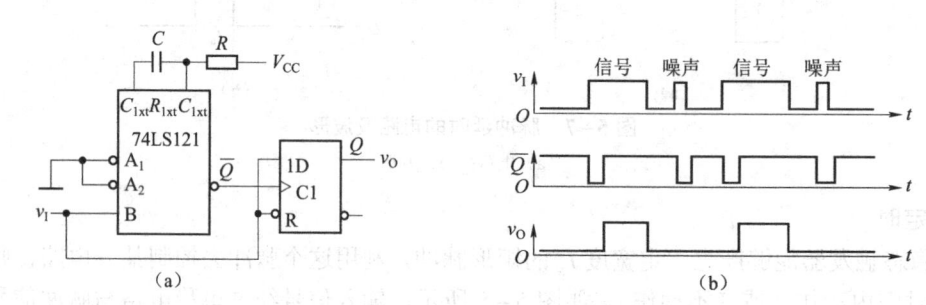

图 5-10 噪声消除的电路及波形
(a) 电路；(b) 波形

5.2 施密特触发器

施密特触发电路是一种经常使用的波形变换电路，当信号进入电路时，输出信号在正、负饱和电压之间跳动，产生矩形波。根据输入和输出信号的相位关系，施密特触发器可分为同相输出和反向输出两种。

5.2.1 施密特触发器的特点

施密特触发器的工作特点如下：

（1）施密特触发器输出有两种状态：0 态和 1 态，也就是说，它输出的是数字信号，要么是高电平，要么是低电平。

（2）施密特触发器属于电平触发器件，适用于缓慢变化的信号，当输入信号达到某一定电压值时，输出电压会发生突变。电路有两个阈值电压。输入信号增加和减少时，电路的阈值电压不同，出现滞回。图 5-11 所示为两种施密特触发器的传输特性及图形符号。

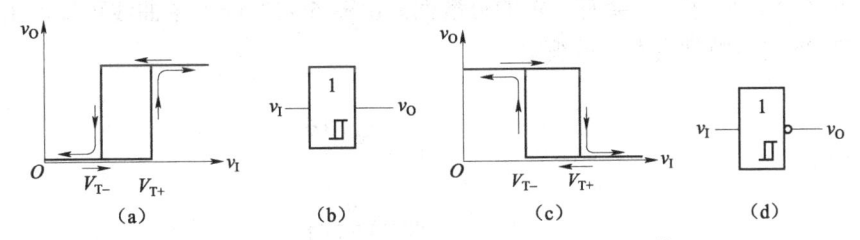

图 5-11 两种施密特触发器的传输特性及图形符号

(a) 同相传输特性曲线；(b) 同相施密特图形符号；(c) 反相传输特性曲线；(d) 反相施密特图形符号

由两种施密特触发器的传输特性曲线可知，同相施密特的输出和输入信号的变化规律一致，当输入电压增大到 V_{T+} 时，输出电压跳变为高电平，随着输入电压的增大，输出电压维持高电平；当输入电压减小到 V_{T-} 时，输出电压跳变为低电平，随着输入电压的减小，输出电压维持低电平。反相施密特与之相反，其中 V_{T-} 称为下限阈值电压，V_{T+} 称为上限阈值电压。$\Delta V_T = V_{T+} - V_{T-}$，称为回差电压或滞后电压。

施密特触发器可以由门电路搭建，也可以选择集成施密特触发器。相对于门电路构成的施密特触发器，无论是 TTL 还是和 CMOS 型的集成施密特触发器，性能都更稳定。因此实际应用中常采用集成单稳态触发器。

5.2.2 集成施密特触发器

集成施密特触发器性能稳定，应用广泛。集成施密特触发器产品的种类较多，属 TTL 电路的有 7413、7414、74132 等，属 CMOS 电路的有 CC40106、CC4583 等。本节介绍两种反向输出型集成施密特触发器：7413、CC40106。

1. 7413——TTL 电路集成施密特触发器

7413 是 TTL 4 输入端双与非施密特触发器，其管脚排列、逻辑符号及传输特性如图 5-12 所示，也将这个电路称为施密特触发的与非门。需要指出的是，不同型号的器件有不同的传输特性，且 V_{T+}、V_{T-} 一般都是固定不可调节的。

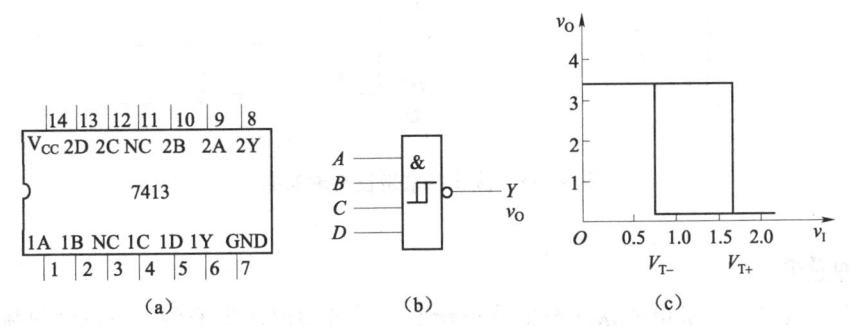

图 5-12 7413 的管脚排列、逻辑符号及传输特性

(a) 管脚排列；(b) 逻辑符号；(c) 传输特性

2. CC40106——CMOS 电路集成施密特触发器

CC40106 是一款 CMOS 集成施密特触发器，其图形符号及传输特性如图 5-13 所示。

CC40106 集成施密特触发器具有 CMOS 电路电压范围宽的特点，所以在工作电源电压 V_{DD} 不同的情况下，V_{T+} 和 V_{T-} 会有一定的分散性。由图 5-13（b）中曲线可知，由于 V_{DD} 的不同，CC40106 传输特性会有所改变。

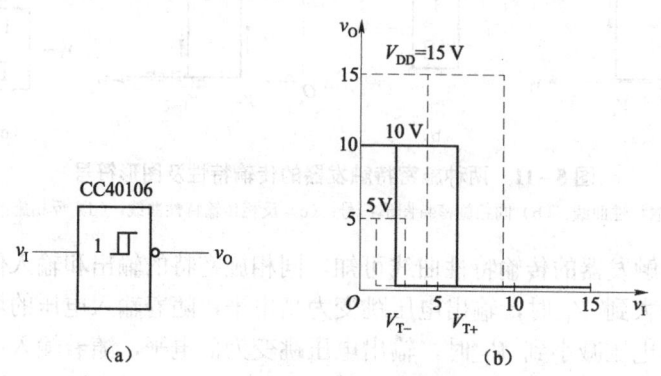

图 5-13 CC40106 图形符号及传输特性
（a）图形符号；（b）电压传输特性

5.2.3 施密特触发器的应用

1. 波形变换

将变化缓慢的非矩形波形变换成矩形波，如将三角波或正弦波变换成同周期的矩形波。施密特触发器及波形图如图 5-14 所示。在图 5-14（b）中 A 段，随着输入电压由小变大，根据 CC40106 的电压传输特性可知，当输入电压增大且低于 V_{T+} 时，输出高电平；同理，根据电压传输特性可得到 B、C 段的输出波形。

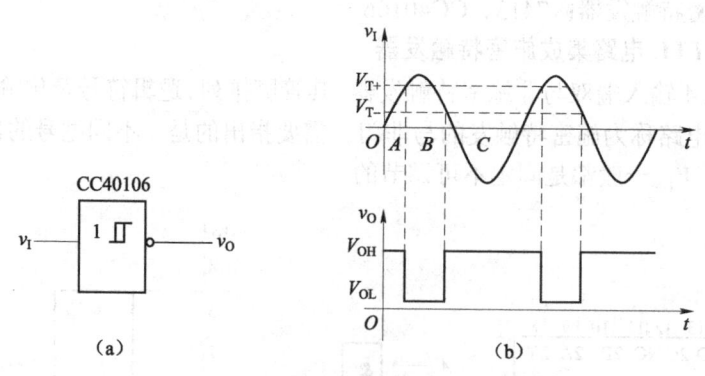

图 5-14 施密特触发器及波形图
（a）施密特触发器；（b）波形图

2. 脉冲整形

在数字系统中，如果矩形脉冲发生波形畸变，或者边沿产生振荡，可以通过施密特触发器整形，从而获得比较理想的矩形脉冲波形。电路如图 5-14（a）所示，工作波形如图 5-15 所示。

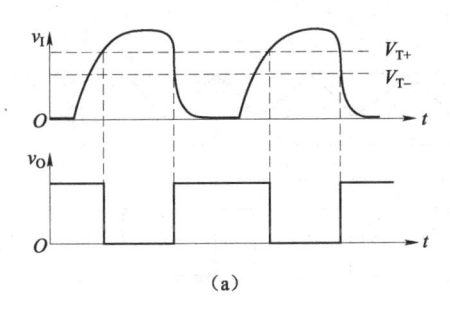

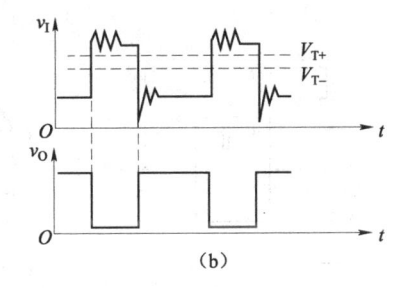

图 5-15 脉冲整形的波形
(a) 畸形矩形波整形；(b) 边沿振荡整形

3. 脉冲鉴幅

若将一系列幅度各异的脉冲信号加到施密特触发器的输入端，那些幅度大于 V_{T+} 的脉冲将会在输出端产生输出信号。其电路如图 5-14（a）所示，工作波形如图 5-16 所示。

4. 构成多谐振荡器

多谐振荡器又称矩形波发生器，因矩形波中谐波分量丰富而得名。利用电容充放电的特性配合施密特触发器可构成多谐振荡器。具体应用和分析在 5.3 中介绍。

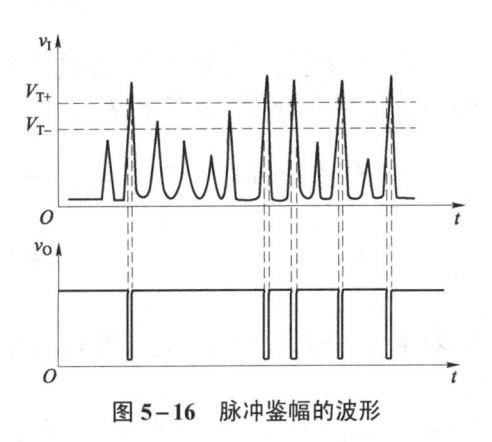

图 5-16 脉冲鉴幅的波形

5.3 多谐振荡器

在 5.2.3 中曾提到多谐振荡器，这是一种不需要外加信号，只要通上电就会产生矩形波信号的电路。由于矩形波中除基波外还包含了许多高次谐波，因此多谐振荡器又称矩形波发生器。

5.3.1 多谐振荡器的工作特点

（1）多谐振荡器没有稳定状态，只有两个暂态，0 态和 1 态周期性出现。
（2）通过电容的充电和放电，使两个暂态相互交替，从而产生自激振荡，无须外触发。

5.3.2 由施密特触发器构成的多谐振荡器

利用施密特触发器和少量外置元件，可构成多谐振荡器。其电路及波形如图 5-17 所示。
工作过程：假设电容初始电压为零。
（1）在图 5-17（b）A 段中，由于电容电压为 0，根据施密特触发器的电压传输特性，其输出电压为高电平；输出电压经过电阻 R 对电容充电，电容两端电压上升，当电容两端电压到达 V_{T+} 阈值时，输出电压跳变为低电平。
（2）在图 5-17（b）B 段中，由于电容电压高于输出电压，电容经过电阻 R 放电，电容两端电压下降，当电容两端电压到达 V_{T-} 阈值时，输出电压跳变为高电平。

(a)

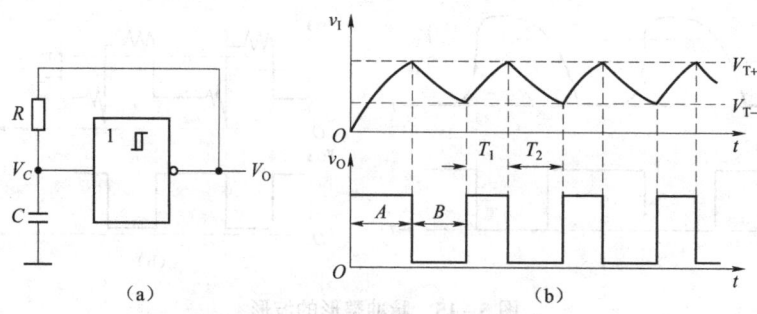

(b)

图 5-17 多谐振荡器的电路及波形
(a) 电路；(b) 波形

（3）充放电时间分别对应矩形波的高电平和低电平持续时间，根据电路理论中电容两端电压计算公式可分别计算 T_1 和 T_2。

由动态电路三要素公式 $v_{C(t)} = v_{C(\infty)} + [v_{C(0+)} - v_{C(\infty)}]e^{-\frac{t}{\tau}}$ 得

$$t = \tau \ln \frac{v_{C(\infty)} - v_{C(0+)}}{v_{C(\infty)} - v_{C(t)}} \qquad (5-1)$$

T_1 段：$v_{C(0+)} = V_{T-}$，$v_{C(\infty)} = V_{CC}$ 或 V_{DD}，$v_{C(t)} = V_{T+}$，$\tau = RC$，计算得：$T_1 = RC \ln \frac{V_{DD}/V_{CC} - V_{T-}}{V_{DD}/V_{CC} - V_{T+}}$。

T_2 段：$v_{C(0+)} = V_{T+}$，$v_{C(\infty)} = 0$，$v_{C(t)} = V_{T-}$，$\tau = RC$，计算得：$T_2 = RC \ln \frac{V_{T+}}{V_{T-}}$。

振荡周期为

$$T_1 + T_2 = RC \ln \left(\frac{V_{DD}/V_{CC} - V_{T-}}{V_{DD}/V_{CC} - V_{T+}} \cdot \frac{V_{T+}}{V_{T-}} \right)$$

实际应用中如果采用 TTL 芯片，取 V_{CC}；如果采用 CMOS 芯片，则取 V_{DD}。

5.3.3 环形振荡器

除了可以采用施密特触发器构成多谐振荡器外，实际应用中还会采用门电路构成振荡器。由三个非门或更多奇数个非门输出端和输入端首尾相接可以构成环形振荡器，如图 5-18（a）所示，利用门电路的输出延迟时间实现振荡。但这种振荡器的频率一般都很高，而且频率不易控制，为了解决一些问题，一般会在门电路基础上加入 RC 延时网络。CMOS 非门组成的多谐振荡器如图 5-18（b）所示。

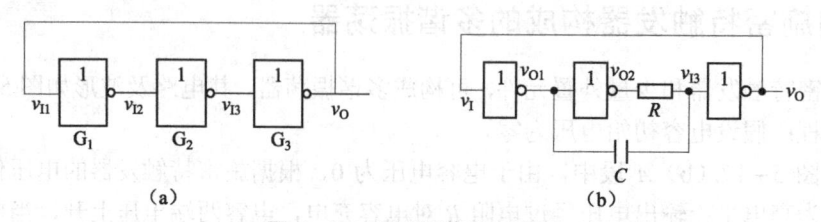

(a)

(b)

图 5-18 环形振荡器电路图
(a) 由门电路构成的环形振荡器；(b) CMOS 非门组成的环形振荡器

图 5-18（b）所示电路由三个 CMOS 非门、一个电阻、一个电容组成。由于 CMOS 非

门的输入端加有二极管保护电路,它的输入正向电压最大值为$(V_{DD}+0.7)$V,反向电压最小值为-0.7 V。

工作原理:设电路的初态为$v_O = V_{DD}$,电容器没有存储电荷。

(1) $v_O = V_{DD} \rightarrow v_{O1} = 0 \rightarrow v_{O2} = V_{DD} \rightarrow v_{O2}$ 通过 R 对电容 C 充电$\rightarrow v_{I3} \uparrow \rightarrow$ 当 $v_{I3} > V_T$ 时, $v_O = 0$。

(2) $v_O = 0 \rightarrow v_{O1} = V_{DD} \rightarrow v_{O2} = 0 \rightarrow$ 电容电压不能跳变$\rightarrow v_{I3}$ 上升到 $(V_{DD}+0.7)$ V$\rightarrow$ 电容 C 放电$\rightarrow v_{I3} \downarrow \rightarrow$ 当 $v_{I3} < V_T$ 时, $v_O = V_{DD}$。

(3) $v_O = V_{DD} \rightarrow v_{O1} = 0 \rightarrow v_{O2} = V_{DD} \rightarrow$ 电容电压不能跳变$\rightarrow v_{I3}$ 下降到 -0.7 V$\rightarrow v_{O2}$ 通过 R 对电容 C 充电$\rightarrow v_{I3} \uparrow \rightarrow$ 当 $v_{I3} > V_T$ 时, $v_O = 0$。

电容 C 周而复始地充放电使输出端源源不断地产生方波。环形振荡器的工作波形如图 5-19 所示。

图 5-19 环形振荡器的工作波形

振荡周期由 T_1、T_2 两部分组成,T_1 时间段内,$v_{C(0+)} \approx 0$,$v_{C(\infty)} = V_{DD}$,$\tau = RC$,根据等式(5-1)可得:

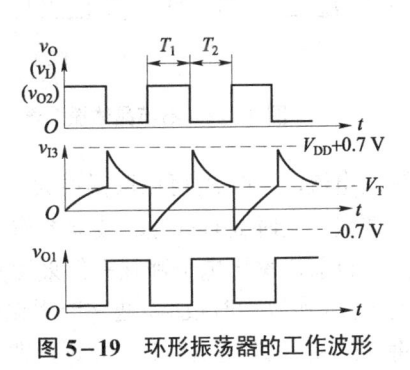

$$T_1 = RC \ln \frac{V_{DD}}{V_{DD} - \frac{1}{2}V_{DD}} = RC \ln 2 = 0.7RC$$

同理可得:$T_2 = RC \ln 2 = 0.7RC$;

则振荡周期为:$T = T_1 + T_2 = 1.4RC$。

5.3.4 石英晶体振荡器

由于门电路构成的多谐振荡器振荡频率容易受温度、电源电压波动和 RC 参数误差的影响,因此在对频率要求较高的场合,前面介绍的几种多谐振荡器无法满足要求,必须采取稳频措施。

人们发现石英晶体具有很好的选频特性。当振荡信号的频率和石英晶体的固有谐振频率 f_0 相同时,石英晶体呈现很低的阻抗,信号很容易通过,而其他频率的信号则被衰减掉。石英晶体的符号及其阻抗频率特性如图 5-20 所示。

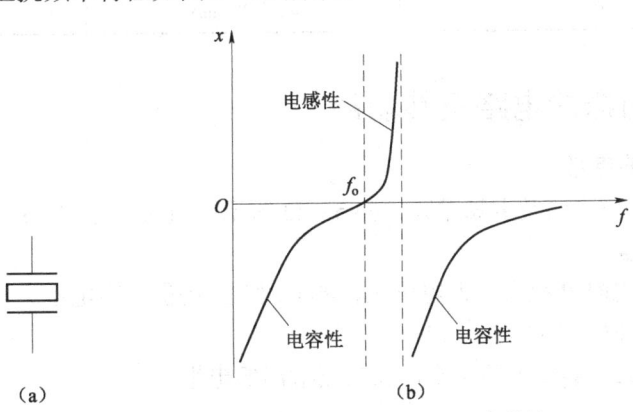

图 5-20 石英晶体的符号及其阻抗频率特性
(a) 符号;(b) 阻抗频率特性

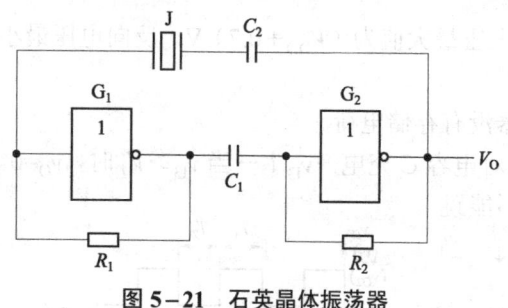

图 5-21 石英晶体振荡器

利用石英晶体这一特性,将其接入环形振荡器的反馈网络,这样,只有特定频率的信号可以通过反馈网络返回到输入端,再将该信号放大以维持振荡。具体电路如图 5-21 所示。

电路中在反相器 G_1 的两端跨接了一个反馈电阻 R_1,由于 CMOS 门电路的输入电流几乎等于零,所以 R_1 上没有压降,静态时 G_1 必然工作在 $v_1 = v_O$ 的状态。由于 CMOS 门极低的输入电流,所以 R_1 可以取得很大,一般为 10 MΩ～100 MΩ。C_1 和 C_2 有助于实现幅值和相位的调整,同时具有低通滤波器的作用,防止石英晶体高次谐波振荡。

目前,家用电子钟几乎都采用具有石英晶体振荡器的矩形波发生器。因为它的频率稳定度很高,所以走时很准。通常选用振荡频率为 32 768 Hz 的石英晶体振荡器,因为 32 768 = 2^{15},将 32 768 Hz 经过 15 次二分频,即可得到 1 Hz 的时钟脉冲作为计时标准。

5.4　555 定时器及其应用

555 定时器是数字、模拟混合集成电路,内部有 3 个相同的阻值为 5 kΩ 的电阻分压器,故简称 555。555 使用灵活、广泛,在波形的产生与变换、测量与控制、家用电器、电子玩具等许多领域中都得到了应用。不同公司生产的 555 定时器的逻辑功能与管脚排列完全相同。不同类型 555 的对比见表 5-3。

表 5-3　不同类型 555 的对比

类　　型	双极型产品	CMOS 产品
单 555 型号的最后几位数码	555	7555
双 555 型号的最后几位数码	556	7556
优点	驱动能力较大	低功耗、高输入阻抗
电源电压工作范围	5～16 V	3～18 V
负载电流	可达 200 mA	可达 4 mA

5.4.1　555 定时器的电路及其功能

1. 555 定时器的电路

555 定时器的内部电路及引脚排列如图 5-22 所示。组成部分如下:

(1) 电阻分压器。

由 3 个 5 kΩ 的电阻 R 组成,为电压比较器 C_1 和 C_2 提供基准电压。

(2) 电压比较器 C_1 和 C_2。

当 $v_+ > v_-$ 时,比较器输出高电平,反之则输出低电平。

CO 为控制电压输入端,当 CO 悬空时,$v_{R1} = \frac{2}{3} V_{CC}$,$v_{R2} = \frac{1}{3} V_{CC}$;当 $CO = v_{CO}$ 时,$v_{R1} = v_{CO}$,

$v_{R2} = \frac{1}{2} v_{CO}$，555 定时器中两个比较器的基准电压可根据 CO 状态调整。TH 称为高触发端，$\overline{TR}$ 称为低触发端。

（3）基本 SR 触发器。

G_1、G_2 构成基本 SR 触发器，为低电平有效触发。

（4）放电管 V。

V 是集电极开路的三极管。相当于一个受控电子开关。输出为 0 时，V 导通；输出为 1 时，V 截止。

（5）缓冲器。

缓冲器由 G_3 和 G_4 构成，用于提高电路的负载能力。

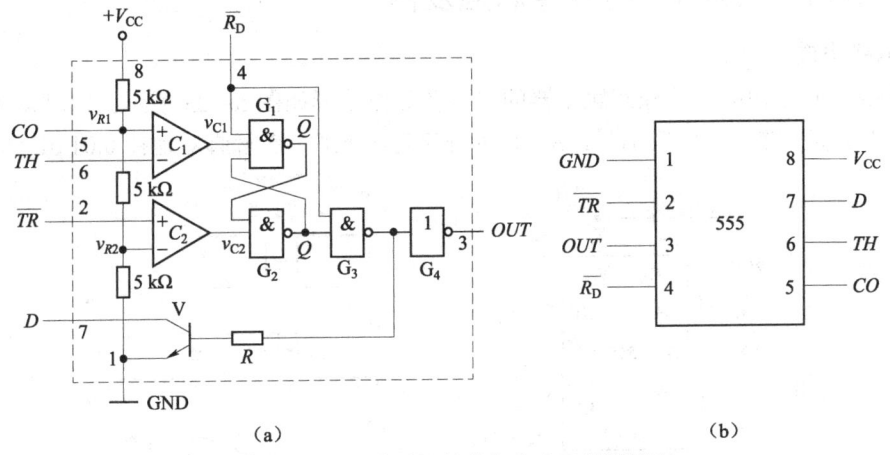

图 5-22　555 定时器的内部电路及引脚排列

(a) 内部电路；(b) 引脚排列

2. 电路功能

当 $\overline{R_D}$ 为高电平时，电路有 4 种状态：

（1）当 $TH < \frac{2}{3} V_{CC}$，$\overline{TR} < \frac{1}{3} V_{CC}$ 时，比较器 C_1 输出高电平，比较器 C_2 输出低电平。基本 SR 触发器置为 1 态，Q 输出高电平，V 管截止，同时 OUT 输出高电平。

（2）当 $TH > \frac{2}{3} V_{CC}$，$\overline{TR} > \frac{1}{3} V_{CC}$ 时，比较器 C_1 输出低电平，比较器 C_2 输出高电平。基本 SR 触发器置为 0 态，Q 输出低电平，V 管导通，同时 OUT 输出低电平。

（3）当 $TH < \frac{2}{3} V_{CC}$，$\overline{TR} > \frac{1}{3} V_{CC}$，比较器 C_1 输出高电平，比较器 C_2 输出高电平。基本 SR 触发器状态维持不变，V 管和 OUT 输出保持原来状态不变。

（4）当 $TH > \frac{2}{3} V_{CC}$，$\overline{TR} < \frac{1}{3} V_{CC}$ 时，比较器 C_1 输出低电平，比较器 C_2 输出低电平。此时出现基本 SR 触发器的非定义状态。

综上所述，555 的功能见表 5-4。

表 5-4 555 的功能

输入（管脚号）			输 出	
TH（6）	$\overline{TR}$（2）	$\overline{R}_D$	OUT	V
×	×	0	0	导通
$>v_{R1}$	$>v_{R2}$	1	0	导通
$<v_{R1}$	$>v_{R2}$	1	不变	不变
$<v_{R1}$	$<v_{R2}$	1	1	截止

辅助口诀：6 大 2 大出 0，6 小 2 大保持，6 小 2 小出 1。

5.4.2　555 定时器构成的单稳态触发器

1. 电路构成

由 555 定时器构成的单稳态触发器的电路及工作波形如图 5-23 所示。定时器 4 管脚接高电平，2 管脚外接输入触发信号。R、C 为外接定时元件。5 管脚对地接 0.01 μF 滤波电容。

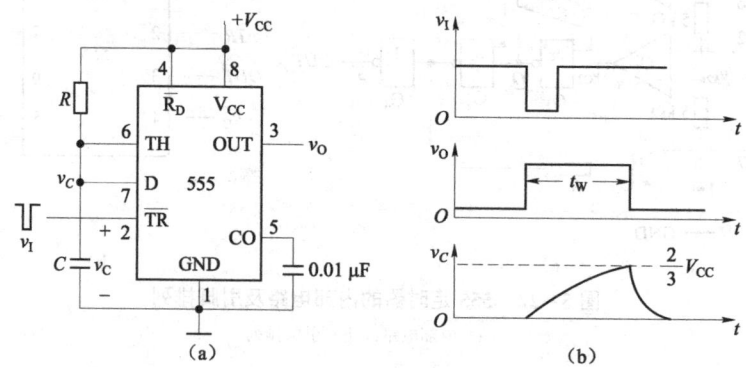

图 5-23　555 构成的单稳态触发器电路及工作波形
(a) 电路；(b) 工作波形

2. 工作原理

（1）当触发脉冲 v_I 为高电平时，V_{CC} 通过电阻 R 对电容 C 充电，当 $TH = v_C \geq \frac{2}{3}V_{CC}$ 时，555 内部 SR 触发器有效置 0；此时，放电管导通，C 放电，$TH = v_C = 0$，稳态为 0 状态。

（2）当触发脉冲 v_I 下降沿到来时，低触发端 $\overline{TR} = 0$，555 内部 SR 触发器被有效置 1，电路输出高电平，进入暂态。此时放电管 V 截止，同时 V_{CC} 通过电阻 R 对电容 C 充电。当 $TH = v_C \geq \frac{2}{3}V_{CC}$ 时，555 内部 SR 触发器有效置 0，电路自动返回稳态，输出低电平，放电管 V 导通；电路返回稳态后，电容 C 通过导通的放电管 V 放电，使电路迅速恢复到初始状态。

从图 5-23（b）中可见，输出脉冲的宽度为电容两端电压从 0 上升到触发电平时所需要的时间 t_W。

$$t_W = RC\ln\frac{V_{CC}}{V_{CC} - \frac{2}{3}V_{CC}} = RC\ln 3 \approx 1.1RC$$

如果在电路暂态时间内加入新的触发脉冲,该脉冲并不会对电路起作用,所以此电路为不可重复触发的单稳态触发器。图 5-24 所示为可重复触发的单稳态触发器,只要输入信号有触发脉冲输入,三极管将随触发脉冲的输入而导通,从而使电容电压快速放电,使输出维系在暂态直至触发脉冲撤除。

5.4.3 555 定时器构成的施密特触发器

1. 电路结构

图 5-24 可重复触发的单稳态触发器

将 555 的第 2 脚、第 6 脚短接,作为信号输入端即可构成施密特触发器,电路图及工作波形如图 5-25 所示。

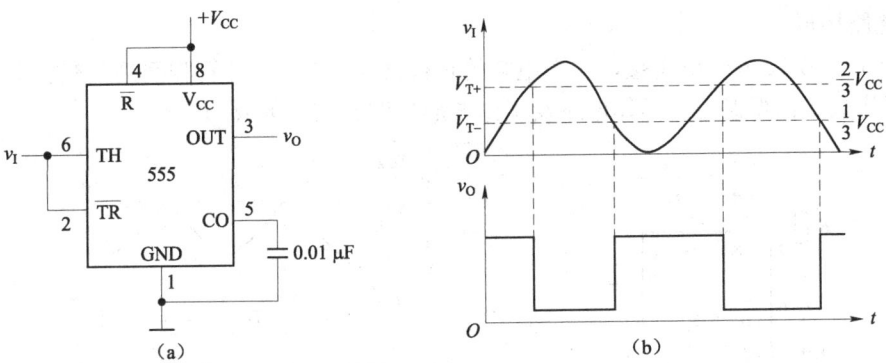

图 5-25 由 555 构成的施密特触发器的电路及工作波形
(a) 电路;(b) 工作波形

2. 工作原理

(1) 假设 v_I 由 0 V 开始增加,当 $v_I < \frac{1}{3}V_{CC}$ 时,此时的输入状态为 $TH < \frac{2}{3}V_{CC}$,$\overline{TR} < \frac{1}{3}V_{CC}$,根据 5.4.1 节中对 555 的分析,此时有:6 小 2 小出 1,所以 v_O 输出高电平,V 管截止。

(2) v_I 继续增加,当 $\frac{1}{3}V_{CC} < v_I < \frac{2}{3}V_{CC}$ 时,此时的输入状态为 $TH < \frac{2}{3}V_{CC}$,$\overline{TR} > \frac{1}{3}V_{CC}$,由 6 小 2 大保持可知:锁存器状态维持不变,v_O 输出仍为高电平。

(3) 当 $v_I > \frac{2}{3}V_{CC}$ 时,此时的输入状态为 $TH > \frac{2}{3}V_{CC}$,$\overline{TR} > \frac{1}{3}V_{CC}$,由 6 大 2 大出 0 可知:锁存器置 0 态,v_O 输出低电平,V 导通。

(4) v_I 由最大值电压逐渐下降时,当 $v_I > \frac{2}{3}V_{CC}$ 时,此时的输入状态为 $TH > \frac{2}{3}V_{CC}$,$\overline{TR} > \frac{1}{3}V_{CC}$,由 6 大 2 大出 0 可知:锁存器置 0 态,v_O 输出低电平,V 导通。

(5) 当 $\frac{1}{3}V_{CC} < v_I < \frac{2}{3}V_{CC}$ 时,此时的输入状态为 $TH < \frac{2}{3}V_{CC}$,$\overline{TR} > \frac{1}{3}V_{CC}$,由 6 小 2 大保

持可知：锁存器状态维持不变，v_O 输出仍为低电平。

（6）当 $v_I < \frac{1}{3}V_{CC}$ 时，此时的输入状态为 $TH < \frac{2}{3}V_{CC}$，$\overline{TR} > \frac{1}{3}V_{CC}$，由 6 小 2 小出 1 可知：锁存器置 1 态，v_O 输出高电平，V 管截止。

从工作波形可知此施密特触发器为一反相施密特触发器，其阈值电压 $V_{T+} = \frac{2}{3}V_{CC}$，$V_{T-} = \frac{1}{3}V_{CC}$。通过 V_{CO} 外加一个参考电压，即可调节施密特触发器的阈值电压，这时，$V_{T+} = V_{CO}$，$V_{T-} = \frac{1}{2}V_{CO}$，$\Delta V_T = \frac{1}{2}V_{CO}$。

5.4.4 555 定时器构成的多谐振荡器

1. 电路构成

将 555 的第 2、6 管脚短接，接在电容的正极性端，6、7、8 管脚间接入充放电电阻 R_1、R_2，即可构成多谐振荡器。具体电路及工作波形如图 5-26 所示。

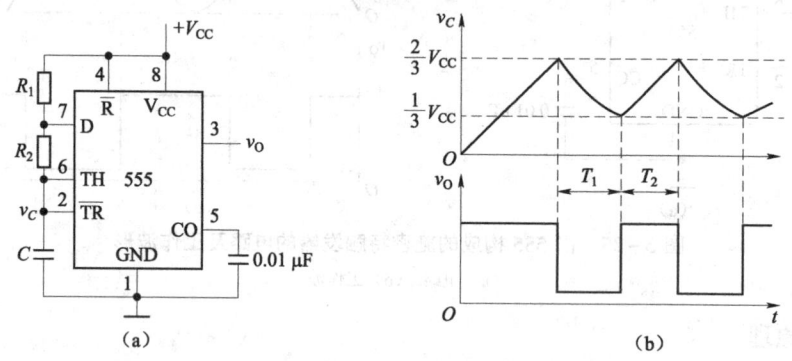

图 5-26 由 555 构成的多谐振荡器的电路及其工作波形
(a) 电路；(b) 工作波形

2. 工作原理

（1）假设电容两端电压初始值为 0，接通电源后，V_{CC} 经电阻 R_1、R_2 对电容 C 充电，电容电压 v_C 由 0 开始上升。当电容电压达到 $\frac{2}{3}V_{CC}$ 之前，输入端状态为 $TH < \frac{2}{3}V_{CC}$，$\overline{TR} < \frac{1}{3}V_{CC}$，由 6 小 2 小出 1 可知，$v_O$ 输出高电平，V 管截止。

（2）当 $v_C \geq \frac{2}{3}V_{CC}$ 时，输入状态为 $TH > \frac{2}{3}V_{CC}$，$\overline{TR} > \frac{1}{3}V_{CC}$，由 6 大 2 大出 0 可知：锁存器置 0 态，v_O 输出低电平，V 导通。

（3）电容两端电压经过 R_2、三极管 T 到地形成放电回路，随着电容的放电，v_C 随之下降。在电容电压没下降到 $\frac{1}{3}V_{CC}$ 时，输入状态为 $TH < \frac{2}{3}V_{CC}$，$\overline{TR} > \frac{1}{3}V_{CC}$，由 6 小 2 大保持可知：锁存器状态维持不变，v_O 输出仍为低电平。

（4）当 v_C 下降到 $v_C \leq \frac{1}{3}V_{CC}$ 时，输入状态为 $TH < \frac{2}{3}V_{CC}$，$\overline{TR} < \frac{1}{3}V_{CC}$，由 6 小 2 小出 1 可

知，锁存器置 1 态，v_O 输出高电平，T 管截止。此时，放电管 T 截止，电源 V_{CC} 又经 R_1，R_2 对 C 充电。电路又返回到了前一个暂态，电容 C 两端电压将在 $\frac{2}{3}V_{CC}$ 和 $\frac{1}{3}V_{CC}$ 之间来回充电和放电，从而使电路产生了振荡，输出矩形脉冲。

v_O 输出波形如图 5-26（b）所示。稳定后振荡器输出脉冲 v_O 的工作周期为：$T=T_1+T_2$。其中 T_1 为电容电压从 $\frac{2}{3}V_{CC}$ 降到 $\frac{1}{3}V_{CC}$ 所需时间，T_2 为电容电压从 $\frac{1}{3}V_{CC}$ 上升到 $\frac{2}{3}V_{CC}$ 所需时间，根据式（5-1）可得

$$T_1 = R_2 C \ln \frac{0-\frac{2}{3}V_{CC}}{0-\frac{1}{3}V_{CC}} \approx 0.7 R_2 C$$

$$T_2 = (R_1+R_2) C \ln \frac{V_{CC}-\frac{1}{3}V_{CC}}{V_{CC}-\frac{2}{3}V_{CC}} \approx 0.7(R_1+R_2)C$$

矩形脉冲周期为 $\quad T=T_1+T_2 \approx 0.7(R_1+2R_2)C$

占空比为 $\quad q=\dfrac{T_2}{T_1+T_2}=\dfrac{R_1+R_2}{R_1+2R_2}$

图 5-27 所示为由 555 构成的占空比可调的多谐振荡器，该电路利用二极管的单向导电性，将充放电回路分开，适当调节电位器，即可得到合适的占空比。图 5-27 中 V_{CC} 通过 R_A 对电容进行充电，充电时间约为 $0.7R_AC$；输出改变后，电容通过 R_B、T 放电，放电时间约为 $0.7R_BC$；输出矩形波的周期为

$$T=0.7(R_A+R_B)C$$

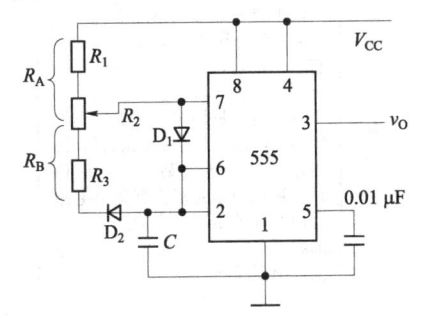

占空比 $\quad q=\dfrac{R_A}{R_A+R_B}$

图 5-27 由 555 构成的占空比可调的多谐振荡器

本章小结

本章介绍了单稳态触发器、施密特触发器、多谐振荡器以及 555 定时器，介绍了相关的实用电路、工作原理。

（1）施密特触发器输出脉冲的宽度是由输入信号决定的。单稳态触发器的输出脉冲的宽度完全由电路参数决定，与输入信号无关，输入信号只起触发作用。多谐振荡器是典型的脉冲产生电路，它不需要外加输入信号，只要提供电源就可以自动产生脉冲信号。

（2）施密特触发器、单稳态触发器和多谐振荡器有多种电路构成形式。常见的电路组成有由门电路构成、555 定时器构成及集成电路。

（3）555 定时器是一种应用广泛的集成器件，多用于脉冲产生、整形及定时。本章内容总结见表 5-5。

表 5-5 本章内容总结

	特　点	电　路　图	应　用
单稳态触发器	（1）它有稳态和暂态两种不同的工作状态。能长久保存的状态称为稳态，不能长久保持的状态称为暂态。 （2）在外加脉冲作用下，触发器能从稳态翻转到暂态。 （3）在暂态维持一段时间后，将自动返回稳态，暂态维持时间的长短取决于电路本身的参数，与外加触发信号无关	TTL 系列有： 74LS122，74121。 CMOS 系列有：74HC123、CC14098、CC14528 等	1. 定时； 2. 整形； 3. 延时
施密特触发器	（1）施密特触发器输出有两种状态：0 态和 1 态，也就是说，它输出的是数字信号，要么是高电平，要么是低电平。 （2）施密特触发器属于电平触发器件，适用于缓慢变化的信号，当输入信号达到某一定电压值时，输出电压会发生突变。电路有两个阈值电压。当输入信号增加和减少时，电路的阈值电压不同，出现滞回	属 TTL 系列有：7413、7414、74132 等。 属 CMOS 系列有：CC40106、CC4583 等	1. 变换； 2. 整形； 3. 鉴幅
多谐振荡器	（1）多谐振荡器没有稳定状态，只有两个暂态，0 态和 1 态周期性出现。 （2）通过电容的充电和放电，使两个暂态相互交替，从而产生自激振荡，无须外触发	TTL 系列：74LS422、74LS/HC423 等。 COMS 系列：4047、4098 等	1. 产生矩形波； 2. 提供脉冲信号

第 6 章

半导体存储器

● 案例引入

在第 2 章学习的触发器器件可以存储一位的 0 或 1，在第 4 章学习的寄存器可以存储一组八位或其他位数的 0 或 1。在计算机和其他一些数字系统中，如果要存储更多的数据，用什么器件呢？那就要用能存储大量信息的存储器。

如图 6-1 所示，计算机系统的硬件组成中，包括中央处理器、存储器、输入输出外部设备，存储器有 RAM、ROM、软盘、硬盘、光盘、U 盘等，其中 RAM、ROM、U 盘都是能存储大量二值信息的半导体器件，称为半导体存储器。

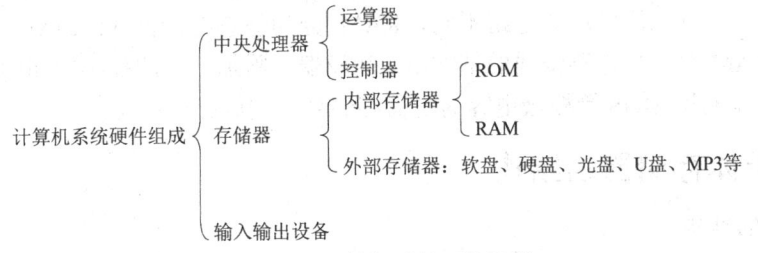

```
                        ┌ 运算器
              ┌ 中央处理器┤
              │          └ 控制器    ┌ ROM
计算机系统硬件组成┤          ┌ 内部存储器┤
              │ 存储器────┤          └ RAM
              │          └ 外部存储器：软盘、硬盘、光盘、U盘、MP3等
              └ 输入输出设备
```

图 6-1 计算机系统硬件组成

对存储器的操作通常分为两类：写——把信息存入存储器的过程；读——从存储器中取出信息的过程。

本章讲解半导体存储器的分类、结构、工作原理及应用，包括：什么是半导体存储器？如何分类？半导体存储器的结构是如何构成的？半导体存储器的存储原理是什么？半导体存储器的读写操作是怎么完成的？半导体存储器的容量是如何定义计算的？容量不够时如何扩展？存储器除了存储数据还有什么作用？有什么典型集成芯片？

6.1 半导体存储器的结构及容量

6.1.1 半导体存储器的分类

半导体存储器按其功能和结构可分为只读存储器（ROM）和随机读/写存储器（RAM），每一大类又可分为不同的种类，半导体存储器的分类如图 6-2 所示。

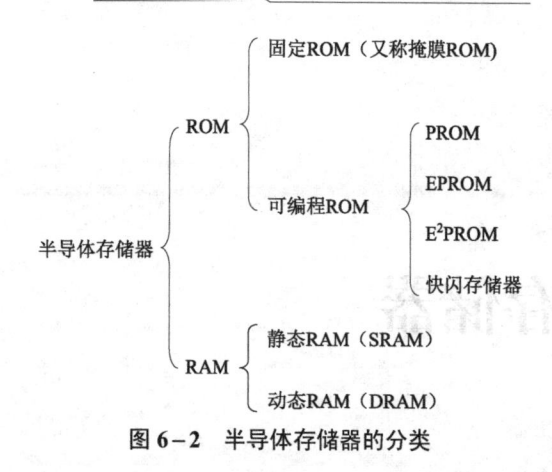

1. 只读存储器（ROM）

ROM 的基本特点是断电后信息是固定不变的，信息不丢失，在工作过程中一般只能读不能重写。它适用于在计算机和其他数字系统中存储系统软件、应用程序、表格、常用数据等信息，所以又称为程序存储器。

根据存储每一位二值信息的电路结构，ROM 又分为固定 ROM 和可编程 ROM。固定 ROM 中存储的信息是由制造厂家在生产过程中按用户要求写入的，它采用掩模工艺制作，出厂时已经固化在内部，不能做任何更改，又称掩模 ROM。可编程 ROM 出厂时存储的信息全部为 1 或 0，设计人员可以按照自己的设计更改存储信息。按照存储单元电路器件不同，可编程 ROM 又分为 PROM、EPROM、E²PROM、快闪存储器。

图 6-2 半导体存储器的分类

2. 随机存储器（RAM）

RAM 的基本特点是能够随时在任一指定地址读出（取出）数据或写入（存入）数据，读写方便，但掉电后所存的信息会丢失。它适用于各种二进制信息的临时存储，所以又称为数据存储器。

根据存储每一位二值信息的电路不同，RAM 分为静态存储器（SRAM）和动态存储器（DRAM）。SRAM 是用门电路组成的基本 SR 触发器，附加一定的控制线和门控管组成存储单元，DRAM 是利用 MOS 管栅极电容的电荷存储效应构成存储单元。

6.1.2　半导体存储器的结构

1. ROM 的结构

ROM 的电路结构包含存储矩阵、地址译码器和输出缓冲器三个组成部分，如图 6-3 所示。

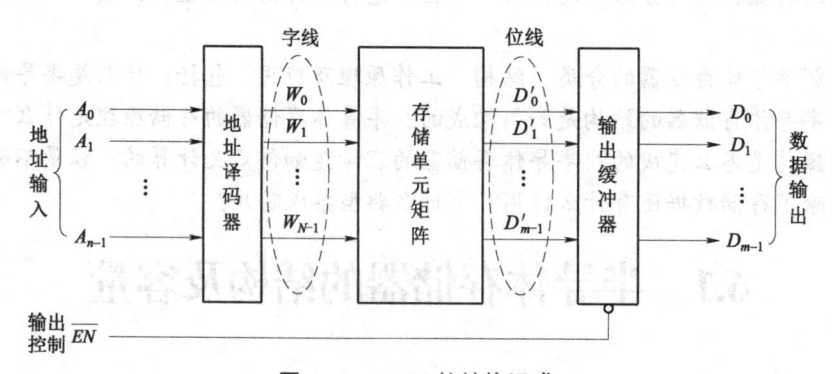

图 6-3　ROM 的结构组成

（1）存储单元矩阵。

存储单元矩阵是由许多存储单元排列成矩阵结构而成，如图 6-4 所示。每一个存储单元存储一位二进制数，若 m 个数据为一组，称为一个信息单元，简称字。存储器若存有 N 组存储数据，就会有 N 个地址。我们将存储单元输入的地址线称为字线，将存储单元输出的一组数据线称为位线。

（2）地址译码器。

半导体存储器是用来存储大量二值信息的，所以存储信息单元很多。每个信息单元要有一个地址，如果芯片选一个地址用一个管脚，芯片的制造及应用会很麻烦。为此在输入级加了地址译码器。一个 2 位地址代码、4 个存储单元的地址译码器电路如图 6-5 所示。

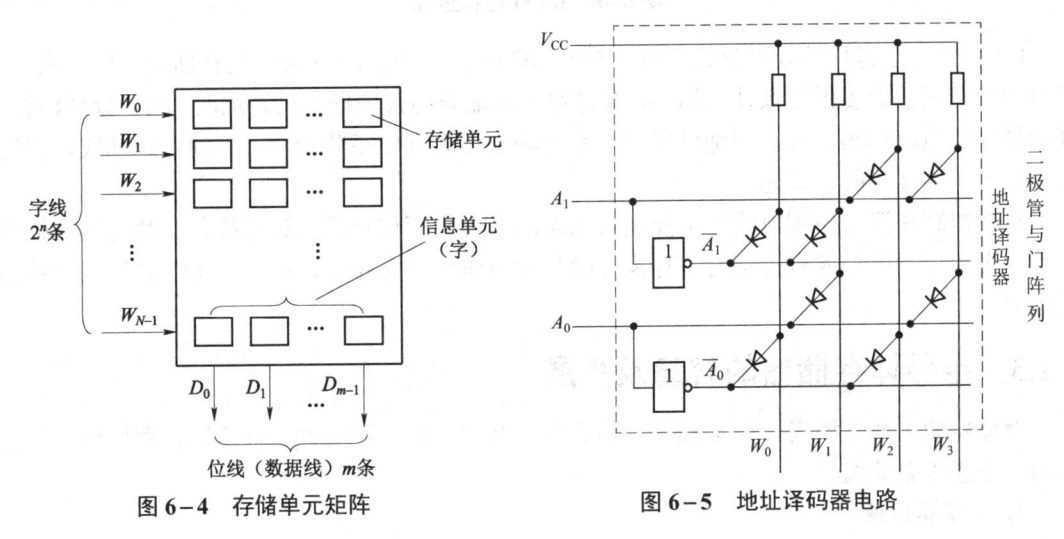

图 6-4　存储单元矩阵　　　　图 6-5　地址译码器电路

以 A_1、A_0 为输入信号，W_0、W_1、W_2、W_3 为输出信号。当 $A_1A_0=00$ 时，只有第一列的两个二极管全部截止，其他三列都有导通的二极管，这样只有 W_0 为高电平，W_1、W_2、W_3 都为低电平；当 $A_1A_0=01$ 时，只有第二列的两个二极管全部截止，其他三列都有导通的二极管，这样只有 W_1 为高电平，W_0、W_2、W_3 都为低电平；当 $A_1A_0=10$ 时，只有第三列的两个二极管全部截止，其他三列都有导通的二极管，这样只有 W_2 为高电平，W_0、W_1、W_3 都为低电平；当 $A_1A_0=11$ 时，只有第四列的两个二极管全部截止，其他三列都有导通的二极管，这样只有 W_3 为高电平，W_0、W_1、W_2 都为低电平，即地址译码器电路是由二极管组成的与门阵列，输出为高电平有效，即任何时刻，W_0、W_1、W_2、W_3 只有一个信号为高电平，其余都为低电平。我们称 A_1、A_0 为地址线，W_0、W_1、W_2、W_3 为字线，用字线选通存储单元。

地址译码器就是一个二进制完全译码器，它的输入输出满足 2^n 关系，即输出需要 2^n 条字线时，输入只需要 n 条地址代码线，这样芯片减少了很多的管脚。

将输入的 n 位地址代码通过地址译码器译成相应的 2^n 条控制信号，利用这些控制信号选中存储矩阵中指定的单元，读取其中的信息，n 为地址线的条数，2^n 为字线的条数。

（3）输出缓冲器。

输出缓冲器是一组三态门，它的作用主要有两点：一是提高存储器的带负载能力，二是实现对输出数据的控制，以便与系统的总线连接。三态控制端 $\overline{EN}$ 又称为 ROM 片选端、使能端。

2. RAM 的结构

RAM 的电路结构包含存储矩阵、地址译码器和片选与读写控制三部分，如图 6-6 所示。

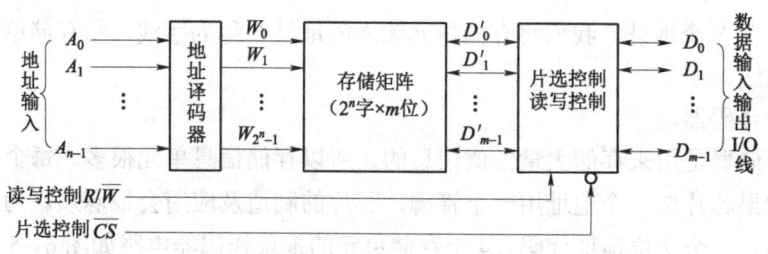

[图 6-6 RAM 结构组成]

RAM 的地址译码器及存储矩阵的结构与 ROM 相似，但由于 RAM 的存储量一般都很大，所以地址译码器大多采用双译码结构，即将输入地址分为行地址和列地址两部分，分别由行、列地址译码电路译码。行、列地址译码电路的输出作为存储矩阵的行、列地址选择线，由它们共同确定欲选择的字单元。

片选控制和读写控制电路用于控制对 RAM 芯片中存储单元的读写操作。片选信号控制芯片是否工作，读写信号控制对芯片执行的是读操作还是写操作，决定了 I/O 数据线上数据的流向。

6.1.3 半导体存储器的容量及扩展

存储器的主要性能指标有 4 项：存储容量、存取速度、可靠性、性价比，存储容量是存储器一个最重要的指标。

1. 存储器容量

存储器容量是指存储器所能存储的二值信息的数量，即用可存储的字数和每个字所含位数的乘积表示，它是反映存储器性能的重要指标。具体计算时，设存储器的地址线为 n 条，数据线为 m 条，则存储器的存储容量为 $2^n \times m$ 位。存储器的容量单位有 Bit（简写为 B）、KB（简写为 K）、MB（简写为 M）、GB（简写为 G），它们之间的关系是：

$$2^{10} B = 1\,024\,B = 1\,K \qquad 2^{20} B = 1\,M \qquad 2^{30} B = 1\,G$$

2 048*8 表示这个 ROM（RAM）有 2 048 个字，每个字的字长是 8 位。

一个 10 位地址码、8 位输出的 ROM（RAM），其存储矩阵的容量为 $2^{10} \times 8 = 1\,024 \times 8 = 8\,K$。

2. 存储器容量的扩展

在计算机或其他数字系统中，当单片 RAM 或 ROM 芯片不能满足存储容量的要求时，必须把多个 RAM 或 ROM 芯片连在一起，以扩展容量。容量的扩展方法有位扩展、字扩展、字位同时扩展。

（1）位扩展。

通常存储器 RAM 或 ROM 芯片的字长设计成 1 位、4 位、8 位等。当实际存储数据字长超过所选用 RAM 或 ROM 芯片的字长时，需要对 RAM 或 ROM 进行位扩展。

RAM 或 ROM 的地址线为 n 条，则该片 RAM 或 ROM 就有 2^n 个字，若只需要扩展位数不需扩展字数时，说明字数满足了要求，即地址线不用增加。

位扩展方法：将需要扩展的存储器芯片的地址线、读写控制线、片选控制线分别并联在一起，将每一片的 I/O 线并行输出，作为整个 RAM 或 ROM 的数据线。

【例 6-1】现有 1 024×1 位的 ROM 芯片，想要 1 024×8 位的 ROM 存储器，问：（1）需要几片 1 024×1 位的 ROM 芯片？（2）画出接线图。

解：（1）扩展为 1 024×8 位存储器需要 1 024×1 位 ROM 的片数为

$$N = 总存储容量/一片存储容量 = \frac{1\,024 \times 8}{1\,024 \times 1} = 8（片）$$

（2）连接图如图 6-7 所示。

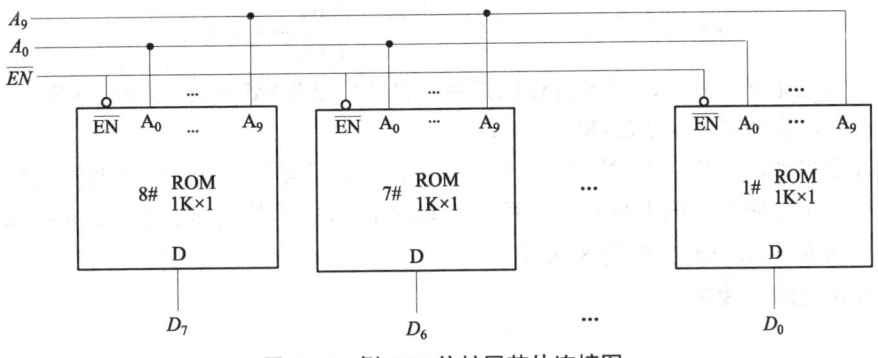

图 6-7 例 6-1 位扩展芯片连接图

（2）字扩展。

在存储器的数据位数满足要求而字数达不到要求时，需要字扩展，即将多片存储器芯片接成一个字数更多的存储器。字数若增加，地址线需要相应增加。

字扩展方法：扩展后的低位地址线与所有存储器相应位的地址线并联，高位地址线用来分别选通存储器芯片工作（一般用译码器），读写控制线并联，相应位的输出数据线并联。

【**例 6-2**】用 256×8RAM 扩展成 1 024×8RAM，问：（1）需要几片？（2）画出接线图。

解：（1）需要的 256×4RAM 芯片数为

$$N = 总存储容量/一片存储容量 = \frac{1\,024 \times 8}{256 \times 8} = 4（片）$$

（2）连接图如图 6-8 所示。

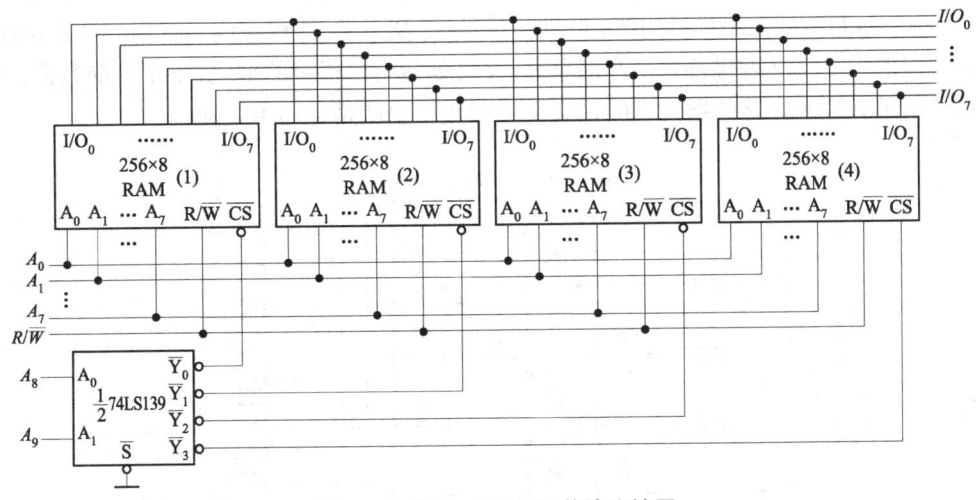

图 6-8 例 6-2 字扩展芯片连接图

（3）字位同时扩展。

在存储器 RAM 或 ROM 的数据位数及字数都达不到要求时，需要字位同时进行扩展。

对于字位同时扩展的 RAM 或 ROM，一般先进行位扩展后再进行字扩展，当然也可以先进行字扩展后再进行位扩展。

【例 6-3】若将 64×2 RAM 扩展为 256×4 RAM，问：（1）需要几片？（2）画出接线图。

解：（1）需用的 64×2 RAM 芯片数为

$$N = 总存储容量/一片存储容量 = \frac{256 \times 4}{64 \times 2} = 8（片）$$

（2）连接电路图的方法：首先进行位扩展，将 64×2 RAM 扩展为 64×4 RAM，因为位数增加了一倍，需两片 64×2 RAM 组成 64×4 RAM。

再进行字扩展，字数由 64 扩展为 256，即字数扩展了 4 倍，故应增加两位地址线，通过译码器产生 4 个相应的低电平分别去连接 4 组 64×4 RAM 的片选端。这样 256×4 RAM 的地址线由原来的 6 条 $A_5 \sim A_0$ 扩展为 8 条 $A_7 \sim A_0$。

自行画出电路连接图。

6.2 只读存储器（ROM）

6.2.1 只读存储器的存储单元

半导体存储器 ROM 包括掩膜 ROM、PROM、EPROM、E^2PROM、快闪存储器等，它们的区别是存储单元的电路结构不同。

1. 掩膜 ROM

如图 6-9 所示电路为由二极管器件构成的掩膜 ROM 存储矩阵及输出电路，以 W_0、W_1、W_2、W_3 为输入，D_3'、D_2'、D_1'、D_0' 为输出的电路就是存储矩阵电路，D_3'、D_2'、D_1'、D_0' 为位线。存储矩阵中，每一条位线与连接了二极管的字线之间为或逻辑关系，即若某一行连接了二极管阳极的字线只要有一个为高电平，则这行的位线就是数据"1"，存储矩阵是或门阵列。当 $W_0 \sim W_3$ 每根线上给出高电平信号时，都会在 $D_3' \sim D_0'$ 四根位线上输出一个 4 位代码。字线和位线的每个交叉点代表一个存储单元，交叉处接有二极管的单元，表示存储数据为"1"，无二极管的单元表示存储数据为"0"，交叉点的数目也就是存储单元数。

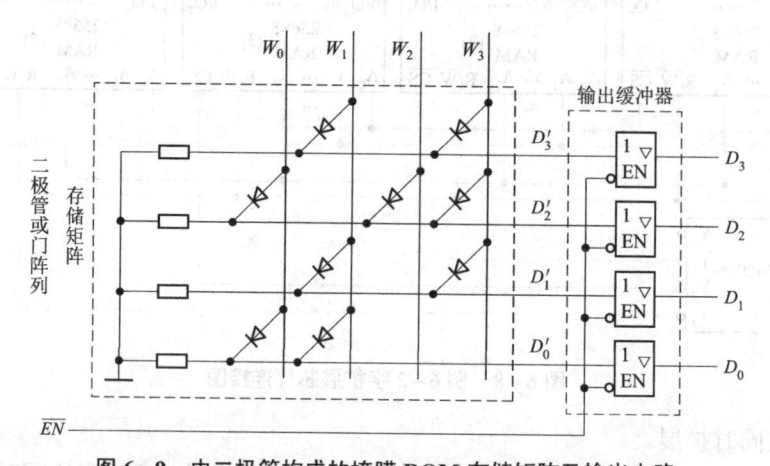

图 6-9　由二极管构成的掩膜 ROM 存储矩阵及输出电路

当图 6-5 电路中 $W_0 \sim W_3$ 与图 6-9 电路中 $W_0 \sim W_3$ 进行了连接时，若 $A_1A_0=00$，则 W_0 为高电平，W_1、W_2、W_3 为低电平，第一列的两个二极管处于导通状态，$D'_3 D'_2 D'_1 D'_0$ 为 0101。同理可以分析得到：当 $A_1A_0=01$ 时，$D'_3 D'_2 D'_1 D'_0=1011$；当 $A_1A_0=10$ 时，$D'_3 D'_2 D'_1 D'_0=0100$；当 $A_1A_0=11$ 时，$D'_3 D'_2 D'_1 D'_0=1110$。

采用掩模工艺制作的 ROM，出厂时字线与位线之间的二极管存储的信息已经固化在内部，一旦刻蚀，永不可改。固定 ROM 在大批量智能产品的制造中较为常见。

掩膜工艺存储器的存储单元还可以用 MOS 管来存储二值信息，图 6-10 所示为 MOS 管构成的掩膜存储矩阵及输出电路。当某一字线为高电平时，与该字线连接的 MOS 导通，MOS 管的漏极为低电平，只要一行的 MOS 管有一个导通，位线输出就为低电平，输出位线与输入字线为或非逻辑关系，存储矩阵为或非阵列。输出电路为三态非门，相当于字线与位线之间连接 MOS 管时，存储单元的数据为"1"，若字线与位线之间没有连接 MOS 管，则该存储单元的数据为"0"。用 MOS 管工艺制作 ROM 时，译码器、存储矩阵和输出缓冲器全用 MOS 管构成。

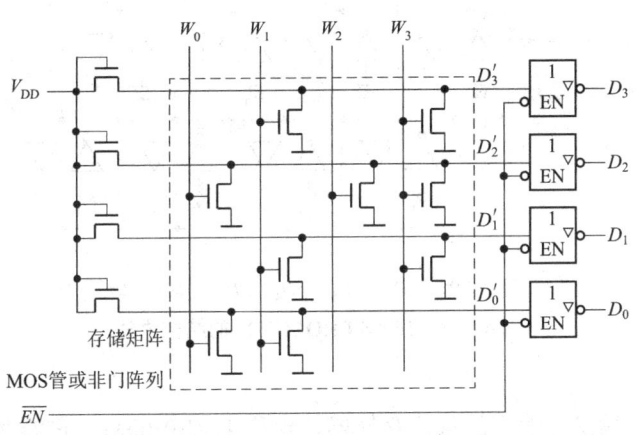

图 6-10 MOS 管构成的掩膜 ROM 存储矩阵及输出电路

2. PROM

PROM 为只能编程一次的存储器，它的存储单元采用熔丝结构。图 6-11（a）、(b) 所示电路分别为三极管和 MOS 管构成的熔丝结构 PROM 存储单元，熔丝通常用低熔点的合金或很细的多晶硅导线制成。可编程 PROM 在封装出厂前，所有的熔丝都是连接的，即存储单元中的内容全为"1"，用户可根据需要进行一次性编程处理，将某些单元熔丝烧断，它的内容改为"0"。一旦写入，永不可变，而且写入电压比较高，速度也很慢。

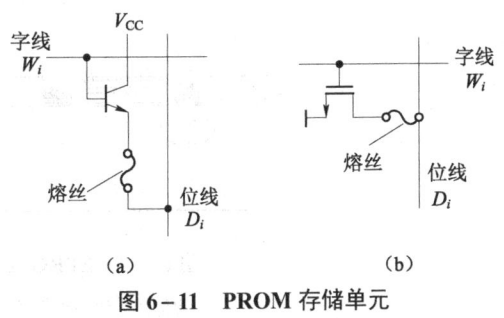

图 6-11 PROM 存储单元
(a) 由三极管构成；(b) 由 MOS 管构成

4 条地址线、8 位数据线的 PROM 电路的结构原理如图 6-12 所示，共有 16×8 个三极管熔丝存储单元。正常读取数据时，先给地址，对应字线为高电平，一组三极管导通，A_R 门打开，若熔丝是连接的，位线上读出为高电平；若熔丝是断开的，位线上读出为低电平。进行编程时，先输入编程单元的地址代码，相应的字线为高电平，然后对要求写入"0"的位线加入高电压脉冲，A_W、D_Z 导通，A_W 输出低电平，使被选中字线的相应位熔丝烧断。

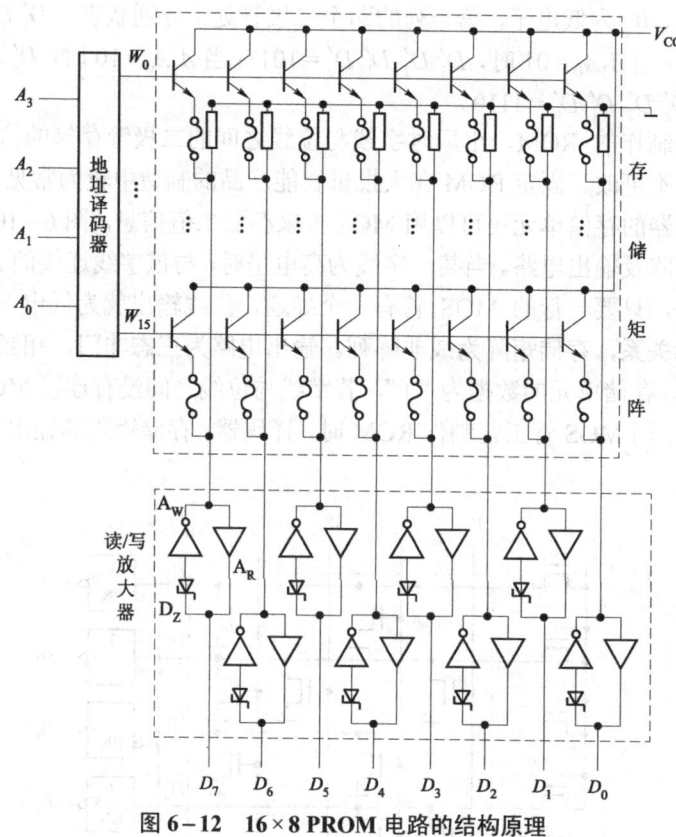

图 6-12 16×8 PROM 电路的结构原理

3. EPROM

EPROM 为光可擦除可编程的只读存储器，也称 UVEPROM，它的存储元件采用浮栅雪崩注入 SIMOS 管，它的结构示意、图形符号及其构成的存储单元如图 6-13 所示。

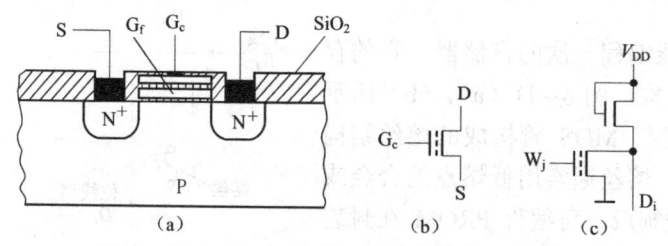

图 6-13 EPROM 存储元件及存储单元原理图
(a) SIMOS 管结构示意；(b) 图形符号；(c) 存储单元

SIMOS 管有两个重叠的栅极，G_c 称为控制栅，G_f 称为浮栅。G_c 用于控制读出和写入，G_f 用于长期保存注入其中的电荷。浮栅 G_f 上未注入负电荷时，SIMOS 管相当于一个增强型 NMOS 管，这时在控制栅上加正常高电平，SIMOS 管导通。当浮栅 G_f 上注入一定量负电荷时，控制栅上加正常高电平，SIMOS 管截止。

通过分析图 6-13（c）所示存储单元电路可知，读存储器中的数据时，首先给出地址码，输出字线 W_j 为高电平。若浮栅没有注入负电荷，SIMOS 管导通，位线上读出的数据为低电平"0"。若浮栅注入了负电荷，SIMOS 管截止，位线上读出的数据为高电平"1"。

出厂时，所有存储单元的 SIMOS 管的浮栅都不带负电荷，即所有存储单元都是 0（或 1）。给存储器存入 1 的方法是：SIMOS 管漏源之间加上 20~25 V 的高电压，同时在控制栅加上幅度约为 25 V、脉宽约为 50 ms 的电压脉冲，使 SIMOS 管发生雪崩击穿，电子在栅极电场的作用下穿过 SiO_2 层注入浮栅，使其带上负电荷。

EPROM 数据能保存 10~20 年，并能无限次读取。它的一个重要优点是可以擦除重写，而且允许擦除的次数超过上万次。

当存储器需要重新编程时，首先要用紫外线在器件的石英玻璃盖上照射 20~30 min，使所有存储的信息均为 0（或 1），然后可以重新进行写操作。

EPROM 虽然可以擦除重新写入，但擦除和写入的操作复杂，需要专门的设备，而且擦除速度很慢，因此人们又研制了其他工艺的存储器。

4. E^2PROM

E^2PROM 为电信号可擦除、可编程的只读存储器，也是采用叠栅技术，利用浮栅是否存有负电荷来存储二值数据的，不同的是它的存储元件是浮栅隧道氧化层 MOS 管，是用电信号控制擦除的，速度提高了很多，达到毫秒级，操作也方便很多。大多数 E^2PROM 芯片内部都备有升压电路，只需提供单电源供电，便可进行读、擦除/写操作。

5. 快闪存储器（Flash Memory）

快闪存储器是 20 世纪 80 年代问世的新一代电信号可擦除可编程的 ROM，简称闪存。它采用进一步改进的叠栅结构存储元件，使存储单元电路简单、编程可靠、擦写速度更快、集成度更高。它写入一个字的时间约为 10 μs，一只芯片可以擦除写入 10 万次以上。

目前闪存应用很广，U 盘、PAD、数码相机、3G 无线系统、新型的微程序控制单元等大规模集成器件中都大量采用了闪存。

6.2.2 用 ROM 设计组合逻辑电路

ROM 除了作为存储器以外，还有其他的用途吗？它还可以用来设计组合逻辑电路、字符发生器、逻辑函数发生器等。这里我们主要介绍用 ROM 设计多输出组合逻辑电路的方法。

图 6-3 所示为 ROM 的逻辑框图，其中地址译码器为与逻辑阵列，存储矩阵为或逻辑阵列，所以 ROM 的电路结构又可以简化表达为如图 6-14 所示的逻辑结构。

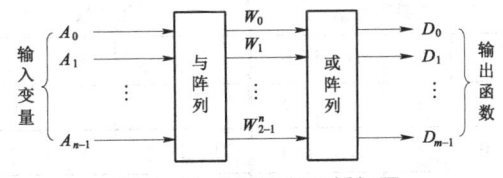

图 6-14 ROM 的逻辑框图

从图 6-14 可知，与阵列的输出为输入变量的最小项表达式，或阵列的输出就是逻辑函数的最小项表达式。一个 n 条地址线、m 条数据线的 ROM，只要把逻辑函数的真值表事先存入 ROM，便可用 ROM 实现该函数，就可以设计 m 个输出、n 个输入变量的组合逻辑电路。

为了画图方便，在与阵列、或阵列中，连接了存储元件的交叉点上画一个圆点以代替存储元件，逻辑关系用文字说明，这样的简化图称为点阵图。如图 6-15（a）所示的掩膜存器电路结构图简化为图 6-15（b）中的点阵图。

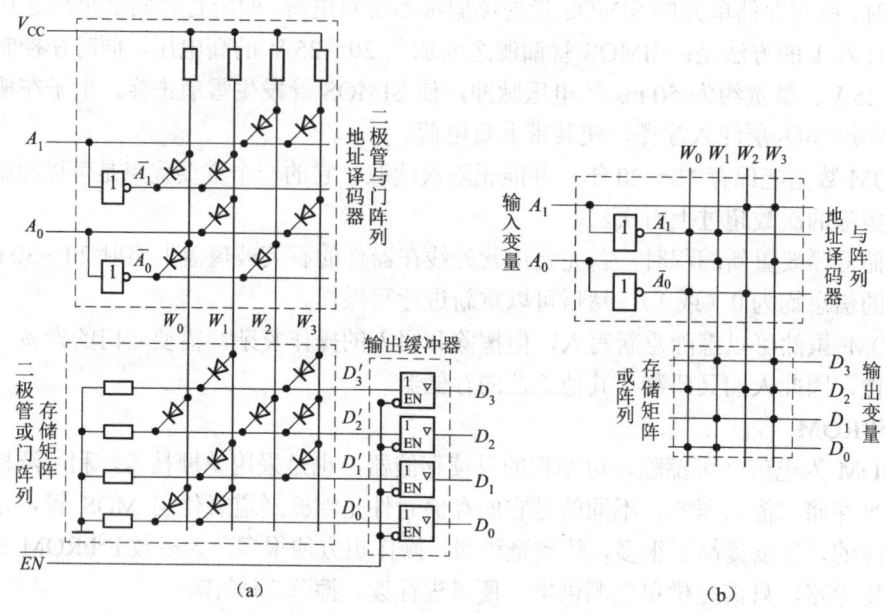

图 6-15　ROM 的电路结构图及简化点阵图
（a）ROM 电路结构图；（b）ROM 电路简化点阵图

用 ROM 实现逻辑函数一般按以下步骤进行：

（1）根据逻辑函数的输入、输出变量数，确定 ROM 容量，选择合适的 ROM。将输入变量接入地址线，输出变量接到数据线（位线）。

（2）将给定的逻辑函数写为最小项表达式形式。

（3）画出 ROM 阵列图或电路图，标出输入变量、输出变量，完成理论设计任务。

【例 6-4】 用 ROM 实现四位二进制码到格雷码的转换。

解：（1）四位二进制码转换为格雷码的逻辑关系见表 6-1，输入是四位二进制码 $B_3 \sim B_0$，输出是四位格雷码 $G_3 \sim G_0$，故选用容量为 $2^4 \times 4$ 的 ROM。

表 6-1　四位二进制码转换为格雷码的真值表

二进制数				格雷码				二进制数				格雷码			
B_3	B_2	B_1	B_0	G_3	G_2	G_1	G_0	B_3	B_2	B_1	B_0	G_3	G_2	G_1	G_0
0	0	0	0	0	0	0	0	1	0	0	0	1	1	0	0
0	0	0	1	0	0	0	1	1	0	0	1	1	1	0	1
0	0	1	0	0	0	1	1	1	0	1	0	1	1	1	1
0	0	1	1	0	0	1	0	1	0	1	1	1	1	1	0
0	1	0	0	0	1	1	0	1	1	0	0	1	0	1	0
0	1	0	1	0	1	1	1	1	1	0	1	1	0	1	1
0	1	1	0	0	1	0	1	1	1	1	0	1	0	0	1
0	1	1	1	0	1	0	0	1	1	1	1	1	0	0	0

（2）由表 6-1 可写出输出函数最小项表达式：

$$\begin{cases} G_3 = \sum(8,9,10,11,12,13,14,15) \\ G_2 = \sum(4,5,6,7,8,9,10,11) \\ G_1 = \sum(2,3,4,5,10,11,12,13) \\ G_0 = \sum(1,2,5,6,9,10,13,14) \end{cases}$$

（3）画出译码器及存储矩阵的点阵图，如图 6-16 所示。

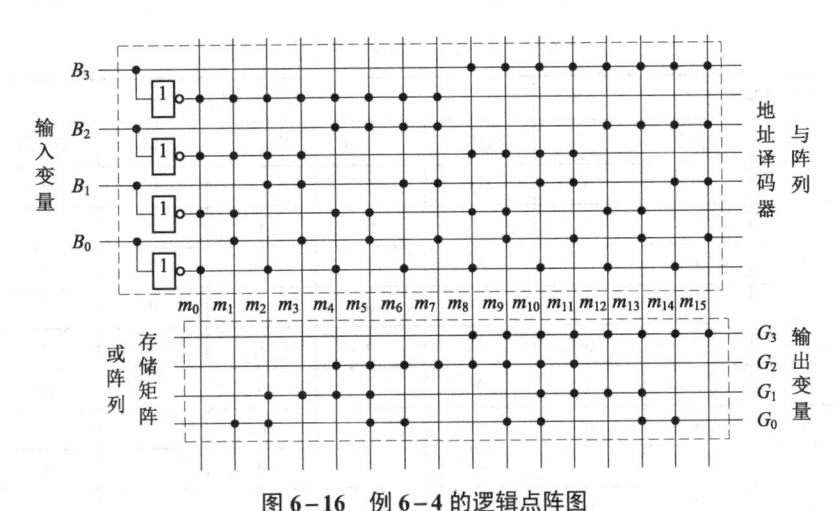

图 6-16 例 6-4 的逻辑点阵图

【例 6-5】 用一片 256*8 位的 ROM 产生如下一组组合逻辑函数，要求列出 ROM 数据表，画出 ROM 的接线图并标明各输入变量。ROM 图形符号如图 6-17 所示。

$$\begin{cases} L_1 = AB + BC + CD + AD \\ L_2 = \overline{AB} + \overline{BC} + \overline{CD} + \overline{AD} \\ L_3 = ABC + BCD + ABD + ACD \\ L_4 = \overline{A}\,\overline{B}\,\overline{C} + \overline{B}\,\overline{C}\,\overline{D} + \overline{A}\,\overline{B}\,\overline{D} + \overline{A}\,\overline{C}\,\overline{D} \\ L_5 = ABCD \\ L_6 = \overline{ABCD} \end{cases}$$

解：（1）确定 ROM 容量的使用接法。

根据给定的一组函数，输入变量为 4 个，输出为 6 个，所以选择的 ROM 至少有 4 条地址线、6 条数据线。给定的 ROM 容量为 256*8 位，有 8 条地址线，8 条数据线，可以满足要求。使用时将给定的 ROM 地址高 4 位接地，输入变量 $ABCD$ 接入低 4 位地址，取六位数据输出端 $D_0 \sim D_5$ 作为 $L_1 \sim L_6$ 的输出端。

（2）将逻辑函数化为最小项表达式。

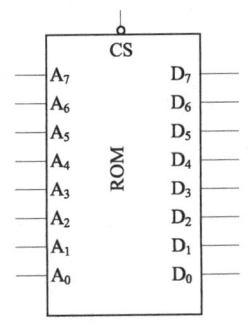

图 6-17 ROM 的图形符号

$$\begin{cases} L_1 = \sum m(3,6,7,9,11,12,13,14,15) \\ L_2 = \sum m(0,1,2,3,4,6,8,9,12) \\ L_3 = \sum m(7,11,13,14,15) \\ L_4 = \sum m(0,1,2,4,8) \\ L_5 = m(15) \\ L_6 = m(0) \end{cases}$$

(3) 列数据表：根据最小项表达式可得 ROM 数据，见表 6-2。

表 6-2 例 6-5 的数据表

地址（接输入变量）				数据（接输出变量）					
$A_3(A)$	$A_2(B)$	$A_1(C)$	$A_0(D)$	$D_5(L_6)$	$D_4(L_5)$	$D_3(L_4)$	$D_2(L_3)$	$D_1(L_2)$	$D_0(L_1)$
0	0	0	0	1	0	1	0	1	0
0	0	0	1	0	0	1	0	1	0
0	0	1	0	0	0	1	0	1	0
0	0	1	1	0	0	0	0	1	1
0	1	0	0	0	0	1	0	1	0
0	1	0	1	0	0	0	0	0	0
0	1	1	0	0	0	0	0	1	1
0	1	1	1	0	0	0	1	0	1
1	0	0	0	0	0	1	0	1	0
1	0	0	1	0	0	0	0	1	1
1	0	1	0	0	0	0	0	0	0
1	0	1	1	0	0	0	1	0	1
1	1	0	0	0	0	0	0	1	1
1	1	0	1	0	0	0	1	0	1
1	1	1	0	0	0	0	1	0	1
1	1	1	1	0	1	0	1	0	1

(4) ROM 的接线图，如图 6-18 所示。

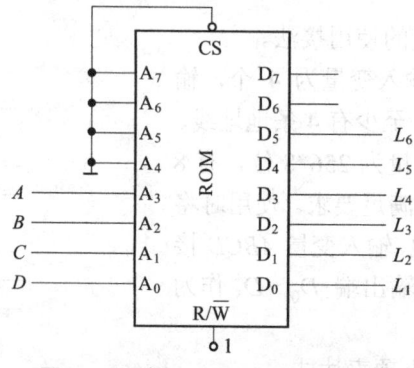

图 6-18 例 6-5 ROM 的接线图

6.2.3 集成只读存储器芯片

1. EPROM 芯片

常见的 EPROM 芯片有 Intel 公司生产的 2716（2 K*8）、2732（4 K*8）、2764（8 K*8）、27128（16 K*8）、27256（32 K*8）、27512（64 K*8）等，前两种为 24 脚封装，其余为 28 脚封装，它们的引脚排列如图 6-19 所示，具有很高的兼容性。

27512	27256	27128	2764	2732	2716				2716	2732	2764	27128	27256	27512
A_{15}	V_{PP}	V_{PP}	V_{PP}			1		28			V_{CC}	V_{CC}	V_{CC}	V_{CC}
A_{12}	A_{12}	A_{12}	A_{12}			2		27			$\overline{PGM}$	$\overline{PGM}$	A_{14}	A_{14}
A_7	A_7	A_7	A_7	A_7	A_7	3	(1) (24)	26	V_{CC}	V_{CC}	NC	A_{13}	A_{13}	A_{13}
A_6	A_6	A_6	A_6	A_6	A_6	4	(2) (23)	25	A_8	A_8	A_8	A_8	A_8	A_8
A_5	A_5	A_5	A_5	A_5	A_5	5	(3) (22)	24	A_9	A_9	A_9	A_9	A_9	A_9
A_4	A_4	A_4	A_4	A_4	A_4	6	(4) (21)	23	V_{PP}	A_{11}	A_{11}	A_{11}	A_{11}	A_{11}
A_3	A_3	A_3	A_3	A_3	A_3	7	(5) (20)	22	$\overline{OE}$	$\overline{OE}/V_{PP}$	$\overline{OE}$	$\overline{OE}$	$\overline{OE}$	$\overline{OE}/V_{PP}$
A_2	A_2	A_2	A_2	A_2	A_2	8	(6) (19)	21	A_{10}	A_{10}	A_{10}	A_{10}	A_{10}	A_{10}
A_1	A_1	A_1	A_1	A_1	A_1	9	(7) (18)	20	$\overline{CE}/PGM$	$\overline{CE}$	$\overline{CE}$	$\overline{CE}$	$\overline{CE}$	$\overline{CE}$
A_0	A_0	A_0	A_0	A_0	A_0	10	(8) (17)	19	D_7	D_7	D_7	D_7	D_7	D_7
D_0	D_0	D_0	D_0	D_0	D_0	11	(9) (16)	18	D_6	D_6	D_6	D_6	D_6	D_6
D_1	D_1	D_1	D_1	D_1	D_1	12	(10) (15)	17	D_5	D_5	D_5	D_5	D_5	D_5
D_2	D_2	D_2	D_2	D_2	D_2	13	(11) (14)	16	D_4	D_4	D_4	D_4	D_4	D_4
GND	GND	GND	GND	GND	GND	14	(12) (13)	15	D_3	D_3	D_3	D_3	D_3	D_3

图 6-19 Intel 27×× 系列 EPROM 芯片引脚排列图

Intel 27×× 系列 EPROM 芯片的引脚含义和功能说明如下。

① $A_0 \sim A_i$：地址输入线，$i=12\sim 15$，用于寻址片内的存储单元。当 $i=12$ 时，地址线为 13 条，是 2764；当 $i=15$ 时，地址线为 16 条，是 27512。

② $D_0 \sim D_7$：三态数据总线。当或编程校验时，为数据输出线；当编程固化时，为数据输入线；当维持或编程禁止时，呈高阻态。

③ $\overline{CE}$：片选信号输入线，该引脚输入为低电平时，芯片被选中，处于工作状态；输入为高电平时，芯片处于数据高阻态。

④ $\overline{OE}$：输出允许输入线，低电平有效。该引脚为低电平，且 $\overline{CE}$、地址线有效时，数据从 $D_0 \sim D_7$ 输出到数据总线上。

⑤ V_{pp}：编程电源输入端。输入电压值因制造厂商和芯片型号而异，可以是 +12.5 V、+15 V、+21 V、+25 V 等。

⑥ $\overline{PGM}$：编程脉冲输入端。编程时，在该端加上编程脉冲；读操作时该信号为 1。

⑦ V_{CC}、GND：主电源与地。

⑧ NC：空引脚。

Intel 27×× 系列 EPROM 芯片是单一 +5 V 供电，工作电流为 75 mA，读出时间最大为 250 ns，正常工作（只读）时，$V_{pp}=V_{CC}=+5$ V，$\overline{PGM}=+5$ V。编程时，V_{pp} 加入高压脉冲，

$\overline{PGM}$ 端加入宽度为 50 ms 的负脉冲。

Intel 27×× 系列 EPROM 芯片有多种工作方式，表 6-3 列出了在不同工作方式下相应管脚的状态。

表 6-3 Intel 27×× 系列 EPROM 芯片的工作方式及引脚状态

工作方式	引脚状态					
	$\overline{CE}$	$\overline{OE}$	$\overline{PGM}$	V_{PP}/V	V_{CC}/V	$D_0 \sim D_7$
读出	0	0	1	+5	+5	输出 $D_0 \sim D_7$
读出禁止	×	1	×	+5	+5	高阻
维持	1	×	×	+5	+5	高阻
编程	0	1	编程脉冲	高电压	+5	输入 $D_0 \sim D_7$
编程检验	0	0	1	+5	+5	输出 $D_0 \sim D_7$
编程禁止	0	1	1	+5	+5	高阻

2. E²PROM 芯片

常见的 E²PROM 芯片有 Intel 公司生产的 2816/2817（2 K*8）、2816A/2817A（2 K*8）、2864A（8 K*8）。2816A/2817A 和 2864A 的片内有升压电源，它们的擦写是在+5 V 电源下完成的，而 2816/2817 靠外加 21 V 电源的 V_{PP} 引脚进行擦写。

2816A/2817A 的引脚排列图如图 6-20 所示，表 6-4 所示为它们在不同工作方式下相应管脚的状态。

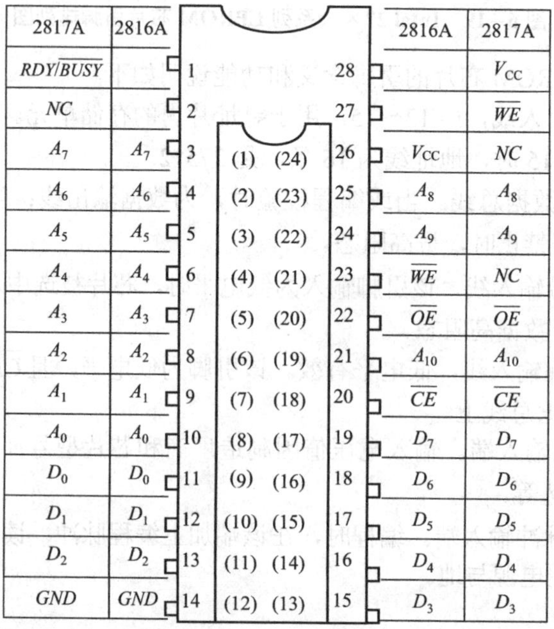

图 6-20 Intel 2816A/2817A E²PROM 芯片的引脚排列图

表 6-4　Intel 2816A/2817A E²PROM 芯片的工作方式及引脚状态

芯片	工作方式	引脚状态					
^	^	$\overline{CE}$	$\overline{OE}$	$\overline{WE}$	V_{CC}/V	$D_0 \sim D_7$	$RDY/\overline{BUSY}$
2816A	读出	0	0	1	+5	输出 $D_0 \sim D_7$	
^	维持	1	×	×	+5	高阻	
^	字节擦除	0	1	0	+5	11111111	
^	字节写入	0	1	0	+5	输入 $D_0 \sim D_7$	
^	全片擦除	0	+10~+15 V	0	+5	11111111	
2817A	读出	0	0	1	+5	输出 $D_0 \sim D_7$	高阻
^	维持	1	×	×	+5	高阻	高阻
^	字节写入	0	1	0	+5	输入 $D_0 \sim D_7$	0
^	字节擦除	字节写入前自动擦除					

2817A 比 2816A 多一个写入结束联络信号——$RDY/\overline{BUSY}$。在擦、写操作期间，$RDY/\overline{BUSY}$ 为低电平；当字节擦、写完毕时，$RDY/\overline{BUSY}$ 为高电平。这使 2817A 每写完一个字节后就向 CPU 请求中断（或被 CPU 查询到），来继续写入下一个字节，在维持过程中数据线 $D_0 \sim D_7$ 为高阻状态，不会影响 CPU 的工作。

3. 快闪（FLASH）存储器芯片

常见的 FLASH 存储器有 Intel 公司生产的 28F640J3、28F320J3、28F128J3、28F128J3A，Intel 28F128J3A 单片容量为 128 MBit（8 M*16）。这些芯片 BGA（球阵列）封装，引脚完全兼容，管脚分为数据总线、地址总线、控制线、电源、地等几类。在使用的时候，只需接使能、片选、写控制三根控制线即可，其他的控制线可以接固定电平。

6.3　随机存储器（RAM）

6.3.1　随机存储器的存储单元

随机存储器 RAM 存储单元是如何读、写和记忆信息的？RAM 存储单元又分为静态和动态两类，我们分别来讨论它的结构及工作过程。

1. 静态随机存储器（SRAM）的存储单元

静态存储单元有双极型晶体管存储单元、六管 NMOS 存储单元、六管 CMOS 存储单元，基本结构是在静态触发器的基础上附加门控管而构成的，基本原理是靠触发器的自保功能存储数据的。由于 CMOS 电路静态功耗小，因此 CMOS 存储单元在大容量的静态存储器中得到了广泛应用。我们以六管 CMOS 存储单元为例，说明静态存储单元的结构及工作过程。

六管 CMOS 存储单元及读写控制电路如图 6-21 所示，图中 T_1、T_3 为 N 沟道耗尽型 MOS 管，T_2、T_4 为 P 沟道增强型 MOS 管，T_1、T_2 组成一个 CMOS 管，T_3、T_4 组成一个 CMOS

管，同时 T_1、T_2、T_3、T_4 组成一个基本 SR 触发器，T_5、T_6、T_7、T_8 是门控管，作为模拟开关使用。

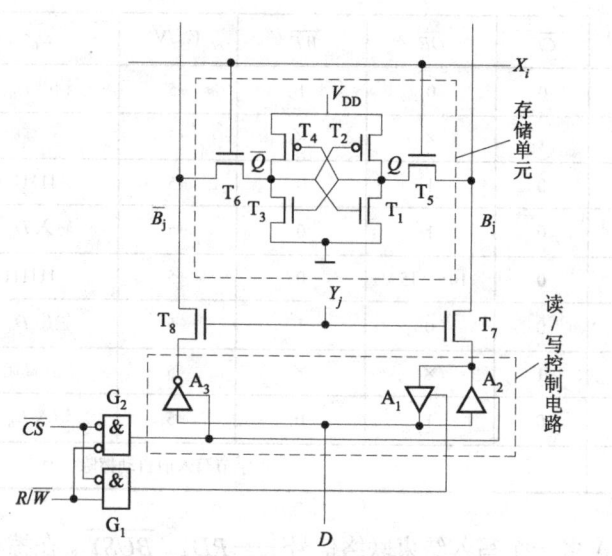

图 6-21 六管 CMOS 静态存储单元及读写控制电路

当 $\overline{CS}=0$，$X_i=1$，$Y_j=1$ 时，该存储单元被选中，T_5、T_6、T_7、T_8 导通。若 $R/\overline{W}=1$，门 G_1 打开，输出高电平，控制三态门 A_1 工作，使输出数据 $D=B_j=Q$，即存储器 RAM 为读状态。若 $R/\overline{W}=0$，门 G_2 打开，控制三态门 A_2、A_3 工作，使输入数据 $D=B_j=Q$，即存储器 RAM 为写状态。

当 $\overline{CS}=1$ 或 X_i、Y_j 不全为 1 时，T_1、T_2、T_3、T_4 组成的基本 SR 触发器处于保持状态。

静态存储器的优点是只要不断电，不对存储单元内容进行改写，静态存储单元所存储的信息就不会丢失，而且工作速度高，使用方便。其缺点是所用管子数目多、功耗大、成本高、掉电之后信息会丢失。

2. 动态随机存储器（DRAM）存储单元

动态存储单元有四管动态 MOS 存储单元、三管动态 MOS 存储单元、单管动态 MOS 存储单元。单管 MOS 管电路由于元件少、功耗低，在大容量的存储器中得到普遍采用。下面我们主要讨论单管 MOS 管存储单元电路的结构及工作原理。

单管 MOS 管的动态存储单元如图 6-22 所示，它由一个 MOS 管 T 和存储电容 C_S 组成。

写入操作时，被选中单元的字线 X_j 为高电平，T 导通，加到位线上的数据 B_j 便通过 T 写在存储电容 C_S 上。若数据线信息为"1"，则经 T 向 C_S 充电到高电平"1"。若数据线为"0"，则 C_S 经 T 向数据线放电至低电平"0"。

读操作时，首先将数据线预充到高电平和低电平之间的中间数值，然后被选中单元的字线 X_j 为高电平，使 T 管导通，于是存储电容 C_S 和数据线分布电容 C_B 并联，

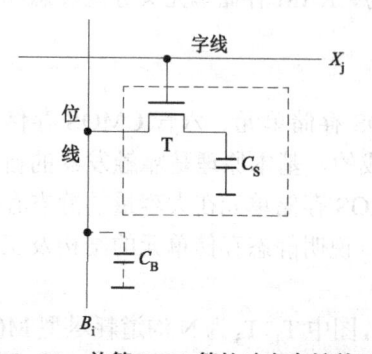

图 6-22 单管 MOS 管的动态存储单元

C_S 和 C_B 上的电荷重新分配。若 C_S 上原存信息为 "1"，则经 T 对 C_B 充电，数据线 B_j 电位被抬高，通过读取电路将此 "1" 信息送出。同理，若 C_S 上原存信息为 "0"，则 C_B 对 C_S 充电，使数据线 B_j 电位降低。这种电路存在两个问题：一是数据线的电位变化很小，必须经灵敏度很高的读出电路读出；二是每次读出使 C_S 上的存储电荷发生较大的变化，即破坏性读出。因此，为保存原来 C_S 上的信息，必须将取出的信息再重写回去，读出电路比较复杂。

由于栅极电容的容量很小（通常仅为几皮法），而漏极电流又不可能绝对等于零，所以，存储单元中的 C_S 的电荷保存时间有限。为了及时补充漏掉的电荷以避免存储的信号丢失，必须定时地给栅极电容补充电荷，我们把这种操作叫作刷新。刷新过程通过读出电路完成，这就是"动态"的含意。

动态 RAM 刷新电路虽然比静态 RAM 复杂些，但它的存储单元体积小、功耗低、容量大、价格便宜，对于大型计算机来说采用这种存储器是很划算的。

6.3.2 集成随机存储器芯片

1. SRAM 芯片

典型的 SRAM 芯片有 2114（1 K*4）、6116（2 K*8）、6232（4 K*8）、6264（8 K*8）和 62256（32 K*8）等。Intel 公司的 RAM 管脚排列如图 6-23 所示，6116 是 24 脚封装，6232、6264、62256 是 28 脚封装。外部引线如图 6-23 所示。$A_0 \sim A_{14}$ 为地址线，$D_0 \sim D_7$ 为双向数据线，$\overline{CE}$ 为片选信号线，$\overline{OE}$ 为输出允许信号线，$\overline{WE}$ 为读写控制信号线。

62256	6264	6232	6116				6116	6232	6264	62256
A_{14}	NC	NC		1		28		V_{CC}	V_{CC}	V_{CC}
A_{12}	A_{12}	NC		2		27		$\overline{WE}$	$\overline{WE}$	$\overline{WE}$
A_7	A_7	A_7	A_7	3	(1) (24)	26	V_{CC}	NC	CE_2	A_{13}
A_6	A_6	A_6	A_6	4	(2) (23)	25	A_8	A_8	A_8	A_8
A_5	A_5	A_5	A_5	5	(3) (22)	24	A_9	A_9	A_9	A_9
A_4	A_4	A_4	A_4	6	(4) (21)	23	$\overline{WE}$	A_{11}	A_{11}	A_{11}
A_3	A_3	A_3	A_3	7	(5) (20)	22	$\overline{OE}$	$\overline{OE}$	$\overline{OE}$	$\overline{OE}$
A_2	A_2	A_2	A_2	8	(6) (19)	21	A_{10}	A_{10}	A_{10}	A_{10}
A_1	A_1	A_1	A_1	9	(7) (18)	20	$\overline{CE}$	$\overline{CE}$	$\overline{CE}$	$\overline{CE}$
A_0	A_0	A_0	A_0	10	(8) (17)	19	D_7	D_7	D_7	D_7
D_0	D_0	D_0	D_0	11	(9) (16)	18	D_6	D_6	D_6	D_6
D_1	D_1	D_1	D_1	12	(10) (15)	17	D_5	D_5	D_5	D_5
D_2	D_2	D_2	D_2	13	(11) (14)	16	D_4	D_4	D_4	D_4
GND	GND	GND	GND	14	(12) (13)	15	D_3	D_3	D_3	D_3

图 6-23 Intel 61/62×× 系列 RAM 芯片的引脚排列图

Intel 61/62×× 系列 RAM 芯片的工作方式及引脚状态见表 6-5。

表 6-5 Intel 61/62×× 系列 RAM 芯片的工作方式及引脚状态

工作方式	引脚状态			
	$\overline{CE}$	$\overline{OE}$	$\overline{WE}$	$D_0 \sim D_7$
读出	0	0	1	输出 $D_0 \sim D_7$
写入	0	1	0	输入 $D_0 \sim D_7$
维持	1	×	×	高阻

2. DRAM 芯片

典型的 DRAM 芯片有 Intel 2116（16 K*1）、Intel 2164（64 K*1）、Intel 4164（64 K*1）、Intel 416160（1 M*16）、μPD424256（256 K*4）等。Intel 4164 是一种 64 K×1 Bit 的 DRAM 存储器芯片，它的基本存储元采用单管存储电路，它的引脚排列如图 6-24 所示。

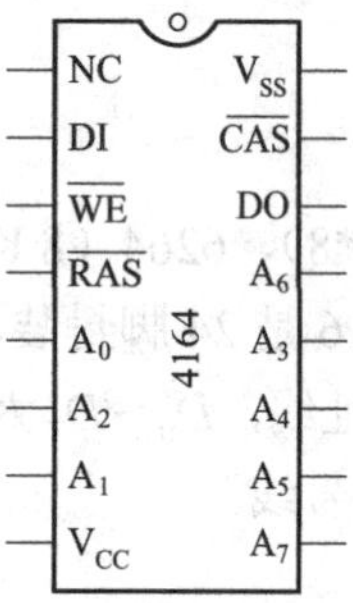

V_{CC} 为 +5 V 电源、V_{SS} 为地、DI 数据输入端、DO 数据输出端、$A_0 \sim A_7$ 为地址输入端、$\overline{WE}$ 为读写控制信号线、$\overline{RAS}$ 为行地址选通信号线、$\overline{CAS}$ 为列地址选通信号线。

Intel 4164 有两个地址锁存器：行地址锁存器和列地址锁存器，所以，芯片用了 8 根地址线 $A_0 \sim A_7$，分两次将 16 位地址按行、列两部分引入芯片，在行地址选通信号 $\overline{RAS}$ 和列地址选通信号 $\overline{CAS}$ 依次为有效电平时分别输入行地址锁存器和列地址锁存器，8 位地址也用刷新地址。

图 6-24 Intel 4164 引脚排列图

数据输入端和数据输出端在芯片内部有自己的锁存器。行地址选通信号 $\overline{RAS}$ 兼作片选信号，在整个读、写期间均处于有效状态。$\overline{WE}$ 用于控制读/写操作，当 $\overline{WE}$ =0 时，为写操作；当 $\overline{WE}$ =1 时，为读操作。

除了一般常见的 ROM、RAM 以外，还有一些特殊的存储器，如先进先出存储器（FIFO）、后进先出存储器（LIFO）、按内容寻址存储器（CAM）等，这里就不一一介绍了。

本章小结

通过本章学习，应理解半导体存储器的结构及存储原理，掌握存储器的分类及各类特点，熟练掌握存储器容量的计算、存储器的容量扩展，会用存储器设计组合逻辑电路，正确使用典型存储器芯片。本章内容总结见表 6-6。

表 6-6 本章内容总结

项目	类型		特点	结构	存储单元	典型芯片
分类	ROM 掉电信息不变	固定 ROM	厂家按要求做好，不能更改	地址译码器 存储矩阵 输出缓冲器	二极管 MOS 管	
		PROM	只能更改一次		三极管熔丝 MOS 管熔丝	

续表

项目	类型		特点	结构	存储单元	典型芯片
分类	ROM 掉电信息不变	EPROM	能更改多次，但操作不方便，时间长	地址译码器 存储矩阵 输出缓冲器	浮栅雪崩注入 SIMOS 管	2716、2732、2764、27128、27256、27512
		E^{2}PROM	能更改多次，操作方便，速度快（毫秒级）		浮栅隧道氧化层 MOS 管	2816/2817、2816A/2817A、2864A
		快闪存储器	能更改多次、操作方便、速度快（微秒级）、容量大		叠栅 MOS 管	28F640J3、28F320J3、28F128J3、28F128J3A
	RAM 掉电信息改变	静态 RAM	工作速度高，使用方便	地址译码器 存储矩阵 片选及读写控制	双极型晶体管 六管 NMOS 六管 CMOS	2114、6116、6232、6264、62256
		动态 RAM	功耗低、容量大、价格便宜		四管 MOS、三管 MOS、单管 MOS	2116、2164、4164、416160
存储器容量计算及扩展	容量计算	字线×位线	存储器的地址线为 n 条，数据线为 m 条，字线为 2^n 条			
		$2^n \times m$				
	容量扩展	位扩展	将需要扩展的存储器芯片的地址线、读写控制线、片选控制线分别并联在一起，将每一片的 I/O 线并行输出，作为整个 RAM 或 ROM 的数据线			
		字扩展	扩展后的低位地址线与所有存储器相应位的地址线并联，高位地址线通过译码器分别选通存储器芯片工作，读写控制线并联，相应位的输出数据线并联			
		字位扩展	一般先进行位扩展后再进行字扩展			
设计组合电路	（1）选择合适的 ROM。 （2）将逻辑函数写为最小项表达式形式。 （3）画出 ROM 阵列图或电路图					

第 7 章

数/模和模/数转换电路

● 案例引入

　　日常生活中常见的数字式温度计，其测量对象温度时发出的是一种连续变化的模拟信号，而显示的是数字信号，所以显示前需要先将模拟量转换为数字量；而我们日常生活中使用的数字播放器，则需要将以数字信号存储的文件转换为模拟信号，才能通过音响设备播放出来。由此可见，在电子技术中，模拟量和数字量之间的相互转换是很重要的。

　　本章我们将分别介绍将数字量转换为模拟量的数/模转换器以及将模拟量转换为数字量的模/数转换器，介绍相关的基本概念、基本原理及相关集成原件的应用。

7.1　数/模转换器（D/AC）

　　数模转换就是将离散的数字量转换为与之成比例的、连续变化的模拟电量（电压或电流）。实现这种转换的装置称为数模转换器，简称 D/AC（Digital to Analog Converter）。实现这种转换的电路有很多，基本原理为：先将输入数字量的每一位代码按权值大小转换为相应的模拟量，然后将代表各位的模拟量相加，便可得到与数字量相对应的模拟量。常见的 D/A 转换电路有权电阻网络 D/A 转换器、倒 T 形电阻网络 D/A 转换器、权电流型 D/A 转换器、开关树型 D/A 转换器等。本文讨论权电阻网络 D/A 转换器及倒 T 形电阻网络 D/A 转换器的结构特点及工作原理。

7.1.1　权电阻网络 D/A 转换器

　　权电阻网络 D/A 转换器的电路如图 7-1 所示。电路可分为：电子开关、权电阻网络、求和运算放大器三部分。S_0、S_1、S_2、S_3 四个电子开关由 4 个开关量 d_0、d_1、d_2、d_3 控制。当开关量为 1 时，开关 S 接在 V_{REF} 上；开关量为 0 时，开关 S 接在地上。权电阻网络是由 4 个阻值依次成倍数的电阻构成的，当对应的开关接在 V_{REF} 上时，支路将会有大小成比例的电流产生；右侧是一个理想运算放大器，由 R_F 形成负反馈网络，因此该运放工作在线性区域，满足"虚

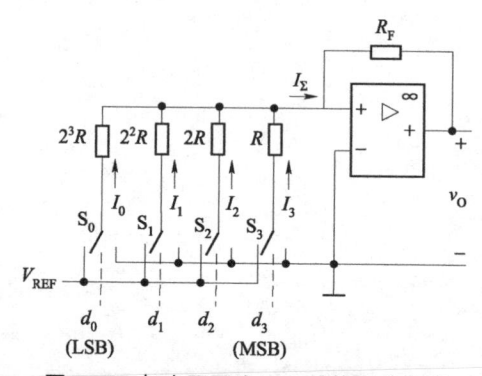

图 7-1　权电阻网络 D/A 转换器的电路

短、虚断"分析规则。接下来分析其工作过程。

根据"虚短",运放的反相输入端电压也为 0,电流 I_Σ 为四条支路电流的和;根据"虚断",运放的输入端无电流流入,所以电流 I_Σ 全部流过电阻 R_F,输出电压 $v_O = -R_F \times I_\Sigma$。

(1) 当数字量为"0000"时,$S_0 \sim S_3$ 四个开关对应接在 0 电位上,此时,四条支路电流也为 0,输出电压也为 0。

(2) 当数字量为"1000"时,此时 S_3 开关闭合到 V_{REF} 上,I_3 电流为 $\dfrac{V_{REF}}{R}$,其他电流 I_2、I_1、I_0 为 0,所以输出电压

$$v_O = -R_F \times I_\Sigma = -R_F \times I_3 = -R_F \times \dfrac{V_{REF}}{R};$$

由上述分析可得:

$$v_O = -R_F \times I_\Sigma = -R_F \times (I_0 + I_1 + I_2 + I_3)$$
$$= -R_F \times \left(\dfrac{V_{REF}}{2^3 R} \times d_0 + \dfrac{V_{REF}}{2^2 R} \times d_1 + \dfrac{V_{REF}}{2R} \times d_2 + \dfrac{V_{REF}}{R} \times d_3 \right)$$

式中,$d_0 \sim d_3$ 对应数字量,取值为 0 或 1;当反馈电阻取 $\dfrac{R}{2}$ 时,表达式可以整理为

$$v_O = -\dfrac{V_{REF}}{2^4}(2^3 \times d_3 + 2^2 \times d_2 + 2^1 \times d_1 + 2^0 \times d_0)$$

扩展到 n 位权电阻网络 D/A 转换器,当 $R_F = \dfrac{R}{2}$ 时,其表达式可写为

$$v_O = -\dfrac{V_{REF}}{2^n}(2^{n-1} \times d_{n-1} + \cdots + 2^1 \times d_1 + 2^0 \times d_0) = -\dfrac{V_{REF}}{2^n} \cdot D_n$$

可见,输出的电压量确实正比于数字量,电压变化范围为 $0 \sim -\dfrac{2^n-1}{2^n} V_{REF}$,而且,当 V_{REF} 为正电压时,输出电压为负值。

需要说明的是,权电阻网络 D/A 转换电路结构简单,但是不同权值对应的电阻值相差较大。例如,8 位权电阻网络如果最高位对应的最小电阻为 1 kΩ,最低位对应的最大电阻将会是它的 $2^7 = 128$ 倍,也就是 128 kΩ,不利于集成,也没办法保证精度。

为了解决权电阻网络 D/A 转换器的缺点,研制出了倒 T 形电阻网络 D/A 转换器。

7.1.2 倒 T 形电阻网络 D/A 转换器

倒 T 形电阻网络 D/A 转换器由电阻网络、模拟开关 S_i 及求和运算放大器组成。其电路如图 7-2 所示,由图可知,电阻网络中仅仅有 R 和 $2R$ 两组阻值的电阻,便于集成。

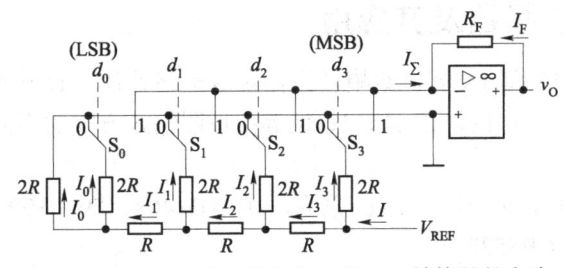

图 7-2 R-$2R$ 倒 T 形电阻网络 D/A 转换器的电路

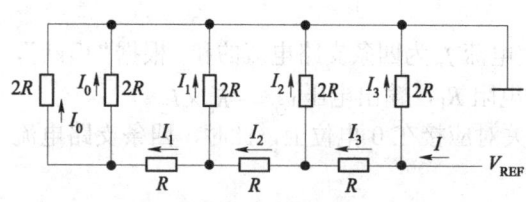

图 7-3 R-2R 倒 T 型电阻网络的等效电路

由电路图 7-2 可知,运放部分引入负反馈,所以运放工作在线性区域,分析仍可采用"虚短、虚断"原则。根据"虚短",反相输入端的电位近似接近同相输入端的电位,且同相端电位为 0,因此,无论开关打在哪边,开关电位都为"0"。所以可将前端电路等效为图 7-3 进行分析。

(1) 电流关系：分析网络不难看出，

$$I_3 = \frac{1}{2}I \quad I_2 = \frac{1}{2}I_3 = \frac{1}{4}I \quad I_1 = \frac{1}{2}I_2 = \frac{1}{8}I \quad I_0 = \frac{1}{2}I_2 = \frac{1}{16}I$$

(2) 工作原理：

$$v_O = -I_\Sigma \times R_F = -\left(d_0 \times \frac{1}{16}I + d_1 \times \frac{1}{8}I + d_2 \times \frac{1}{4}I + d_3 \times \frac{1}{2}I\right) \times R_F$$

式中，d_x 为 $S_0 \sim S_3$ 四个开关对应的取值，若开关闭合在 1 侧，则对应 d_x 取 1，否则取 0；$I = \dfrac{V_{REF}}{R}$。

由此，上式可以整理为

$$v_O = -\frac{V_{REF}}{2^4 \times R}(d_3 \times 8 + d_2 \times 4 + d_1 \times 2 + d_0) \times R_F$$

若将前级电阻网络扩展为 n 位，且 $R_F = R$，则输出电压为

$$v_O = -\frac{V_{REF}}{2^n}(d_{n-1} \times 2^{n-1} + d_1 \times 2^1 + \cdots d_0 \times 2^0) = -\frac{V_{REF}}{2}D_n$$

由此可见，输出的模拟量正比于输入的数字量，完成了由数字量到模拟量的转变。

倒 T 形电阻网络由于流过各支路的电流恒定不变，故在开关状态变化时，不需电流建立时间，所以该电路转换速度高，在数模转换器中被广泛采用。需要说明的是，实际应用中，一般采用 COMS 电子模拟开关充当开关元件。电子开关如图 7-4 所示。

由两级 COMS 反相器产生两路反相信号，各自控制一个 NMOS 开关管，实现模拟单刀双掷开关的功能。开关电路的电源电压一般设置在 15 V 左右。

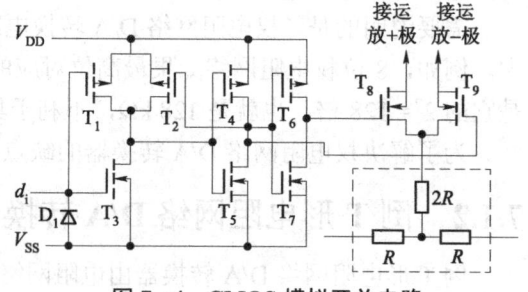

图 7-4 CMOS 模拟开关电路

7.1.3 集成 D/A 转换器及其应用

随着集成电路制造技术的发展，数模转换器集成电路芯片也有很多种类。按照输入二进制数的位数可分为 8 位、10 位、12 位、16 位等；按照输入方式的不同又可分为并行输入、串行输入等。

常用的单片集成 D/A 转换器：TTL 系列，如 AD1408、DAC100 等；COMS 系列，如 DAC0808、DAC0832、CB7520 等。

1. DAC0832——8 位 D/A 转换器

DAC0832 是集成 8 位 D/A 转换器，其结构及管脚图如图 7-5 所示。

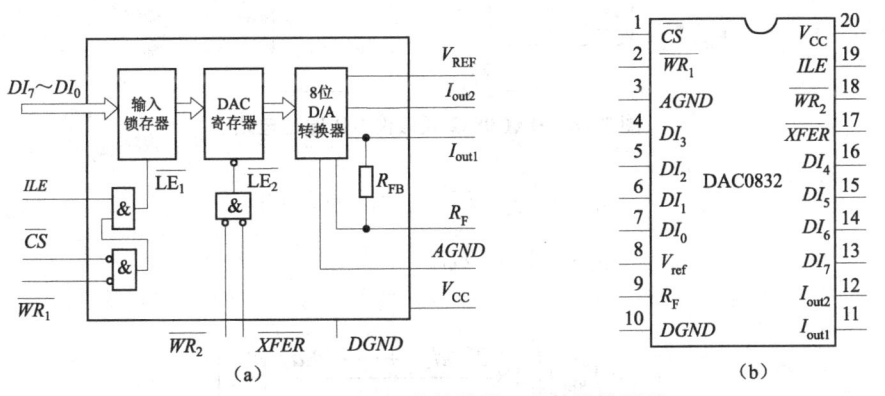

图 7-5 DAC0832 的结构图及其管脚排列图

（a）DAC0832 结构框图；（b）DAC0832 管脚排列图

DAC0832 是 20P 管脚封装，各管脚含义如下。

（1）$DI_7 \sim DI_0$：待转换数字量数据输入。

（2）$\overline{CS}$：片选信号（输入），低电平有效。

（3）ILE：数据锁存允许信号（输入），高电平有效。

（4）$\overline{WR_1}$：第 1 写信号（输入），低电平有效。

（5）$\overline{WR_2}$：第 2 写信号（输入），低电平有效。

（6）$\overline{XFER}$：数据传送控制信号（输入），低电平有效。

（7）I_{out1}：电流输出"1"。

（8）I_{out2}：电流输出"2"。DAC 转换器的特性之一是：$I_{out1} + I_{out2}$ = 常数。

（9）R_F：反馈电阻端。即运算放大器的反馈电阻端，电阻（15 kΩ）已固化在芯片中。

（10）V_{REF}：基准电压，是外加高精度电压源，与芯片内的电阻网络相连接，该电压可正可负，范围为 $-10 \sim +10$ V。

（11）$DGND$：数字地。

（12）$AGND$：模拟地。

待转换数字量从输入寄存器输入后，经 8 位 DAC 寄存器，再经过 8 位 D/A 转换器转换为电流形式输出。每个寄存器由相应的端子控制，使得 DAC0832 有三种工作方式。

DAC0832 利用 WR_1、WR_2、ILE、$XFER$ 控制信号可以构成三种不同的工作方式。

（1）直通方式：当 $\overline{WR_1} = \overline{WR_2} = 0$ 时，数据可以从输入端经两个寄存器直接进入 D/A 转换器。

（2）单缓冲方式：当 $\overline{WR_1} = 0$ 或 $\overline{WR_2} = 0$ 时，两个寄存器之一始终处于直通，另一个寄存器处于受控状态。

（3）双缓冲方式：两个寄存器均处于受控状态。这种工作方式适合于多模拟信号同时输出的应用场合。

DAC0832 还可以接成双极性输出，其电路如图 7-6 所示。

图 7-6 DAC0832 双极性电压输出电路

$$v_{O1} = -\frac{V_{REF}}{2^n}(2^{n-1}d_{n-1} + \cdots + 2^0 d_0)$$

$$v_{O2} = -2v_{O1} - V_{REF}$$

得

$$v_{O2} = V_{REF}\left[\left(2 \times \frac{2^{n-1}d_{n-1} + \cdots + 2^0 d_0}{2^n}\right) - 1\right]$$

可见，当数字量取值最高位为 0 时，输出电压的系数为负值；当最高位为 1 时，输出电压的系数为正值，从而实现双极性输出。

工程上在使用前，需要对 DAC 进行零点调整和满量程调整，由于篇幅限制，请读者查找相关资料了解调整电路。

2. CB7520——10 位 D/A 转换器

CB7520 是目前较为常用的一种倒 T 形电阻网络的单片集成 D/A 转换器，其原理图如图 7-7 所示。

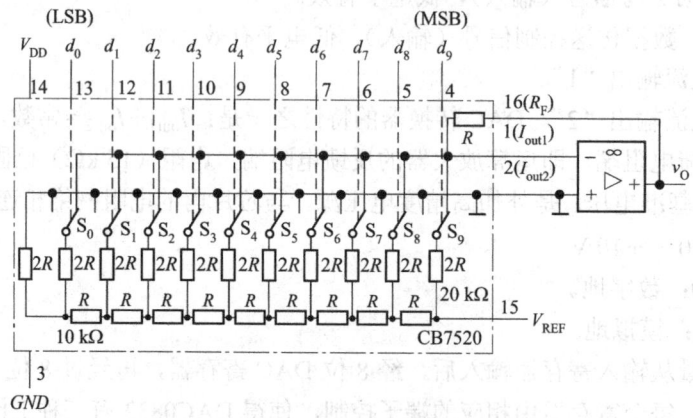

图 7-7 CB7520 D/A 转换器的原理图

由图 7-7 可见，CB7520 是 10 位 CMOS 数模转换器，采用 10 位 COMS 型开关，倒 T 形电阻网络，只是使用时需要外接运算放大器。

【**例 7-1**】 用 CB7520 和 74LS161 组成的电路如图 7-8 所示，已知 CB7520 输出与输入的关系式 $v_O = -\frac{V_{REF}}{2^{10}}D$，$D$ 为二进制数 $d_9 d_8 d_7 d_6 d_5 d_4 d_3 d_2 d_1 d_0$，$CP$ 的频率为 1 Hz。要求：(1) 根据电路连接结构，写出输出 v_O 与计数器输出 $Q_3 Q_2 Q_1 Q_0$ 的关系表达式；(2) 画出 v_O 与 CP 的波形，并标出波形图上各点的数值及单位。

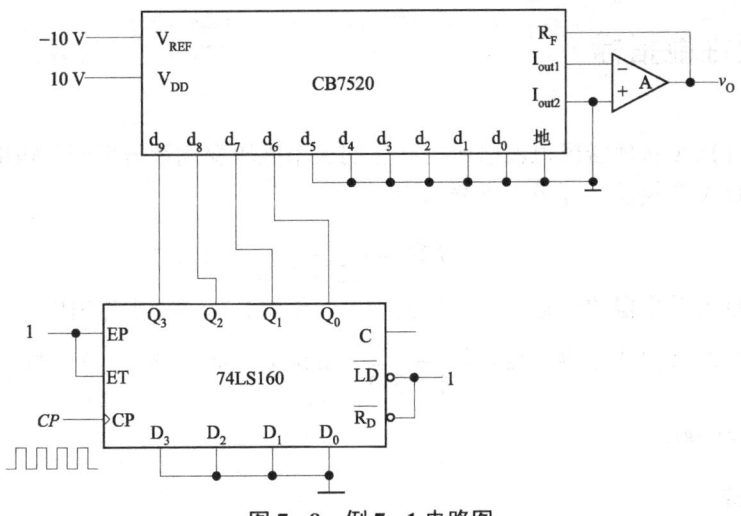

第 7 章 数/模和模/数转换电路　183

图 7-8　例 7-1 电路图

解：（1） $v_\text{O} = -\dfrac{V_\text{REF}}{2^n} D = -\dfrac{-10}{1\,024}(d_9 \times 2^9 + d_8 \times 2^8 + d_7 \times 2^7 + d_6 \times 2^6)$

$= 0.625(8Q_3 + 4Q_2 + 2Q_1 + Q_0)$

（2）随着秒脉冲信号加入，$Q_3Q_2Q_1Q_0$ 输出为 0~9 十个数值循环，CB7520 转换为模拟量输出。

输入 Q 分别为 0000~1001（0~9）时，计算输出的幅值为

$$v_\text{O} = 0.625(8Q_3 + 4Q_2 + 2Q_1 + Q_0) = \begin{cases} 0.625 \times 0 = 0 \text{ V } (Q=0) \\ 0.625 \times 1 = 0.625 \text{ V } (Q=1) \\ 0.625 \times 2 = 1.25 \text{ V } (Q=2) \\ 0.625 \times 3 = 1.875 \text{ V } (Q=3) \\ 0.625 \times 4 = 2.5 \text{ V } (Q=4) \\ 0.625 \times 5 = 3.125 \text{ V } (Q=5) \\ 0.625 \times 6 = 3.75 \text{ V } (Q=6) \\ 0.625 \times 7 = 4.375 \text{ V } (Q=7) \\ 0.625 \times 8 = 5 \text{ V } (Q=8) \\ 0.625 \times 9 = 5.625 \text{ V } (Q=9) \end{cases}$$

v_O 与 CP 的波形如图 7-9 所示。

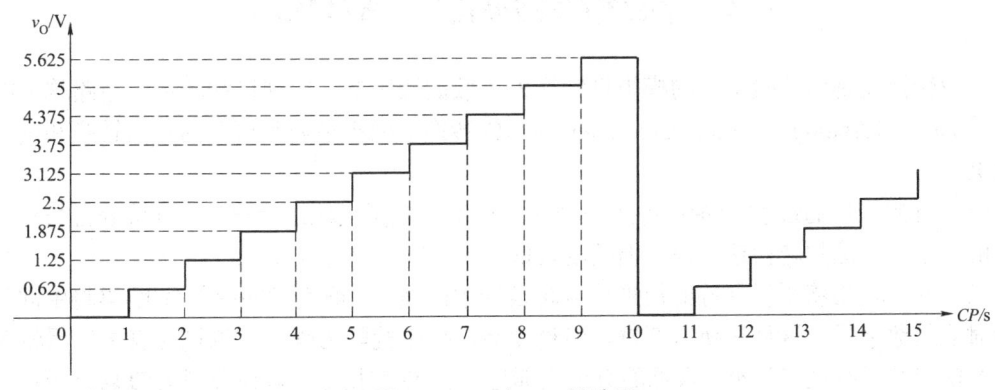

图 7-9　v_O 与 CP 的波形

7.1.4 主要性能指标

1. 分辨率

分辨率是指 D/A 转换器模拟输出所能产生的最小电压变化量与满刻度输出电压之比。对于一个 n 位的 D/A 转换器，分辨率可表示为

$$\text{分辨率} = \frac{1}{2^n - 1}$$

分辨率与 D/A 转换器的位数有关，位数越多，能够分辨的最小输出电压变化量就越小。例如：8 位的 D/A 转换器分辨率是 $\frac{1}{2^8-1} = \frac{1}{255} \approx 0.004$，而 10 位的 D/A 转换器分辨率则为 $\frac{1}{2^{10}-1} = \frac{1}{1\,023} \approx 0.001$。

2. 转换精度

转换精度是指 D/A 转换器实际输出的模拟电压与理论输出模拟电压的最大误差。引起误差的原因有：参考电压误差、运放的零点漂移、模拟开关电压降、原件值偏差等。通常要求 D/A 转换器的误差小于 $V_{\text{LSB}}/2$。

3. 转换时间

转换时间是指 D/A 转换器在输入数字信号开始，到输出的模拟电压达到稳定值所需的时间。转换时间越小，工作速度就越高。上面介绍的倒 T 形电阻网络 D/A 转换器，由于流过各支路的电流恒定不变，故在开关状态变化时，不需电流建立时间，所以该电路转换速度高。

4. 线性度

用非线性误差的大小表示 D/A 转换器的线性度。产生非线性误差的原因有：模拟开关电压降不同、电阻值偏差等。

5. 电源抑制比

输出电压的变化与电源电压变化之比，称为电源抑制比。高性能的 D/A 转换器要求模拟开关电路和运算放大器的电源电压发生变化时，输出电压不能有太大的波动。

上述几个指标，是使用 D/A 转换器时常需考虑的。其中，转换精度和转换速度，是考量转换器性能的两个重要指标。

7.2 模/数转换器（A/DC）

模数转换就是将连接变化的模拟量转换为离散的数字量。实现这种转换的电路称为模数转换器 A/DC（Analog to Digital Converter）。A/D 转换器的类型通常可分为直接转换和间接转换两类。

（1）直接转换通过 2^n 个量化电压与输入采样保持模拟电压进行比较，直接获得与模拟量对应的数字量。这种转换速度快，但精度较低。

（2）间接转换将采样保持的模拟信号转换为中间量（一般为时间或频率），再将中间量转换为对应的数字量。这种转换速度慢，但精度高、抗干扰能力强，在测量仪表中使用较多。

A/D 转换器有很多种类，常见的有逐次逼近型 A/D 转换器、双积分型 A/D 转换器、并联

比较型、V-F 变换型 A/D 转换器等。

7.2.1 A/D 转换器原理

A/D 转换可分为采样、保持、量化、编码四个过程。首先对要转换的模拟量进行取样，取样完成后保持一段时间，在此过程中将所取值转化为对应的数字量，并按一定的编码形式送到输出端。这四个过程并不是孤立进行的，一般采样-保持电路是同一个电路，而量化和编码也是同时完成的。

1. 采样-保持电路

采样电路将输入的模拟量转换为在时间上离散的数字量。为了使采样后的信号能够体现原模拟信号的特征，采样脉冲的最低频率 f_s 应满足 $f_s \geq 2f_{imax}$，其中 f_{imax} 为被采样模拟信号的最高频率分量的频率。

保持电路的作用是在采样时间内将采样时刻输入的模拟信号的幅值存储起来，以保证 A/D 转换有足够的时间，保证转换精度。

采样-保持电路如图 7-10 所示。T 管为 NMOS 管，做采样开关使用。当采样脉冲信号 v_L 为高电平时，T 管导通，v_I 通过 R_1 电阻对电容 C_H 进行充电。取 $R_F = R_1$，认为运放为理想运放，且充电结束后，$v_O = -v_I$；当采样脉冲信号 v_L 为低电平时，T 管截止，电容两端电压在一段时间内可保持不变，v_O 保持不变。

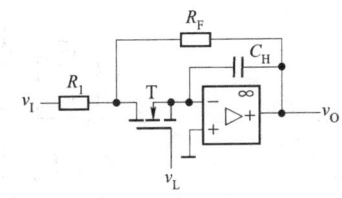

图 7-10 采样-保持电路基本原理图

2. 量化和编码

采样-保持后的输出信号，数值上依然是对应的模拟信号，需要将取样得到的电压值表示为一个最小数量单位的整数倍，这一过程称为量化。量化所需要的最小数量单位称为量化单位，用 "Δ" 表示。量化单位 Δ 是数字信号最低有效位为 1 时，所对应的模拟量，也就是 1 LSB。由于采样电压是连续的，不一定能被 Δ 整除，所以在量化过程中会产生误差，这种误差称为量化误差，用 ε 表示，这属于原理性误差，无法消除，只能降低。A/D 转换器的位数越多，Δ 值越小，误差也就越小。

把量化后的结果用二进制码或其他代码表示出来，称为编码。这些二进制码或代码就是 A/D 转换的数字量输出信号。

下面以逐次逼近型 A/D 转换器和积分型 A/D 转换器为例介绍 A/D 转换器的工作原理及应用。

7.2.2 逐次逼近型 A/D 转换器

逐次逼近型 A/D 转换器属于反馈比较型 A/D 转换器的一种。一般由逻辑控制电路、逐次逼近寄存器、D/A 转换器和电压比较器等几部分组成。其原理框图如图 7-11 所示。

工作原理：转换开始，逻辑控制电路输出的顺序脉冲先将寄存器的最高位置 1，经 D/A 转换器转换为相应的模拟电压 v_O，送入比较器与待转换的模拟量进行比较：若 v_O 大于输入量，则将寄存器内最高位的 1 去掉，换成次高位为 1；若 v_O 小于输入量，则本位保持，且将次高位置 1 后继续比较，直到寄存器最后一位为止。寄存器的逻辑值就是对应模拟量的输出数字量。

图 7-12 所示一个四位逐次逼近型 A/D 转换器的逻辑电路。假设工作的 D/A 转换器基准电压为 -8 V，输入的模拟量是 5.54 V，其工作过程如下：

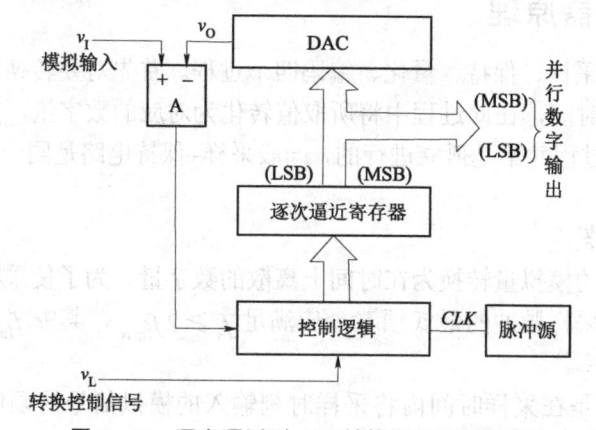

图 7-11 逐次逼近型 A/D 转换器的原理框图

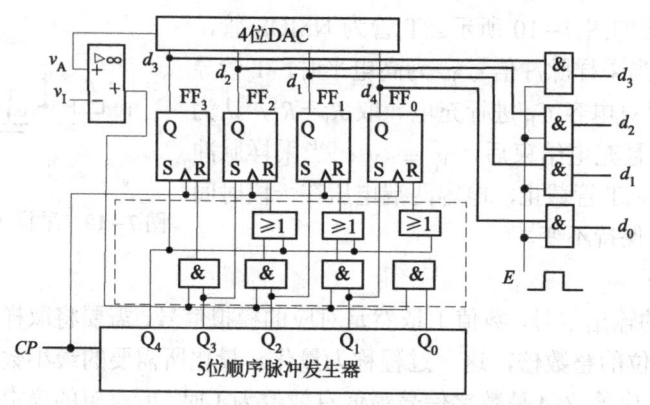

图 7-12 4 位逐次逼近型 A/D 转换器的逻辑电路

（1）转换开始前，先将寄存器清零，并令顺序脉冲 $Q_4Q_3Q_2Q_1Q_0=10000$ 状态。FF_3 置位有效，FF_2、FF_1、FF_0 处于保持状态。

（2）第一个脉冲 CP 上升沿来时，逐次逼近型寄存器的输出 $d_3d_2d_1d_0=1000$，经过四位 D/A 转换器，输出电压 $v_O=-\dfrac{V_{REF}}{2^4}(d_3\times8+d_2\times4+d_1\times2+d_0)=\dfrac{8}{16}\times8=4$（V），可见，此时的 v_O 小于输入电压，电压比较器输出低电平。同时，顺序脉冲右移一位，$Q_4Q_3Q_2Q_1Q_0=01000$。FF_3 复位端、置位端均无效，FF_3 寄存器处于保持状态，FF_2 置位有效，FF_1、FF_0 处于保持状态。

（3）当第二个 CP 上升沿来到时，寄存器输出变为 $d_3d_2d_1d_0=1100$，此时的 4 位 D/A 转换器输出电压为 $v_O=-\dfrac{V_{REF}}{2^4}(d_3\times8+d_2\times4+d_1\times2+d_0)=\dfrac{8}{16}\times(8+4)=6$（V），此时，$v_O$ 大于输入电压，电压比较器输出高电平。同时，顺序脉冲右移一位，$Q_4Q_3Q_2Q_1Q_0=00100$。由于比较器输出高电平，FF_3 寄存器处于保持状态；而 FF_2 的复位端由于比较器输出和 Q_2 的共同作用，复位端有效；FF_1 的置位有效，FF_0 处于保持状态。

（4）当第三个 CP 上升沿来到时，寄存器输出变为 $d_3d_2d_1d_0=1010$，此时的 4 位 D/A 转换

器输出电压为 $v_O = -\dfrac{V_{REF}}{2^4}(d_3 \times 8 + d_2 \times 4 + d_1 \times 2 + d_0) = \dfrac{8}{16} \times (8+2) = 5 \text{ (V)}$，此时，$v_O$ 小于输入电压，电压比较器输出低电平。同时，顺序脉冲右移一位，$Q_4Q_3Q_2Q_1Q_0 = 00010$。由于比较器输出低电平，FF_3、FF_2、FF_1 寄存器处于保持状态；而 FF_0 的置位端有效。

（5）当第四个 CP 上升沿来到时，寄存器输出变为 $d_3d_2d_1d_0 = 1011$，此时的 4 位 D/A 转换器输出电压为 $v_O = -\dfrac{V_{REF}}{2^4}(d_3 \times 8 + d_2 \times 4 + d_1 \times 2 + d_0) = \dfrac{8}{16} \times (8+2+1) = 5.5 \text{ (V)}$，此时，$v_O$ 小于输入电压，电压比较器输出低电平。同时，顺序脉冲右移一位，$Q_4Q_3Q_2Q_1Q_0 = 00001$。由于比较器输出低电平，FF_3、FF_2、FF_1、FF_0 寄存器处于保持状态。

（6）当第五个 CP 上升沿来到时，寄存器输出为 $d_3d_2d_1d_0 = 1011$，保持不变，转换结束。此时若读出控制端使能信号有效，则信号得以输出。同时，$Q_4Q_3Q_2Q_1Q_0 = 10000$，做好下次逼近准备。

逐次逼近型 A/D 转换器精度高、速度快，转换时间固定，易与微机接口。

【例 7-2】 一逐次逼近型 A/D 转换器，其 8 位 D/A 转换器的最大输出电压为 9.945 V，试求当输入电压为 6.435 V 时，该转换器输出的数字量是多少？

解： 由于 8 位转换器的最大输出数字量为 255，对应的模拟量是 9.945 V，则最小电压对应的数字量为 $\dfrac{9.945}{255} = 0.039$，则 6.435 V 对应的十进制数为 165，二进制为 10100101。

7.2.3 双积分型 A/D 转换器

积分型 A/D 转换器属于间接转换方式，具体可分为单积分型、双积分型和四重积分型，而这几种转换方式中，又以双积分型最为常用。

双积分型 A/D 转换器也称电压-时间（V-T）变换型 A/D 转换器。它先将输入的模拟量信号通过积分电路变换为与之成正比的时间宽度信号，然后在这段时间内对固定频率的时钟脉冲计数，计数的结果自然就是正比于输入的模拟信号的数字量了。

图 7-13 所示为双积分型 A/D 转换器的电路，电路由积分电路、电压比较器、二进制计数器、电子开关以及逻辑控制电路组成。

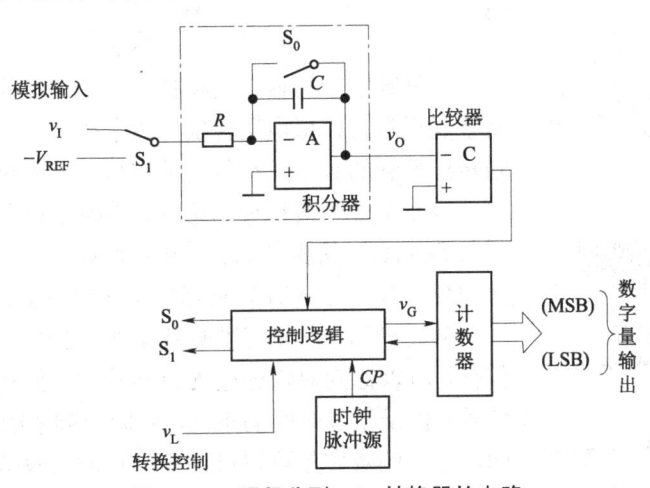

图 7-13 双积分型 A/D 转换器的电路

工作原理：

（1）转换前令 $v_L=0$，对内部各触发器清零，同时闭合 S_0，令电容完全放电。当 $v_L=1$ 时，转换开始。

（2）第一阶段属于采样阶段，由控制电路将开关 S_0 断开，同时将 S_1 接到输入电压端。此时电路开始对输入信号进行积分，积分器输出端为负值，电压大小为

$$v_O = \frac{1}{C}\int_0^{T_1} -\frac{v_I}{R}dt = -\frac{1}{RC}\int_0^{T_1} v_I dt \qquad (7-1)$$

此时电压比较器输出为高电平，通过控制逻辑单元对时钟脉冲进行计数，当 n 位计数器溢出时，计数结束。可见积分时间 $T_1=2^n \times T_{CP}$。T_1 是给定的，不因输入变化而变化。T_{CP} 是计数脉冲的周期。

（3）第二阶段处于比较阶段，当计数器溢出时，积分器输入开关 S_1 接入参考电压端，开始对参考电压进行积分。此时比较器输出仍为高电平，逻辑控制单元继续对脉冲从零开始计数；由于输入电压和参考电压极性相反，所以积分器输出电压会由 $v_O = \frac{1}{C}\int_0^{T_1} -\frac{v_I}{R}dt = -\frac{1}{RC}\int_0^{T_1} v_I dt$

降到 0，当积分器输出为 0 时，比较器输出低电平，由控制逻辑单元终止计数器计数，当前计数器的值就是模拟输入信号的数字量。

分析：若输入信号 v_I 为常数，则式（7-1）可写为

$$v_O = -\frac{1}{RC}\int_0^{T_1} v_I dt = -\frac{T_1}{RC}v_I = -\frac{v_I}{RC}\times 2^n T_{CP} \qquad (7-2)$$

而第二阶段的输出电压为

$$v_O = \frac{1}{C}\int_0^{T_2} \frac{V_{REF}}{R}dt - \frac{T_1}{RC}v_I = 0 \qquad (7-3)$$

根据式（7-2）、式（7-3）有 $T_2 = \frac{v_I}{V_{REF}}T_1$，若计数器第二阶段所计脉冲个数为 N，则有

$$NT_{CP} = \frac{v_I}{V_{REF}}2^n T_{CP}$$

得

$$N = \frac{2^n}{V_{REF}}v_I$$

可见数字量与输入的模拟量成正比。只要 $v_I < V_{REF}$，转换器就能正常将模拟电压转换为数字量，如果令 V_{REF} 等于 $2^n V$，则转换得到的数字量在数值上与被测电压相等。

（4）第二阶段积分结束后，转换工作完成。由控制电路将开关 S_0 闭合，使积分电容放电，计数器和触发器清零，等待下次积分。双积分 A/D 转换器的工作波形如图 7-14 所示。

从波形图 7-14 可以明显看出，工作过程一共经历了两次积分，所以称为双积分型 A/D 转换器。另外，对于不同的输入信号，由于积分时间的不同，对固定频率的时钟脉冲计数也不同，输出的数字量可以准确地反映输入模拟信号的特征。

双积分型 A/D 转换器具有工作性能稳定，抗干扰能力强的

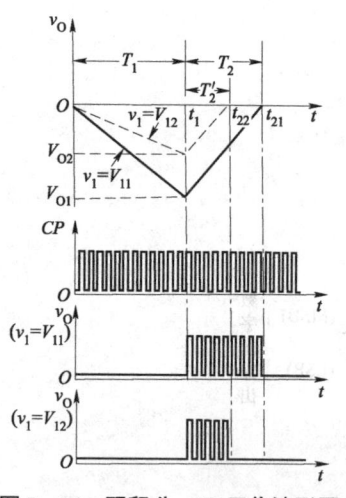

图 7-14 双积分 A/D 工作波形图

优点，而且用同一个积分器进行两次积分，消除了电路参数变化引起的误差，所以转换精度较高。但是双积分型 A/D 转换器由于要进行两次积分，所以其转换速度较低，一般在每秒几十次以内，适用于对转换速度要求不高的场合，例如数字式电压表等各种仪器仪表。

7.2.4 集成 A/D 转换器及其应用

目前市场上主要以单片集成 A/D 转换器为主，型号也很多：逐次逼近型的如 AD571、ADC0801、ADC0804、ADC0809，双积分型的如 5G14433、CH259、ICL7135 等。

1. ADC0809—8 位逐次逼近型 A/D 转换器

ADC0809 的结构框图如图 7-15（a）所示。主要由 8 通道模拟开关、地址锁存与译码器、逐次逼近型 A/D 转换器、数据锁存及三态输出缓冲器组成。

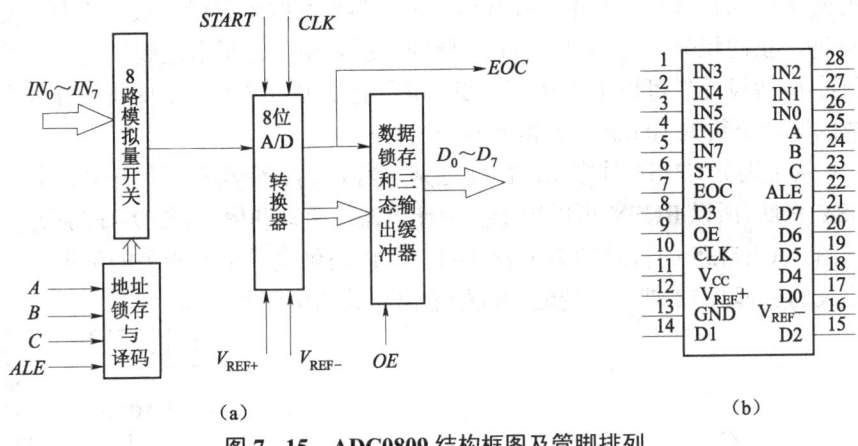

图 7-15 ADC0809 结构框图及管脚排列
（a）ADC0809 结构框图；（b）ADC0809 管脚排列

工作过程：首先由 8 选 1 模拟量选择器选通模拟量 8 输入中的 1 路，START 信号有效时，8 位逐次逼近 A/D 转换器开始工作，转换结束时，转换结束信号 EOC 由低电平转换为高电平，输出允许端 OE 为高电平时，转换好的 8 位数字量由三态输出锁存器输出。

ADC0809 的管脚排列如图 7-15（b）所示，共有 28 个引脚。各引脚功能如下：

（1）A、B、C 为 8 选 1 模拟量选择器的地址选择线输入端。

（2）ALE 为地址锁存信号输入端。在该信号的上升沿将 A、B、C 信号的状态锁存，8 选 1 选择器开始工作。

（3）$IN_0 \sim IN_7$ 为八通道模拟量输入端。

（4）START 为转换启动信号输入端。上升沿时将内部寄存器清零，下降沿时转换开始。

（5）CLK 为时钟脉冲输入端，典型值为 640 kHz。

（6）V_{REF+}、V_{REF-} 为正负参考电压的输入端。通常会将 V_{REF+} 接在 V_{DD} 端，V_{REF-} 接在 GND 端。此时，模拟量的电压范围为 0～5 V。

（7）EOC 为转换结束信号端。当信号转换结束时，EOC 由低电平转换为高电平。

（8）OE 为输出允许端，高电平时，将转换结束的数字量由 $D_0 \sim D_7$ 输出端送出。

在使用 ADC0809 的时候要注意以下几点：

（1）转换时序：启动信号 START 是脉冲信号。当模拟量送至某一通道后，由三位地址信号译码选择，地址信号由地址锁存允许信号 *ALE* 锁存。启动脉冲 *START* 到来后，ADC0809 就开始进行转换。启动正脉冲的宽度应大于 200 ns。*START* 在上升沿后 2 μs 再加上 8 个时钟周期的时间，*EOC* 才变为低电平。当转换完成后，输出转换信号 *EOC* 由低电平变为高电平有效信号。输出允许信号 *OE* 打开输出三态缓冲器的门，把转换结果送到数据总线上。使用时可利用 *EOC* 信号短接到 *OE* 端，也可利用 *EOC* 信号向 *CPU* 申请中断。

（2）参考电压：为保证转换精度，要求输入电压满量程使用。

2. ICL7135—数字表头芯片（4 位半双积分 A/D 转换芯片）

ICL7135 是 4 位半双积分 A/D 转换芯片，可以转换输出±20 000 个数字量，有 STB 选通控制的 BCD 码输出，与微机接口十分方便。ICL7135 具有精度高（相当于 14 位 A/D 转换）、价格低的优点。其转换速度与时钟频率相关，每个转换周期均由自校准（调零）、正向积分（被测模拟电压积分）、反向积分（基准电压积分）和过零检测四个阶段组成。其中自校准时间为 10 001 个脉冲，正向积分时间为 10 000 个脉冲，反向积分直至电压到零为止（最大不超过 20 001 个脉冲）。故设计者可以采用从正向积分开始计数脉冲个数，到反向积分为零时停止计数，将计数的脉冲个数减 10 000，即得到对应的模拟量。

图 7-16 所示为 ICL7135 时序图，由图可见，当 BUSY 变高时开始正向积分，反向积分到零时 BUSY 变低。所以 BUSY 可以用于控制计数器的启动和停止。图 7-17 所示为 ICL7135 的管脚排列图。ICL7135 的管脚功能见表 7-1，其中与供电及电源相关的引脚共 7 脚，与控制和状态相关的引脚共 12 脚，与选通和数据输出相关的引脚共 9 脚。

图 7-16 ICL7135 时序图

图 7-17 ICL7135 的管脚排列图

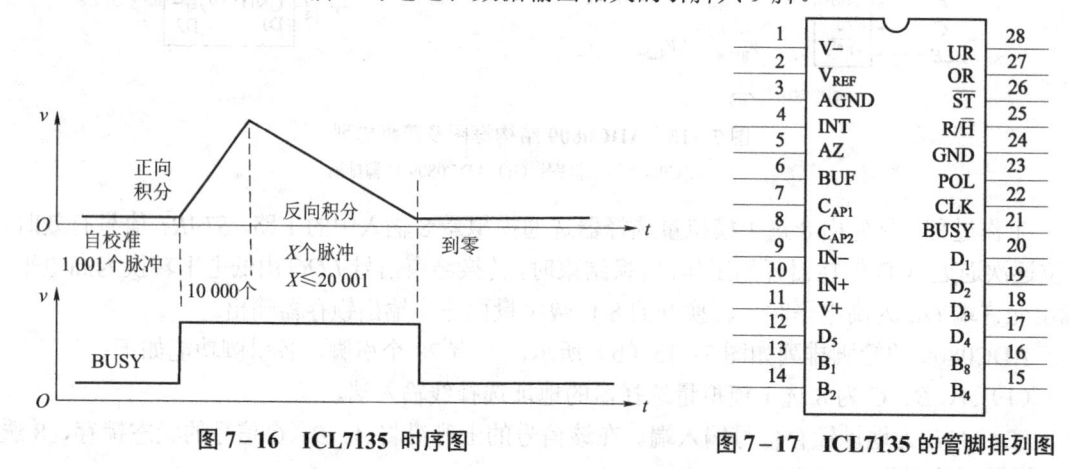

表 7-1 ICL7135 管脚功能表

管脚号	名称	功能	备 注
1	V-	负电源引入端	典型值 -5 V，极限值 -9 V
2	V_{REF}	参考电压输入	V_{REF} 的地为 AGND 引脚，典型值 1 V，输出数字量 = 10 000×(V_{IN}/V_{REF})
3	AGND	模拟地	典型应用中，与 DGND（数字地）一点接地
4	INT	积分器输出端	外接积分电容
5	AZI	自校零端	
6	BUF	缓冲放大器输出端	外接积分电阻

续表

管脚号	名称	功能	备注
7	C_{AP1}	外接参考电容负	
8	C_{AP2}	外接参考电容正	典型值 1 μF
9	IN−	模拟输入负	当模拟信号输入为单端对地时，直接与 GND 相连
10	IN+	模拟输入正	
11	V+	ICL7135 正电源引入端	典型值 +5 V，极限值 +6 V
12	D_5	MSD	万位选通
13～16	B_1～B_8	LSB～MSB	BCD 码输出
17～20	D_4～D_1		千、百、十、个位选通
21	BUSY	忙信号输出，高电平有效	正向积分开始时自动变高，反向积分结束时变低
22	CLK	时钟信号输入	当 T=80 ms 时，f_{cp}=125 kHz，对 50 Hz 工频干扰有较大抑制能力，此时转换速度为 3 次/s，极限值 f_{cp}=1 MHz 时，转换速度为 25 次/s
23	POL	极性信号输出	高电平表示极性为正
24	GND	数字地	ICL7135 正、负电源的低电平基准
25	R/$\overline{H}$	自动转换/停顿控制输入	当输入高电平时，每隔 40 002 个时钟脉冲自动启动下一次转换；当输入为低电平时，转换结束后需输入一个大于 300 ns 的正脉冲，才能启动下一次转换
26	$\overline{ST}$	数据输出选通信号（负脉冲）	宽度为时钟脉冲宽度的一半，每次 A/D 转换结束时，该端输出 5 个负脉冲，分别选通由高到低的 BCD 码数据（5 位），该端用于将转换结果打到并行 I/O 接口
27	OR	过量程信号输出端	当输入信号超过计数范围（20 001）时，输出高电平
28	UR	欠量程信号输出端	当输入信号小于量程范围的 10%时，输出高电平

由 ICL7135 构成的数字表头电路如图 7-18 所示。

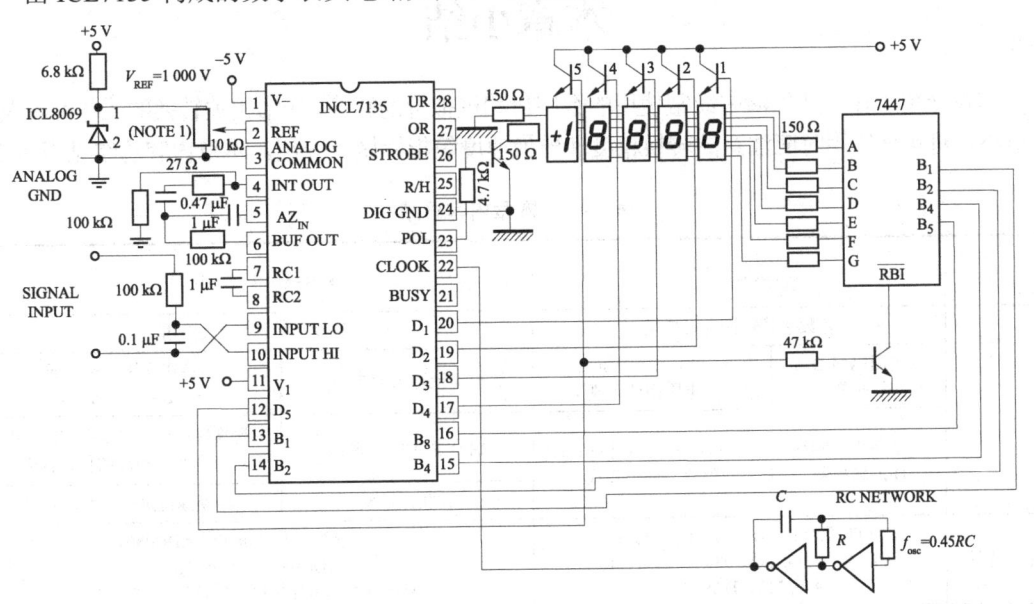

图 7-18 ICL7135 构成的数字表头电路

（1）该电路由 ICL8069 稳压管经 10 kΩ 滑变提供基准电压，改变基准电压，可以改变表头的量程。

（2）信号经电容接入输入端，提高抗干扰能力。

（3）转换后的信号大小经 7447 译码后驱动共阳数码管，万位信号 D_5 和极性输出信号 POL 共同驱动数码管显示输入信号极性；万位选通信号同时具有控制灭无效零的功能。

7.2.5 A/D 转换器的主要性能指标

A/D 转换器的主要技术指标有转换精度、转换速度等，除此之外，具体使用时还要注意输入电压范围、工作温度范围、电压波动范围等指标。

1. 转换精度

通常用分辨率和转换误差来描述 A/D 转换器的转换精度。

分辨率：用于表示 A/D 转换器对输入微小量变化敏感的程度，往往用输出数字量的位数表示 A/D 转换器的分辨率。

$$A/D 转换器的分辨率 = \frac{1}{2^n}$$

转换误差：它表示 A/D 转换器实际输出的数字量和理论上应有的输出数字量之间的差别，通常以相对误差的形式给出，并用最低有效位的倍数给出。

2. 转换速度

转换时间是指从转换控制信号来到 A/D 转换器起，到输出端得到稳定的数字信号所经过的时间。时间越短，转换速度越快。A/D 转换器的转换速度主要取决于转换电路的类型。其中并联比较型 A/D 转换器的转换速度最快，逐位渐近型 A/D 转换器次之，间接 A/D 转换器的速度最慢。

本章小结

本章介绍了在生产生活中经常使用的数字量和模拟量的转换，介绍相关转换的工作原理及典型电路，对实际应用时应注意的转换精度和转换速度等指标做了介绍。本章内容总结见表 7-2。

表 7-2 本章内容总结

电路特点	数模转换器（D/AC）		模数转换器（A/DC）	
功能	将数字量转换为模拟量		将模拟量转换为数字量	
常见电路	权电阻网络 D/A 转换器	优点：结构简单，元件少；缺点：电阻阻值差别大	逐次逼近型 A/D 转换器	转换速度快，精度低，一般用于微机控制
	倒 T 形电阻网络 D/A 转换器	优点：只需要两种电阻阻值，便于集成	积分型 A/D 转换器	转换速度慢，但精度高，一般用于对速度要求不高的仪器仪表中
			并联比较型	转换速度最快，精度较低
集成电路	TTL 系列：AD1408、DAC100；COMS 系列：DAC0832、CB7520、AD7523、DAC0808		逐次逼近型：ADC0809、ADC0801、ADC0804、AD571；双积分型：5G14433、CH259、ICL7135	
技术指标	分辨率、转换精度、转换时间、线性度、电源抑制比		转换精度、转换速度	

第 8 章

课程综合设计及实习

● 案例引入

前面几章我们学习了一些单元电路和一些逻辑功能的部件，它们能组成功能更强大的数字电路，如数字钟、电子秒表、频率计等。如何验证它的正确性？电路板如何做？如何焊接器件？这些就是本章要解决的问题！我们将这部分内容分为课程综合设计和课程综合实习两部分。

8.1 课程综合设计实习概述

8.1.1 课程综合设计实习的目的

数字电子技术是一门实践性很强的课程，要求学生除了具备基本扎实的理论知识外，还必须注重理论应用能力的培养，课程综合设计实习这个实践环节正是连接理论知识与应用能力的最佳桥梁。为达到培养人才的目标，课程综合设计实习环节有如下目的：

（1）加深对所学理论知识的理解，熟练掌握基本理论，将理论与实际相结合。

（2）学会基本的设计方法，能灵活运用所学理论知识进行设计，为今后的毕业设计打下良好的基础。

（3）能读懂器件的使用说明书。

（4）对所设计的电路进行仿真验证，学会用 Multisim、Proteus 等数字电路的仿真软件使用方法，对设计电路功能进行验证，培养学生分析问题、解决问题的能力。

（5）对电路中的核心器件进行实际电路功能验证，培养学生严谨的科学态度。

（6）学习电路板设计制作电路过程，并焊接及调试电路，学会电路的基本调试方法。

8.1.2 课程综合设计实习的教学方式

本课程为实践性环节，一般采用教师指导为辅、学生独立为主的方式，包括以下三个方面：

（1）设计实习开始前教师给学生讲解整个设计实习的目的、任务、步骤和方法。

（2）学生根据实际需要和任务查找资料，选定设计实习题目，经老师检查合格后，进入设计实习过程。

（3）设计实习过程要求学生独立完成，教师负责指导。

8.1.3 课程综合设计实习的教学要求

1. 对指导教师的要求

（1）指导教师要有较强的责任心，组织好设计实习的各个环节，按时到预定教室或实验室进行讲解及指导。

（2）指导教师应具有较强的专业理论知识和较好的实践能力，胜任指导工作。

（3）设计实习结束后，对学生成绩给出实事求是的评定。

2. 对学生的要求

（1）必须认真对待教学环节，实习期间必须保证出勤，不准缺席。

（2）必须有刻苦钻研的精神，认真独立完成任务。

（3）遵守实验室的各项规章制度。不按规程使用仪表，造成损坏或丢失的，按价赔偿。

（4）设计实习结束后有完整的报告。

8.1.4 课程综合设计实习报告的编写注意事项

一篇完整的设计实习报告通常由题名、摘要、目录、引言、正文、结束语、参考文献构成。

（1）题名又叫标题，应该简短、有概括性，通过标题读者能大致了解实习的内容。

（2）摘要，就是内容提要，应该扼要叙述本实习的主要内容、特点，文字精练。

（3）目录，报告的文档结构体现，右面要加页码、左右都要对齐、独立成页。

（4）引言，说明所设计的电路的意义、应达到的要求，以及解决的主要问题。

（5）正文，报告的主要部分。包括设计方案的论证、电路原理图、工作原理、实现的功能、参数计算、仿真验证、实验室检测器件、制作电路板、焊接及调试等过程。报告中所有出现的图要规范，有图号和图名；表格有表号及表名；公式有标号。

（6）结束语，概括说明所进行工作的情况和价值，分析其优点和特色，并应指出其中存在的问题和今后改进的方向，最后总结在设计实习过程中的收获及体会。

（7）参考文献，反映设计实习的取材来源，参考文献的格式要标准。

8.1.5 课程综合设计实习的成绩评定办法

根据平时表现、设计质量、实习质量、设计实习报告等，按优、良、中、及格、不及格五级分评定成绩。

1. 平时表现考核内容

（1）学生出勤。

（2）学生的学习态度、刻苦钻研精神。

（3）在实验室操作的规范性。

（4）分析问题和解决问题的能力。

2. 设计质量考核内容

（1）选题的应用价值和功能丰富性。

（2）设计方案、原理的正确性。

(3) 参数选择计算的正确性。

3. 实习质量考核内容

(1) 电路结构及原理清楚。
(2) 电路仿真过程及结果。
(3) 实验室验证功能正确。
(4) 电路板焊接质量。
(5) 线路板功能的实现。

4. 报告考核内容

(1) 内容是否完整。
(2) 电路工作原理是否清楚、参数选择计算是否正确。
(3) 报告格式是否正确、文字和电路图是否规范。
(4) 心得体会是否深刻、真实。

8.2 课程综合设计

8.2.1 设计方法及课题

课程综合设计是指在学习了小规模、中规模、大规模集成电路后,用它们设计小规模数字系统,给出电路原理图及器件清单,并用一些方法验证设计的正确性。

1. 设计方法

设计复杂数字电路时要有总体的概念,一般按以下步骤进行设计:

(1) 明确电路的功能,确定电路的输入变量、输出变量及它们的逻辑关系。
(2) 根据系统完成的逻辑功能,将系统分为若干电路模块,画出系统的原理框图。
(3) 选定每个功能模块的具体电路,选定器件,计算元件参数,画出单元电路及总电路图。
(4) 进行模块电路及总电路仿真,验证电路的功能,在要求时间内设计完成。

2. 设计课题

具有一定功能的小规模数字系统电路有很多,这里列出一些题目,供同学们参考。

(1) 设计一个多功能计时钟(按作息时间进行报时、设定备忘、能校准时间等)。
(2) 设计一个多位 8421 码全加器(要进行十进制调整)。
(3) 设计一个数字频率计电路(测量范围 0~999 Hz)。
(4) 设计一个交通信号灯控制电路(用于公路的交叉路口,主干道、次干道车流及人流,每次通行时间可调,红绿黄灯指示通行状态,倒计时显示剩余时间)。
(5) 设计一个多人抢答电路(主持人手中有一个复位键,抢答时抢先者操作有效,其他无效;显示抢答有效者的编号;显示选手的得分;有倒计时时钟、计分系统等)。
(6) 设计一个可编程密码控制电路(密码位数可变、密码可更改)。
(7) 设计一个循环彩灯控制电路(十六灯以上,循环花样可调)。
(8) 设计一个电子秒表电路(计时范围大、精度高、计时准)。
(9) 设计一个洗衣机控制电路(正反转、停止、进水、放水、甩干控制,时间可调)。

（10）设计一个水位指示器（通过数码管显示当前水位，且能连续反映水位的变化）。

（11）设计一个快棋计时器（有两个按键，两个计时钟。甲按下甲的按键时，乙的计时钟开始计时，而甲的钟不计时。乙行一步棋，按下乙的按键，乙的时钟停止计时，同时甲钟开始计时，以此循环往复。计时时间及提示音时间可以任意设定）。

（12）设计一个比赛倒计时电路和记分显示电路（用于篮球或其他比赛场合，倒计时间可任意设定）。

（13）设计一个拔河游戏机电路（两个按键代表两队选手，按的速度表示力量大小，用LED灯指示拔河过程及结果）。

8.2.2 设计举例

1. 多频率脉冲电路设计

（1）电路要求：使用数字电路的集成器件，可以附加电阻、电容等器件，设计一个多脉冲频率电路，要求电路产生的脉冲频率分别为 1 Hz、2 Hz、5 Hz、10 Hz、50 Hz，输出的脉冲可分配为十路，且可以进行 2~10 分频。

（2）设计过程。

① 电路功能分析及输入输出确定。

根据题意要求，电路的功能是产生 5 个频率脉冲，且每个频率脉冲可以进行 2~10 分频控制。电路的输入为 5 个脉冲频率选择按键及 2~10 分频选择按键，输出为 10 个脉冲输出端。

② 功能模块划分。

脉冲发生电路、脉冲分配电路、分频电路。

③ 电路设计。

a. 设计脉冲发生电路。

采用 555 定时器构成脉冲发生电路，如图 8-1 所示，它的电容电压及输出电压波形如图 8-2 所示。

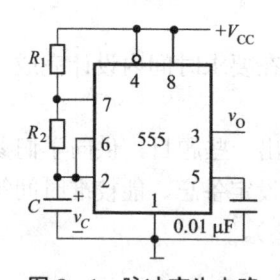

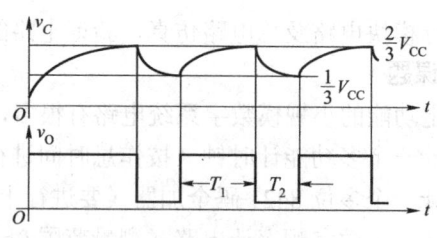

图 8-1 脉冲产生电路　　图 8-2 脉冲电路的波形

脉冲的周期由电容的充电时间 T_1 和放电时间 T_2 构成，其中：

$$T_1 = (R_1+R_2)C\ln\frac{V_{CC}-\frac{1}{3}V_{CC}}{V_{CC}-\frac{2}{3}V_{CC}} = 0.69(R_1+R_2)C, \quad T_2 = R_2 C\ln\frac{0-\frac{2}{3}V_{CC}}{0-\frac{1}{3}V_{CC}} = 0.69R_2 C,$$

所以

$$T = T_1 + T_2 = 0.69(R_1+2R_2)C$$

频率
$$f = \frac{1}{T} = \frac{1}{0.69(R_1 + 2R_2)C}。 \tag{8-1}$$

选择合适的 R_1、R_2、C，可以满足频率的要求。

若选 $C=1\ \mu F$、$R_1=3\ k\Omega$、$f=1\ Hz$，由式（8-1）计算得：$R_2=723\ k\Omega$，取标准系列值 $750\ k\Omega$。

当 $f=2\ Hz$ 时，$R_1=1.5\ k\Omega$、$R_2≈375\ k\Omega$，实际中分别用两个 $3\ k\Omega$ 电阻及两个 $750\ k\Omega$ 电阻并联实现；当 $f=5\ Hz$ 时，$R_1=560\ \Omega$、$R_2≈150\ k\Omega$；当 $f=10\ Hz$ 时，$R_1=560\ \Omega$、$R_2≈75\ k\Omega$，用两个 $150\ k\Omega$ 电阻并联实现；当 $f=50\ Hz$ 时，$R_1=560\ \Omega$、$R_2≈14.2\ k\Omega$，实际中用 $15\ k\Omega$、$750\ k\Omega$、$750\ k\Omega$ 三个电阻并联等效实现。各不同频率用按键开关进行转换，脉冲发生电路图如图 8-3（a）所示。

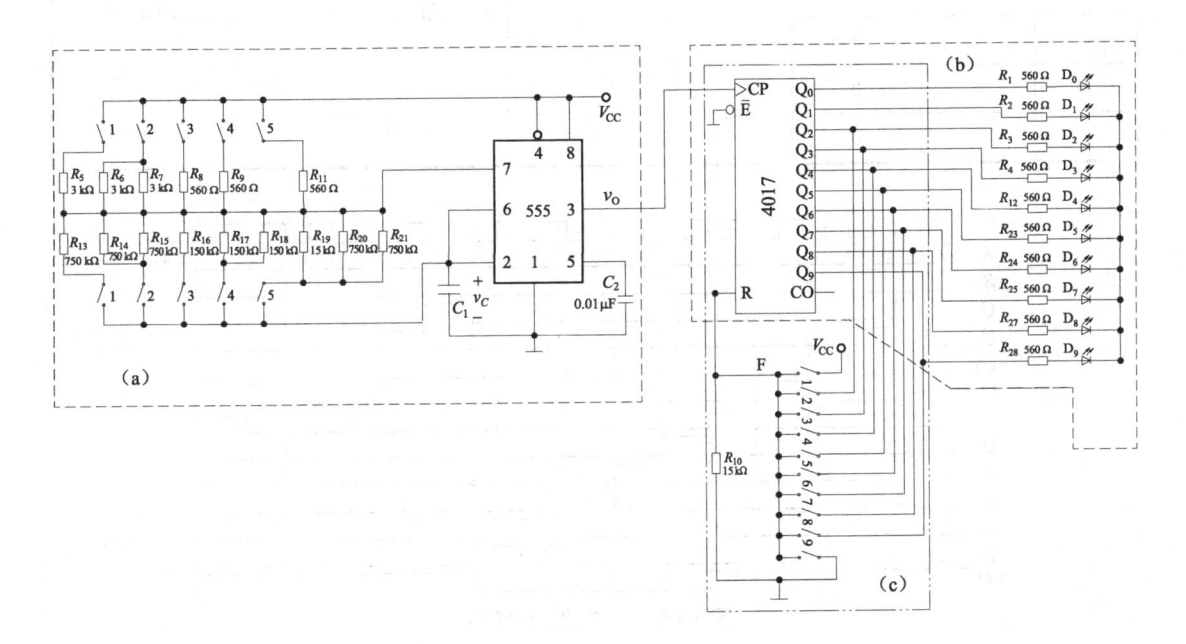

图 8-3 多频率脉冲电路

b. 设计十路脉冲分配电路。

选用十位脉冲分配器 4017 作为脉冲分配器，4017 是十进制计数器，具有 10 个译码输出端，输出端为高电平有效。4017 的管脚如图 8-4 所示，V_{SS} 为接地端，V_{DD} 为电源端，电源电压范围为 3～15 V，其功能见表 8-1，其工作波形如图 8-5 所示。

图 8-4 4017 管脚图

表 8-1 4017 的功能

输入			输出	
脉冲	使能端	清零端	分配端	进位端
CP	$\overline{E}$	R	$Q_0 \sim Q_9$	CO
×	×	1	Q_0 为高电平	
↑	0	0	$Q_0 \sim Q_9$ 为高电平	输出 $Q_0 \sim Q_4$ 为高电平时,CO 为高电平
1	↓	0		输出 $Q_5 \sim Q_9$ 为高电平时,CO 为低电平
0	×	0	保持	
×	1	0		
↓	×	0		
×	↑	0		

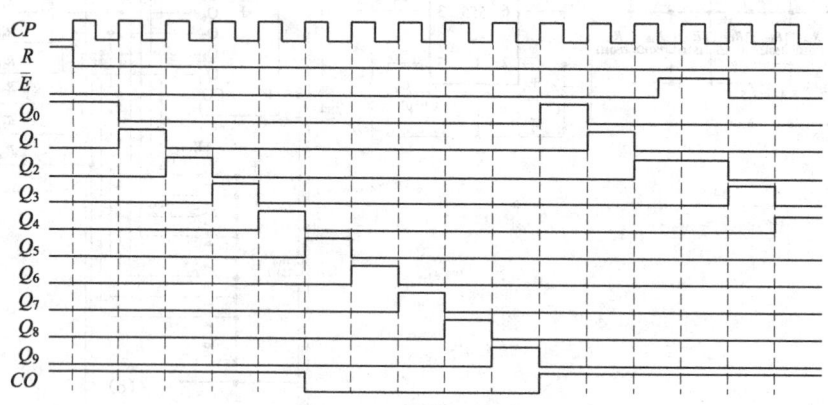

图 8-5 4017 的工作波形

用 4017 作为脉冲分配器时,为方便观察信号,输出端接发光二极管,十路脉冲分配电路如图 8-3(b)所示,图中电阻为限流电阻。思考:限流电阻如何计算?

c. 设计 2~10 分频电路。

选用 10 位开关,分频电路如图 8-3(c)所示。若开关 1~10 分别到闭合位置时,F 端可以得到不同的 10 个状态。1 接 V_{CC},10 接地,2~9 分别接 4017 的 $Q_2 \sim Q_9$,F 端分别控制 4017 为清零、2~10 分频 10 个工作状态。

d. 设计多脉冲电路。

由脉冲发生电路、脉冲分配电路、分频电路构成的多脉冲电路,原理图如图 8-3 所示。

④ 仿真验证。

用 Proteus 仿真软件对所设计的多脉冲电路的功能进行验证。

a. 脉冲发生电路功能验证。

脉冲发生仿真电路连接如图 8-6(a)所示,为观察输出信号,在输出端加入了二极管指示灯 D_1。

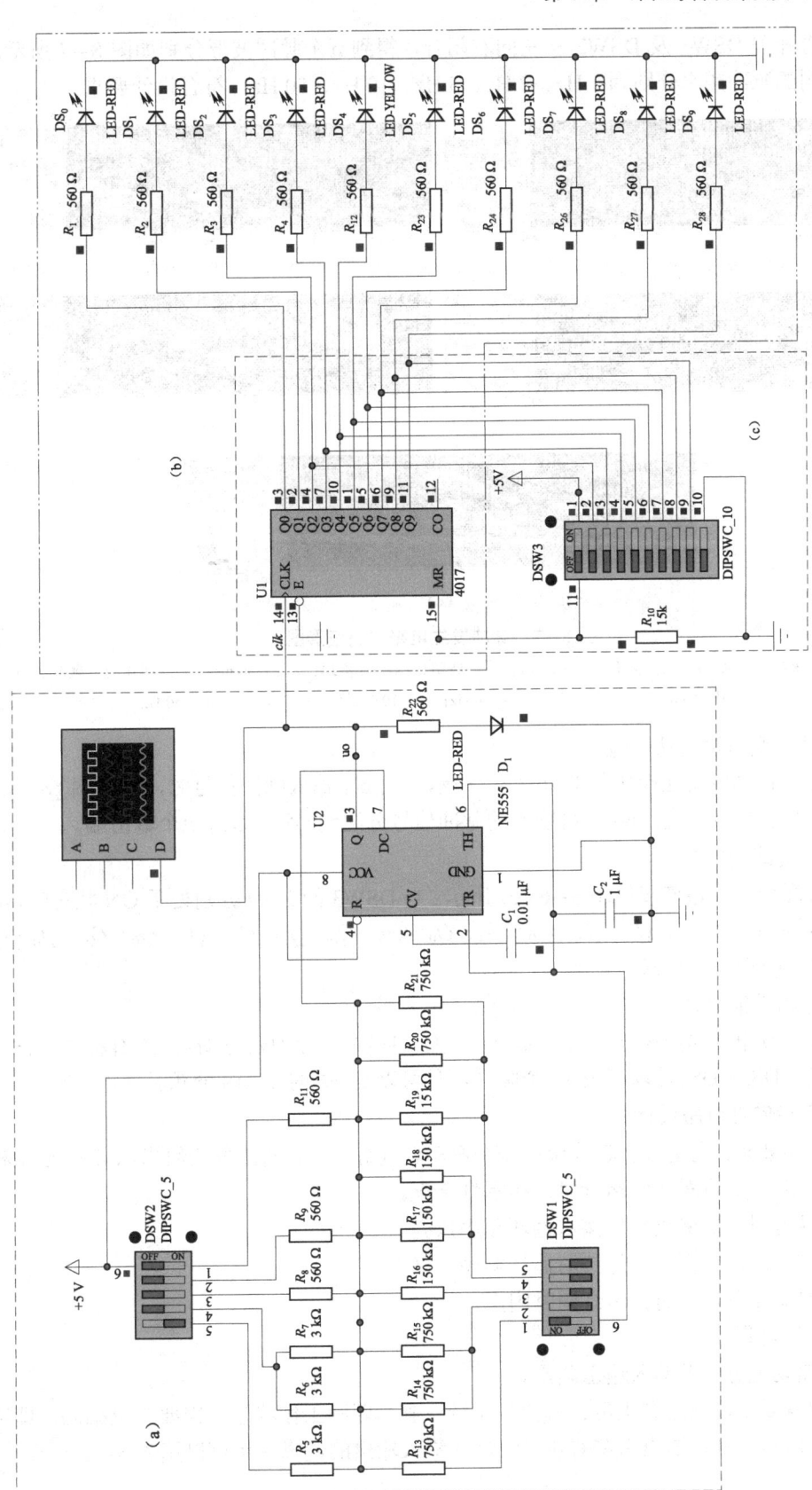

图 8-6 多脉冲电路仿真图

依次将开关 DSW1 及 DSW2 从左向右闭合,得到五个脉冲波形分别如图 8-7 所示。经计算,得到的脉冲频率分别为 1 Hz、2 Hz、5 Hz、10 Hz、50 Hz,符合设计要求。

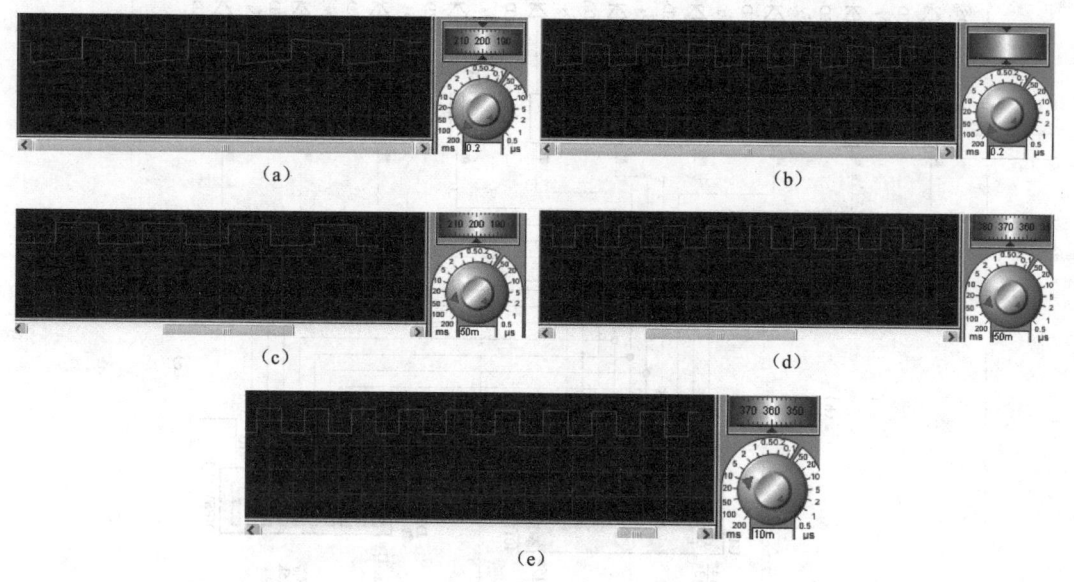

图 8-7 脉冲发生电路输出波形图

(a) 200 ms/格,周期 1 s,频率 1 Hz;(b) 200 ms/格,周期 0.5 s,频率 2 Hz;(c) 50 ms/格,周期 0.2 s,频率 5 Hz;
(d) 50 ms/格,周期 0.1 s,频率 10 Hz;(e) 10 ms/格,周期 20 ms,频率 50 Hz

b. 脉冲分配电路的功能验证。

脉冲分配仿真电路连接如图 8-6(b)所示。当 clk 输入脉冲信号时,输出端 $Q_0 \sim Q_9$ 连接的发光二极管依次点亮,4017 将输入的脉冲信号分配到 $DS_0 \sim DS_9$ 十个输出端。

c. 分频电路功能验证。

脉冲分配仿真电路连接如图 8-6(c)所示。当 DSW3 的 2~9 分别处于 ON 状态时,4017 的输出端分别为 $Q_0 \sim Q_2$、$Q_0 \sim Q_3$、$Q_0 \sim Q_4$、$Q_0 \sim Q_5$、$Q_0 \sim Q_6$、$Q_0 \sim Q_7$、$Q_0 \sim Q_8$、$Q_0 \sim Q_9$,即完成了 2~10 分频的要求。

d. 总电路功能验证。

多脉冲仿真电路如图 8-6 所示。uo 端可以产生 1 Hz、2 Hz、5 Hz、10 Hz、50 Hz 的方波脉冲信号,$DS_0 \sim DS_9$ 可以产生 10 个脉冲,且可以是 clk 的 2~10 分频脉冲。

2. 汽车转向灯电路设计

(1)电路要求:利用数字芯片设计一个汽车转向灯(左右两侧各三组指示灯),要求模拟实现如下功能:① 汽车正常运行时,指示灯全灭。

② 右转弯时,右侧指示灯按右循环顺序点亮。

③ 左转弯时,左侧指示灯按右循环顺序点亮。

④ 临时刹车时,所有指示灯同时闪烁。

(2)设计过程。

① 电路功能分析及输入输出确定。

根据题意要求,电路有正常、右转、左转、刹车四种工作状态,需要二位编码,即需要有 2 个输入信号控制,输出为左右各三组灯。输入输出的逻辑关系可以用表 8-2 表示。

表 8-2 汽车转向灯输入输出关系

输入		输	出
开关状态 S_1 S_0	运行状态	左尾灯 D_4 D_5 D_6	右尾灯 D_1 D_2 D_3
0 0	正常运行	灯灭	灯灭
0 1	右转弯	灯灭	按123顺序循环点亮
1 0	左转弯	按456顺序循环点亮	灯灭
1 1	临时刹车	同时闪烁	同时闪烁

② 功能模块划分。

由于汽车左右转弯时，三组指示灯循环点亮，既有三个状态。所以采用三进制计数器控制译码器电路顺序输出低电平，从而控制尾灯按要求点亮。由此得出在每种运行状态下，各组指示灯与控制开关的关系，即电路逻辑功能表见表 8-3（表中 0 表示灯灭状态，1 表示灯亮状态）。

表 8-3 汽车转向灯控制逻辑功能表

控制开关 S_1 S_0	汽车尾灯 D_6 D_5 D_4	D_1 D_2 D_3
0 0（正常）	0 0 0	0 0 0
0 1（右转）	0 0 0	1 0 0
	0 0 0	0 1 0
	0 0 0	0 0 1
1 0（左转）	0 0 1	0 0 0
	0 1 0	0 0 0
	1 0 0	0 0 0
1 1（刹车）	$CP=1, D=0$;	$CP=0, D=1$

汽车转向灯控制电路由开关控制电路、三进制计数器电路、译码电路、驱动显示电路组成，它的原理框图如图 8-8 所示。

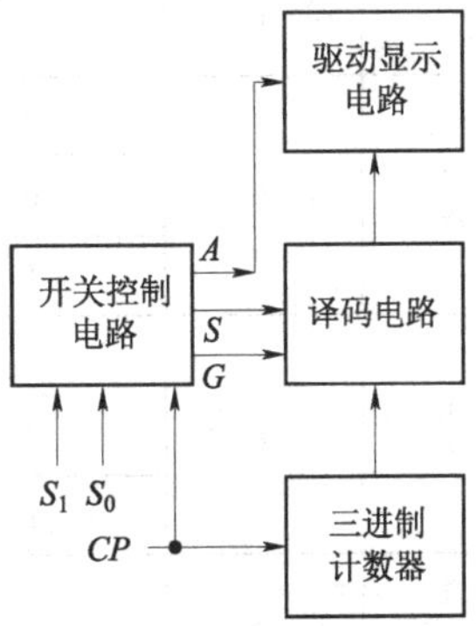

③ 电路设计。

汽车转向灯控制电路用两个按键 S_1、S_0 来分别模拟汽车控制左转和右转信号，原理图如图 8-9 所示。汽车尾灯控制电路包括开关控制电路、三进制计数器电路、译码电路、驱动显示电路。

a. 开关控制电路。

开关控制电路如图 8-15（a）所示，它的输入信号为 S_1、S_0、CP，输出信号 G、S、A。信号 G 控制译码器是否工作，信号 S 控制译码器工作时依次输出低电平的端子，信号 A 控制译码电路输出状态。分析电路的工作原理，得到输入输出关系见表 8-4 开关控制电路部分。

图 8-8 汽车转向灯控制电路原理框图

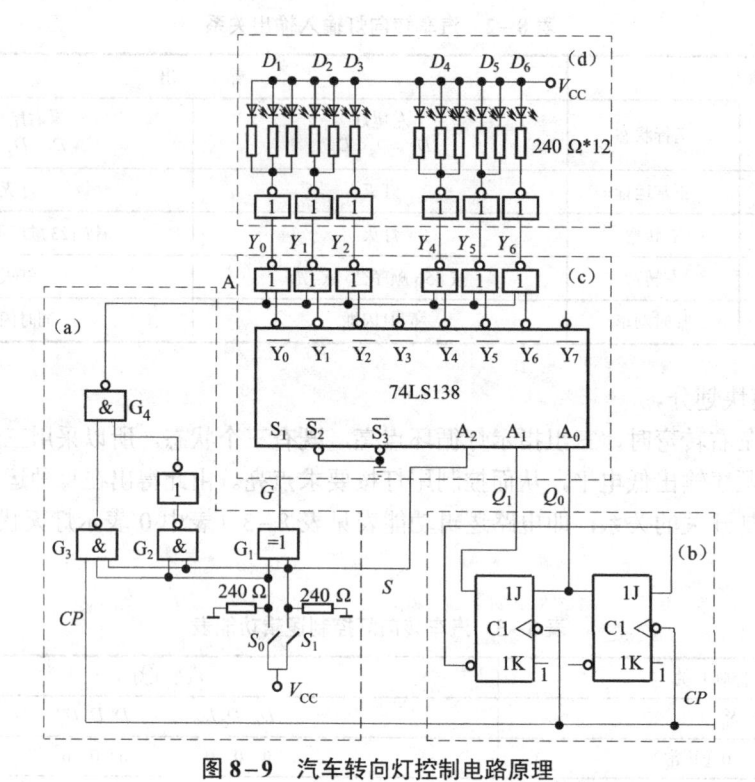

图 8-9 汽车转向灯控制电路原理

表 8-4 汽车转向灯各电路输入输出关系表

开关控制电路		计数器电路 输入为 CP	译码器电路 输入 $A_2=S$ $A_1=Q_1$ $A_0=Q_0$	驱动显示电路 输入为 A 及译码器输出
输入	输出	输出	输出	输出
S_1 S_0	G A S	Q_1 Q_0	$\overline{Y_6}$ $\overline{Y_5}$ $\overline{Y_4}$ $\overline{Y_0}$ $\overline{Y_1}$ $\overline{Y_2}$	$D_6 D_5 D_4$ $D_1 D_2 D_3$
0 0 (正常)	0 1 0	× ×	1 1 1 1 1 1	0 0 0 0 0 0
0 1 (右转)	1 1 0	0 0	1 1 1 0 1 1	0 0 0 1 0 0
		0 1	1 1 1 1 0 1	0 0 0 0 1 0
		1 0	1 1 1 1 1 0	0 0 0 0 0 1
1 0 (左转)	1 1 1	0 0	1 1 0 1 1 1	0 0 1 0 0 0
		0 1	1 0 1 1 1 1	0 1 0 0 0 0
		1 0	0 1 1 1 1 1	1 0 0 0 0 0
1 1 (刹车)	0 CP 1	× ×	1 1 1 1 1 1	$\overline{CP}$

b. 三进制计数器。

图 8-9 的 (b) 部分电路中,两个 JK 触发器构成三进制计数器,Q_1Q_0 的三个状态为 00、01、10,当初始状态为 11 时,能回到 00 状态。三进制计数器的作用是输出三个状态控制左

侧三个灯或右侧三个灯依次循环点亮，输入输出关系见表 8-4 三进制计数器部分。

c. 译码电路。

译码电路如图 8-9（c）部分电路所示，由 3-8 线译码器 74LS138 与 6 个与非门组成，它的作用是控制 6 组灯的依次亮灭，输入输出关系见表 8-4 译码器部分。

d. 驱动显示电路。

驱动显示电路如图 8-9（d）部分所示，显示电路采用 6 组发光二极管进行模拟显示，用灌电流方式接入发光二极管，串联 240 Ω 电阻作为限流电阻。驱动电路由 6 个非门构成。若只有 S_0 按键按下，译码电路输出 Y_0、Y_1、Y_2 依次为高电平，安装在右侧的三组灯 D_1、D_2、D_3 依次点亮，即汽车处于右转状态；若只有 S_1 按键按下，译码电路输出 Y_4、Y_5、Y_6 依次为高电平，安装在左侧的三组灯 D_4、D_5、D_6 依次点亮，即汽车处于左转状态；若 S_1、S_0 都未按下，Y_0、Y_1、Y_2、Y_4、Y_5、Y_6 全为低电平，所有灯灭，即汽车处于正常运行状态；若 S_1、S_0 都按下，Y_0、Y_1、Y_2、Y_4、Y_5、Y_6 与 CP 信号反相，D_1、D_2、D_3、D_4、D_5、D_6 与 CP 同相闪烁，即汽车处于刹车状态，输入输出关系见表 8-4 驱动显示电路部分。

④ 电路仿真。

a. 开关控制电路仿真。

开关电路仿真模型如图 8-10（a）部分所示。经测试，S_1、S_0 与 S、G、A、CP 的关系与表 8-4 完全相同。

b. 三进制计数器仿真。

三进制计数器仿真模型如图 8-10（b）部分所示。经测试，Q_1、Q_0 在 00、01、10 三个状态之间运行。

c. 译码电路仿真。

译码电路仿真模型如图 8-10（c）部分所示。经测试，Y_0、Y_1、Y_2、Y_4、Y_5、Y_6 与 A、G、S、CP 的关系符合设计要求。

d. 驱动显示电路仿真。

驱动显示电路仿真模型如图 8-10（d）部分所示。经测试，六个灯 D_1、D_2、D_3、D_4、D_5、D_6 与 Y_0、Y_1、Y_2、Y_4、Y_5、Y_6、CP 信号的关系及设计相同。

e. 汽车转向灯控制电路仿真。

汽车转向灯控制电路仿真模型如图 8-10 所示。经测试，在 S_1、S_0 处于 00、01、10、11 四种状态时，六组汽车转向灯分别为全灭、右转、左转、闪烁状态，完全符合设计要求。

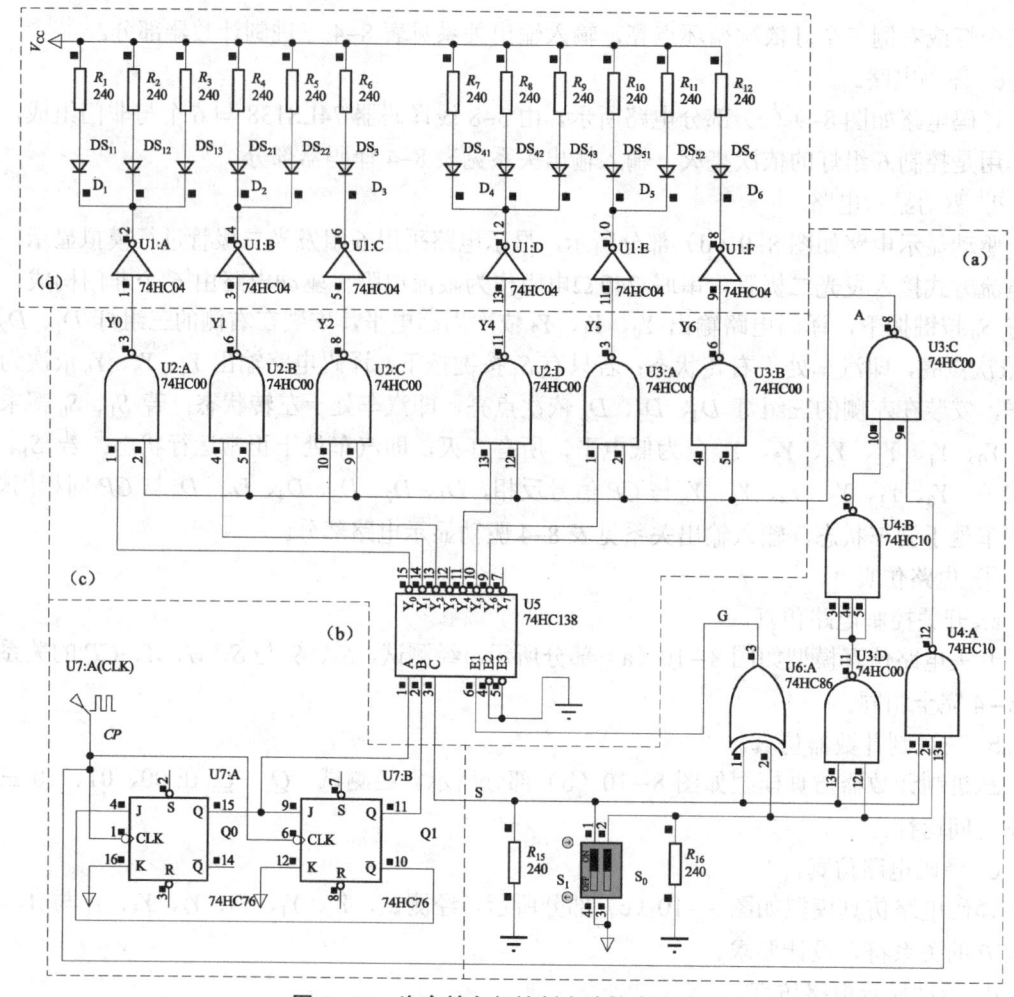

图 8-10　汽车转向灯控制电路仿真电路图

8.3　课程综合实习

8.3.1　实习方法及内容

电子技术课程综合实习是指根据已知的电路原理图，将它制作成能完成要求功能的实际数字电路系统。实习方法及内容如下：

（1）分析电路原理及功能。

（2）在实验室测试所用集成器件的逻辑功能，测试分立元件的功能及极性。

（3）对电路进行原理图及 PCB 板设计。

（4）列出电路的器件清单。

（5）学习制作电路板的方法并制作。

（6）焊接电路。焊接时焊锡不要用太多，焊接器件采用先低后高原则，电阻电容等元件管脚高度最好一致，多余的剪掉。注意集成芯片管脚、二极管的极性、三极管的极性、电容的极性。

（7）调试电路。加入电源，调试所制作的电路使之达到预期的功能。

（8）效果达不到要求时，分析原因，找出问题，最后要达到预定的功能。

8.3.2 实习举例

1. 制作多脉冲电路板

多脉冲电路板的电路原理如图 8-3 所示。

（1）分析电路功能、原理、功能仿真在 8.2.2 的例 1 中已有介绍，不再赘述。

（2）测试集成器件 NE555、74HC4017 的逻辑功能、测试发光二极管的好坏及极性、测试 3 组开关的性能、测量所有电阻的阻值并做记载，以备焊接时使用。

（3）设计多脉冲电路 PCB 板原理图，如图 8-11 所示。将其转成 PCB 板图，在热转印纸上打印出来。

（4）器件清单。

根据图 8-11 列出多脉冲电路器件清单，见表 8-5。

表 8-5 多脉冲电路器件清单

元件	序　号	数量
1N4148	D_1	1
DC-10B	CN_4	1
1 μF	C_1, C_2, C_3	1
LED_R_2*5*7	DS_0, DS_1, DS_2, DS_3, DS_4, DS_5, DS_6, DS_7, DS_8, DS_9, DSP	11
NE555D	IC_1	1
M74H4017M1R	IC_2	1
560 Ω	R_1, R_2, R_3, R_4, R_8, R_9, R_{11}, R_{12}, R_{22}, R_{23}, R_{24}, R_{26}, R_{27}, R_{28}	14
3 kΩ	R_5, R_6, R_7	3
15 kΩ	R_{10}, R_{19}	2
150 kΩ	R_{16}, R_{17}, R_{18}	3
750 kΩ	R_{13}, R_{14}, R_{15}, R_{20}, R_{21}	5
Header2	P_1	1
Header10X2	P_2	1
2*5 双排针	S_1, S_2	1

（5）用热转印覆铜法或其他方法制作电路板。

（6）焊接电路。

（7）调试及测试电路。

（8）电路测试中常见问题及解决办法。

① NE555 输出 DSP 指示灯不亮。

解决方法：

a. 检查电源是否正确接入：用万用表检查极性，C_3 两端电压幅值超过 4 V。

b. NE555 工作频率选择跳线是否正确短接。

c. 检查是否有元件虚焊。

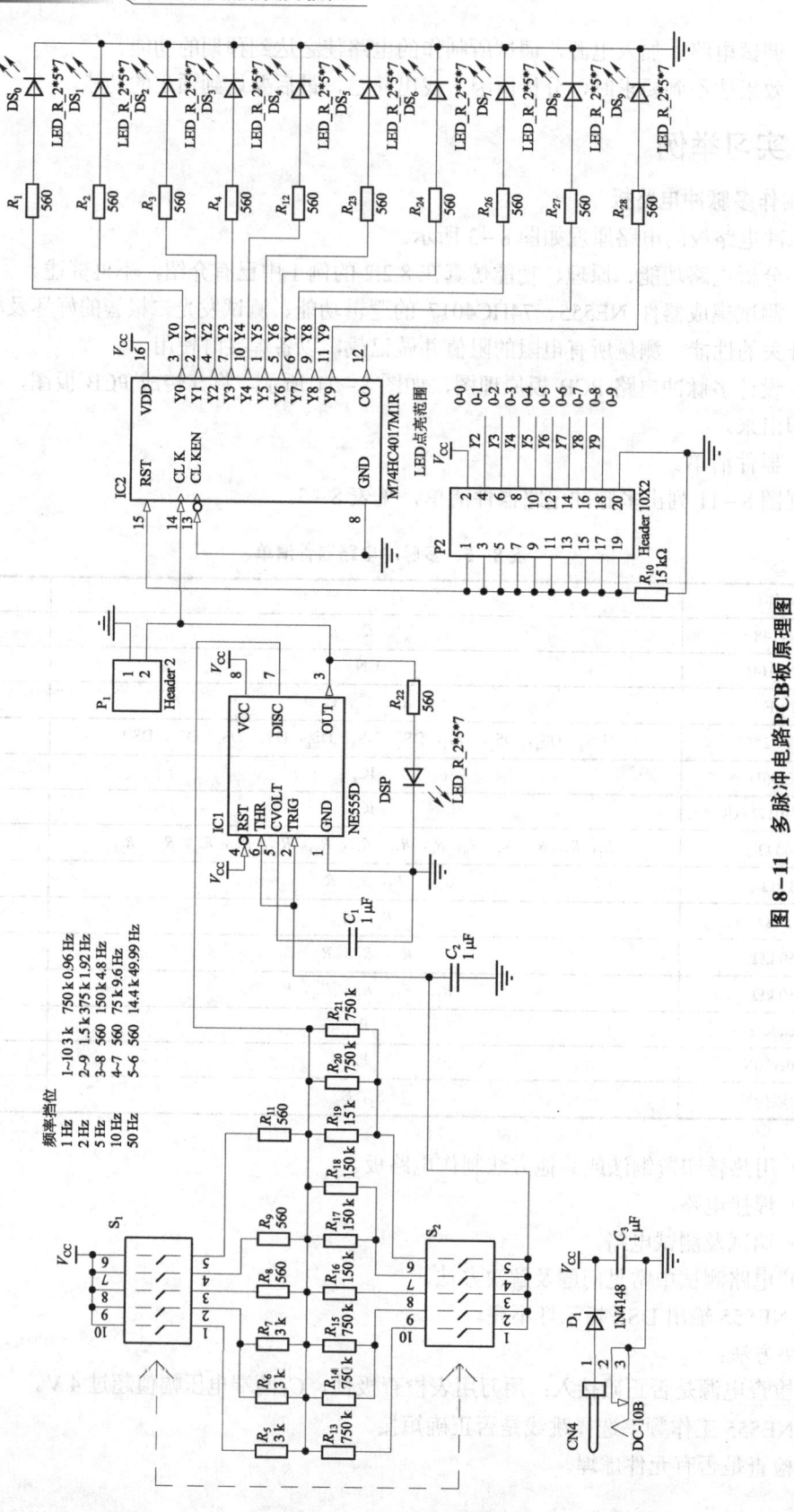

图 8-11 多脉冲电路PCB板原理图

② CD4017无输出。

解决方法：

a. 检查复归信号跳线是否短接，如果无复归信号，则4017无正常输出。

b. 检查是否有元件虚焊。

c. 检查发光二极管极性是否正确。

2. 制作汽车转向灯电路板

汽车转向灯控制电路原理如图8-9所示。

（1）分析电路功能、原理、功能仿真在8.2.2的例2中已有介绍，不再赘述。

（2）测试集成器件74HC04六个非门、两片74HC00八个二输入与门、74HC10两个三输入与门、74HC138、74HC86一个异或门、74HC76两个JK触发器、NE555的逻辑功能，测试发光二极管的好坏及极性、测试开关的性能、测量所有电阻的阻值并做记录。

（3）设计汽车转向灯控制电路PCB板原理如图8-12所示。设计的PCB板原件安装图如图8-13所示。

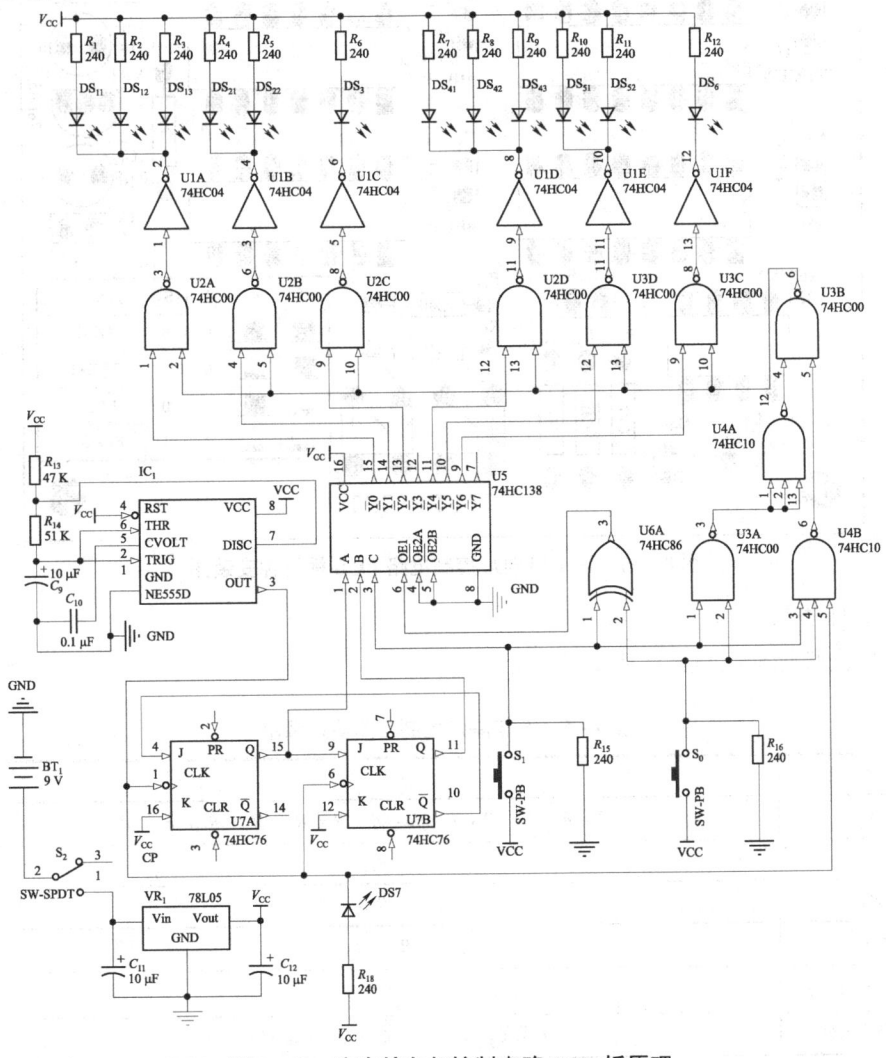

图8-12 汽车转向灯控制电路PCB板原理

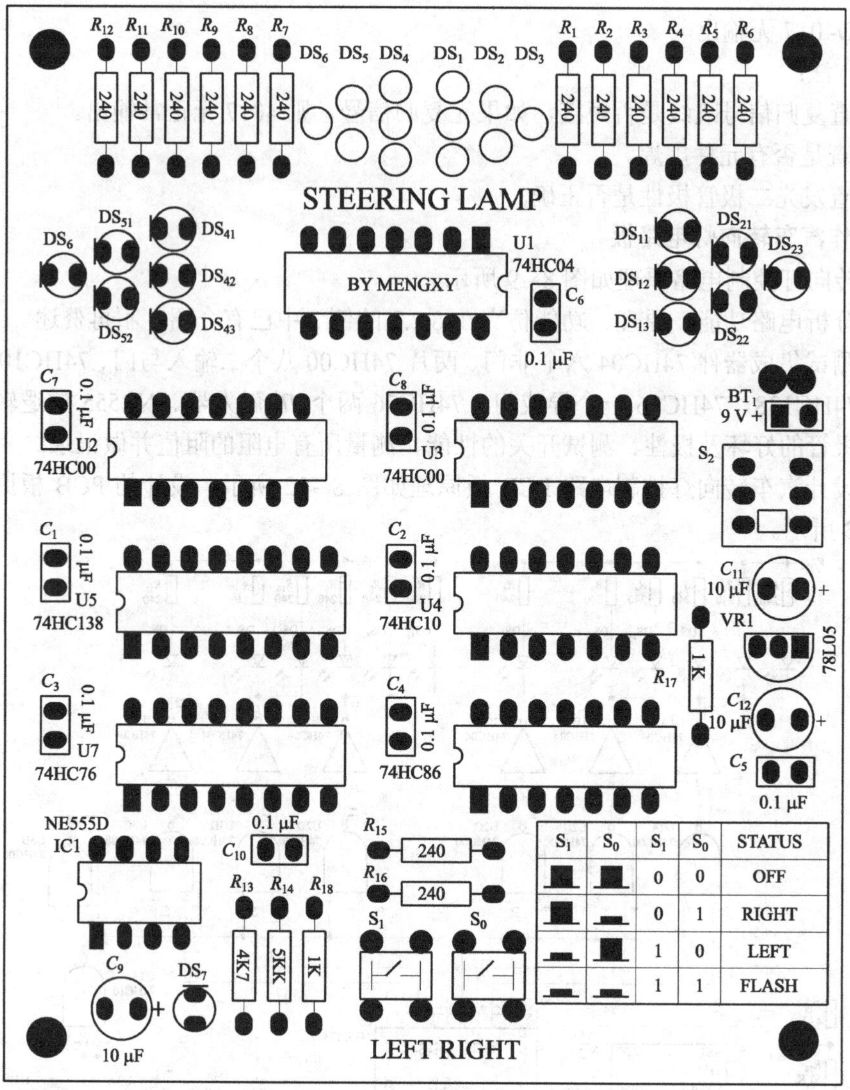

图 8-13 汽车转向灯控制电路 PCB 板元件安装图

（4）器件清单。

汽车转向灯控制电路器件清单见表 8-6。

表 8-6 汽车尾灯控制电路器件清单

元件	序　号	数量
240 Ω	R_1, R_2, R_3, R_4, R_5, R_6, R_7, R_8, R_9, R_{10}, R_{11}, R_{12}, R_{15}, R_{16}	14
4K7	R_{13}	1
51 kΩ	R_{14}	1
1 kΩ	R_{17}, R_{18}	2
9 V 电池（含电池扣）	BT_1	1
0.1 μF 瓷片电容	C_1, C_2, C_3, C_4, C_5, C_6, C_7, C_8, C_{10}	9

续表

元件	序 号	数量
10 μF/16 V 电解电容	C_9, C_{11}, C_{12}	3
3 mm 红色 LED	DS_{11}, DS_{12}, DS_{13}, DS_{21}, DS_{22}, DS_3, DS_{41}, DS_{42}, DS_{43}, DS_{51}, DS_{52}, DS_6, DS_7	12
6*6*9 按钮	S_0, S_1	2
双刀双掷自锁按钮	S_2	1
74HC04	U_1	1
74HC00	U_2, U_3	2
74HC10	U_4	1
74HC138	U_5	1
74HC86	U_6	1
74HC76	U_7	1
NE555D	IC_1	1
78L05	VR_1	1
附 件		
DIP8 管脚座		1
DIP14 管脚座		5
DIP16 管脚座		2
M3*5 铜柱		4
M3 螺母、平垫、弹垫		4

(5) 用热转印覆铜法或其他方法制作电路板。

(6) 焊接电路。

(7) 调试及测试电路。

(8) 电路测试中常见问题及解决办法。

① 时钟电路无输出。

解决方法：

检查 555 芯片是否正确安装，周边元件参数是否正确。

② 转向灯显示不亮。

解决方法：

检查发光二极管极性安装是否正确；限流电阻参数是否正确；是否有效焊接。

3. 制作电动机转速测量及显示电路板

电动机转速测量及显示电路原理图如图 8-14 所示。

(1) 分析电路功能。

电动机转速测量及显示电路原理如图 8-14 所示，分为四部分，(a) 部分为电动机转速测量电路，用光电传感器将电动机转速转换为脉冲信号，再经过二级施密特触发器整形。(b) 部分用来产生秒脉冲及清零、锁存信号。(c) 部分完成计数及锁存显示功能。(d) 部分为电源。

(2) 测试集成器件 CD40106、CD40110 的逻辑功能，测试共阴极数码管的好坏，测试光电传感器的性能，测试 5 V 电动机的性能，测试三极管 8050 的性能，测量所有电阻的阻值并做记载，以备焊接时使用。

(3) 设计电路 PCB 板原理图，如图 8-15 所示。电路元件安装图如图 8-16 所示。

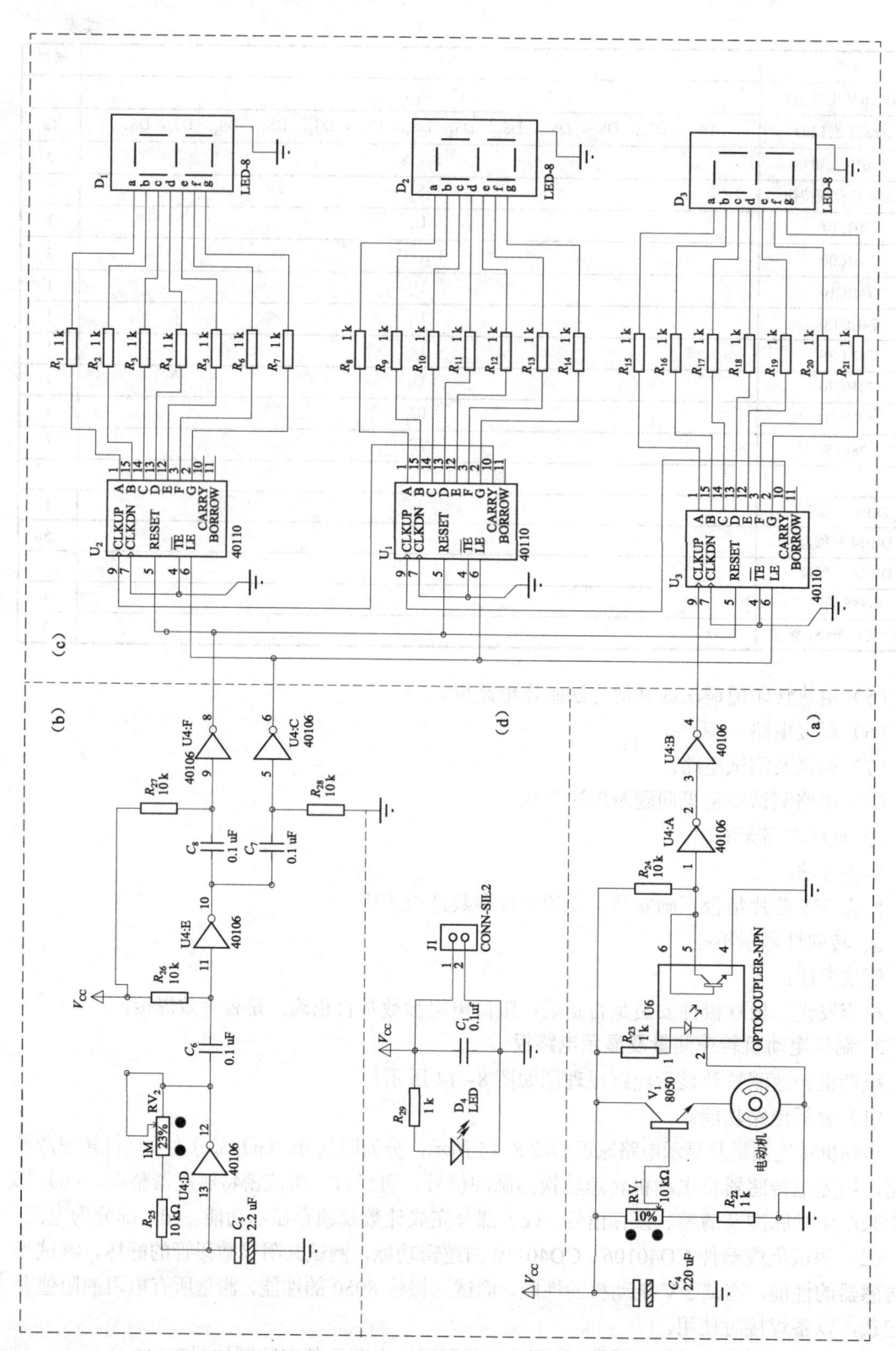

图 8-14 电动机转速测量及显示电路原理图

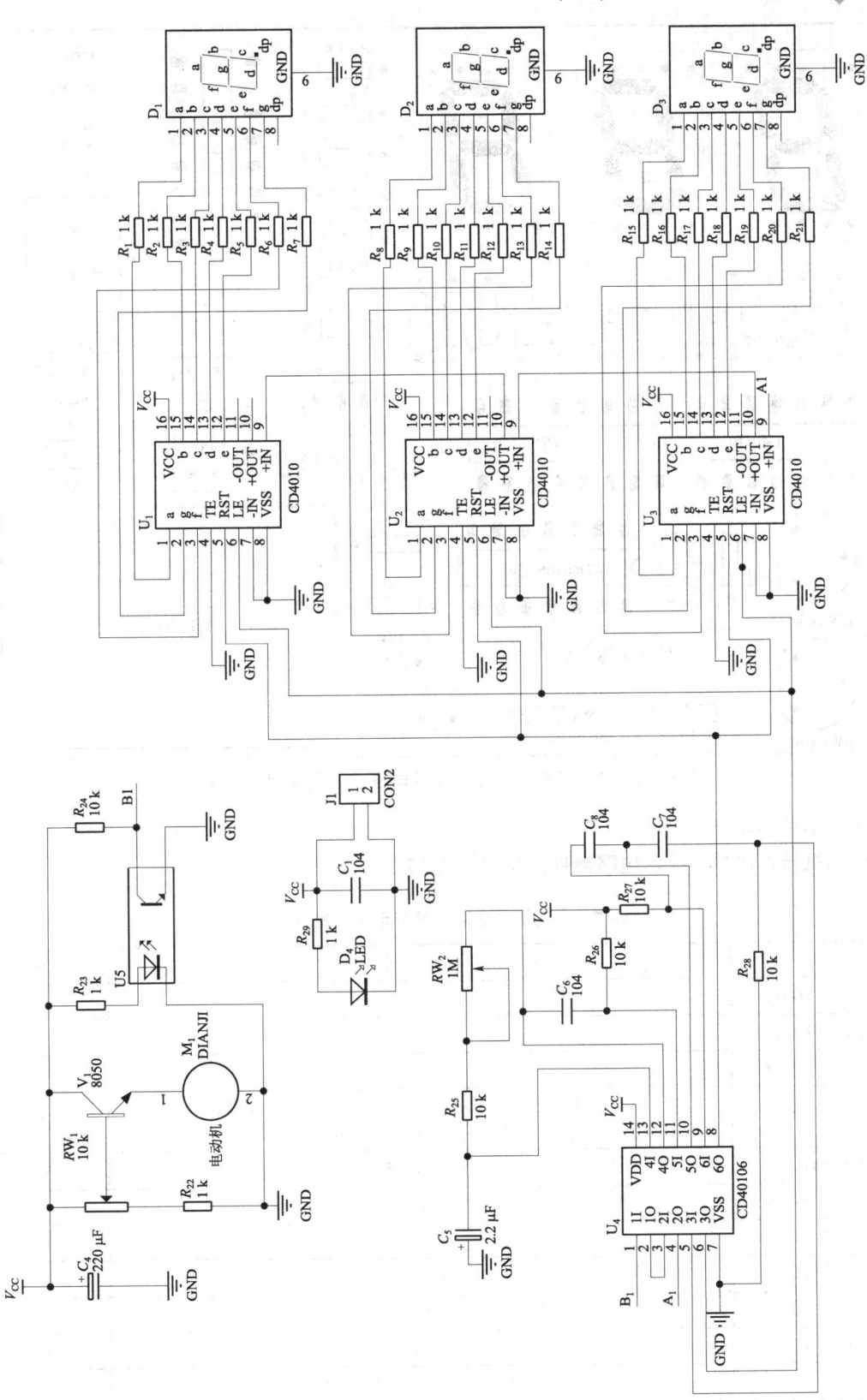

图 8-15 电动机转速测量及显示电路 PCB 板原理图

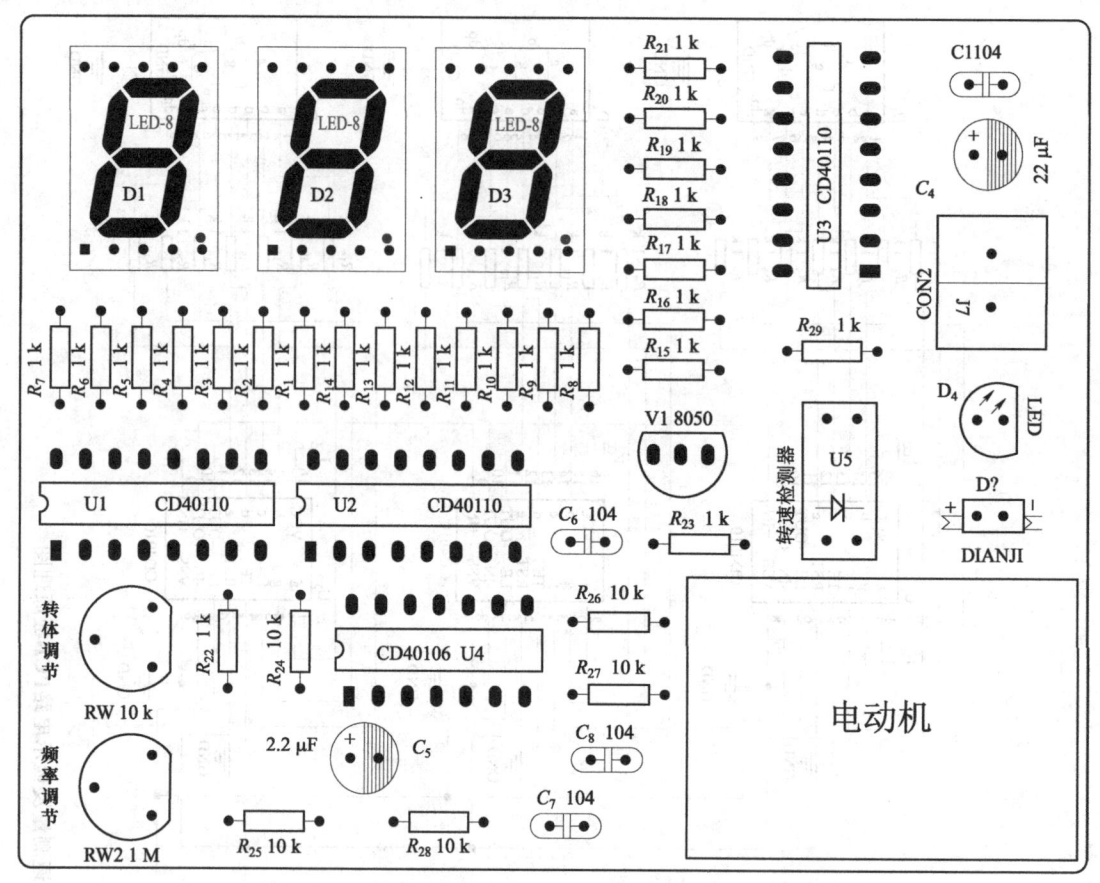

图 8-16 电动机转速测量及显示电路 PCB 板元件安装图

（4）器件清单。

电动机转速测量及显示电路器件清单见表 8-7。

表 8-7 电动机转速测量及显示电路器件清单

元件	序 号	数量
集成芯片 CD40110	U_1，U_2，U_3	3
集成芯片 CD40106	U_4	1
光电传感器 9608	U_5	1
电阻 1 kΩ	R_1，R_2，R_3，R_4，R_5，R_6，R_7，R_8，R_9，R_{10}，R_{11}，R_{12}，R_{13}，R_{14}，R_{15}，R_{16}，R_{17}，R_{18}，R_{19}，R_{20}，R_{21}，R_{22}，R_{23}，R_{29}	24
电阻 10 kΩ	R_{24}，R_{25}，R_{26}，R_{27}，R_{28}	5
可调电阻 10 kΩ	RW_1	1
可调电阻 1 MΩ	RW_2	1
数码管	D_1，D_2，D_3	3
发光二极管	D_4	1
三极管 8050	Q_1	1
瓷片电容 0.1 μF	C_1，C_2，C_3，C_6，C_7，C_8	6

续表

元件	序　号	数量
电解电容 C_4	220 μF/V	1
电解电容 C_5	2.2 μF	1
5 V 电动机	M	1
电动机转盘透光孔		1
电动机底座		1
M3*6 螺丝		3

（5）用热转印覆铜法或其他方法制作电路板。

（6）焊接电路。

（7）调试及测试电路。

（8）电路测试中常见问题及解决办法。

① 数码管不亮。

解决方法：

a. 检查电路是否有虚焊焊点、是否有短路或断路点。

b. 电源部分是否正确。

② 数码管始终显示 000。

解决方法：

a. 检测元件部分安装是否正确。

b. 检查 74HC40110 芯片是否损坏。

参 考 文 献

[1] 阎石. 数字电子技术基础 [M]. 第5版. 北京：高等教育出版社，2006.
[2] 康华光. 电子技术基础数字部分 [M]. 第4版. 北京：高等教育出版社，2000.
[3] 赵巍. 数字电子技术基础 [M]. 北京：北京理工大学出版社，2012.
[4] 郭永贞. 数字电子技术 [M]. 第2版. 南京：东南大学出版社，2008.
[5] 刘进进. 电子技术基础教程（数字部分）[M]. 武汉：湖北科学技术出版社，2001.
[6] 杨志忠. 数字电子技术 [M]. 北京：高等教育出版社，2000.
[7] 欧阳星明. 数字逻辑 [M]. 武汉：华中理工大学出版社，2000.
[8] 杨光友. 单片微型计算机原理及接口技术 [M]. 北京：中国水利水电出版社，2002.
[9] 许小军. 电子技术实验与课程设计指导数字电路分册 [M]. 南京：东南大学出版社，2005.
[10] 毕满清. 电子技术实验与课程设计 [M]. 第2版. 南京：东南大学出版社，2003.
[11] 李桂林. 数字系统设计综合实验教程 [M]. 南京：东南大学出版社，2011.
[12] 邹逢兴. 典型题解析与实战模拟数字电子技术基础 [M]. 长沙：国防科技大学出版社，2001.
[13] 陈永甫. 新编555集成电路应用800例 [M]. 北京：电子工业出版社，2000.
[14] 陈大钦. 数字电子技术基础学习与解题指南 [M]. 武汉：华中科技大学出版社，2004.
[15] 尹雪飞. 集成电路速查大全 [M]. 西安：西安电子科技大学出版社，1997.
[16] 梁廷贵. 现代集成电路实用手册（数字单元电路转换电路分册）[M]. 北京：科学技术文献出版社，2002.
[17] 梁廷贵. 现代集成电路实用手册（计数器 分频器 锁存器 寄存器 驱动器分册）[M]. 北京：科学技术文献出版社，2002.
[18] 梁廷贵. 现代集成电路实用手册（译码器 编码器 数据选择器 电子开关分册）[M]. 北京：科学技术文献出版社，2002.